工业和信息化部“十四五”规划教材

1+X“工业互联网预测性维护”职业技能等级证书书证融通教材

工业互联网预测性维护

杜雪飞　陈　良　陈芳艺　周　言　主　编

電子工業出版社

Publishing House of Electronics Industry

北京•BEIJING

内 容 简 介

本书是一本基于国产主流设备和平台，涉及通用生产设备标识解析与核心部件综合数据采集、设备故障监测、专家系统和工业互联网云平台等实现工业互联网预测性维护的项目任务化教程。

项目 1 介绍了工业互联网预测性维护的基本概念和常用的故障预测方法，实现了多个单一数据的采集；项目 2 介绍了变频器的工作原理、分类和通信连接方式，实现了 TD500 变频器的参数设置和通信连接；项目 3 介绍了气动控制系统的组成，实现了压力传感器的数据读取；项目 4 介绍了基于静态阈值、动态阈值和质量控制的设备状态监测分析，实现了基于健康度评估的设备状态监测分析；项目 5 介绍了知识的概念、知识库管理系统设计和推理机的构建，实现了基于 Python 的专家系统简易开发；项目 6 介绍了工业互联网平台的配置、网关数据的采集与上云、工业互联网云平台的监控及基于工业互联网预测性维护的创新创业。

本书可作为高职院校、应用型本科院校工业互联网相关专业的教学用书、企业员工的培训用书、行业从业人员的业务参考用书，也可作为对工业互联网预测性维护技术感兴趣的读者的自学用书。

图书在版编目（CIP）数据

工业互联网预测性维护 / 杜雪飞等主编. —北京：电子工业出版社，2024.1

ISBN 978-7-121-47021-9

Ⅰ. ①工… Ⅱ. ①杜… Ⅲ. ①互联网络－应用－工业设备－维修－职业技能－鉴定－教材 Ⅳ. ①TB4-39

中国国家版本馆 CIP 数据核字（2024）第 009945 号

责任编辑：李　静
印　　刷：三河市兴达印务有限公司
装　　订：三河市兴达印务有限公司
出版发行：电子工业出版社
　　　　　北京市海淀区万寿路 173 信箱　　　邮编：100036
开　　本：787×1092　1/16　印张：16　　字数：359 千字
版　　次：2024 年 1 月第 1 版
印　　次：2024 年 1 月第 1 次印刷
定　　价：55.80 元

凡所购买电子工业出版社图书有缺损问题，请向购买书店调换。若书店售缺，请与本社发行部联系，联系及邮购电话：（010）88254888，88258888。

质量投诉请发邮件至 zlts@phei.com.cn，盗版侵权举报请发邮件至 dbqq@phei.com.cn。

本书咨询联系方式：（010）88254604，lijing@phei.com.cn。

《工业互联网预测性维护》编委会

主　编：杜雪飞　重庆电子工程职业学院

　　　　陈　良　重庆电子工程职业学院

　　　　陈方艺　重庆电子工程职业学院

　　　　周　言　重庆电子工程职业学院

副主编：张　昂　中国工业互联网研究院

　　　　吴光华　贵州电子科技职业学院

　　　　许大涛　中国工业互联网研究院

　　　　卢　灏　重庆电子工程职业学院

　　　　戴明川　重庆工商职业学院

　　　　李军凯　重庆市树德科技有限公司

　　　　吴卓坪　重庆电子工程职业学院

　　　　肖玉梅　重庆电子工程职业学院

参　编：姚午厚　中国工业互联网研究院

　　　　陈晓琴　重庆三峡职业学院

　　　　李卓然　中国工业互联网研究院

　　　　洪　丹　重庆电子工程职业学院

　　　　廖　俊　重庆财经职业学院

　　　　贾韩芳　重庆市树德科技有限公司

　　　　党　娇　重庆电子工程职业学院

　　　　谢　箭　重庆电子工程职业学院

“工业互联网”领域职业教育教材
编委会

前　　言

1．起源

工业互联网是新一代信息通信技术与工业经济深度融合的新型基础设施、应用模式和工业生态，是IT（信息技术）和OT（操作技术）的全面融合与升级。工业互联网实现了工业生产过程中所有要素的泛在连接和整合，最终实现了工业的数字化、网络化、智能化，帮助工业企业降低成本、节省能源、提高生产效率。因此，工业互联网被认为是第4次工业革命的重要基石。

从2018年到2023年，我国已经连续6年将“工业互联网”写入政府工作报告中。2020年，中华人民共和国人力资源和社会保障部、国家市场监督管理总局、国家统计局联合发布工业互联网工程技术人员新职业。2021年，教育部在职业教育本科和专科增设工业互联网新专业，对增加产业人才的有效供给、推动国家战略性新兴产业发展具有重要意义。

工业互联网是一门综合性学科，其专业知识涉及计算机、通信、物联网、自动化等，注重多学科交叉、融合创新。目前，市面上工业互联网的相关教材相对较少。鉴于此，重庆电子工程职业学院联合中国工业互联网研究院、重庆市树德科技有限公司，按照“能力本位、学生主体、项目载体”的先进理念，总结近几年国家“双高计划”专业群建设、国家级高技能人才培训基地建设、工业互联网技术专业（由“工业网络技术专业”调整而来）建设的项目成果，联合编写了本书，以使学生能够尽快熟悉和基本掌握工业互联网预测性维护技术，并能完成简单的工业互联网预测性维护工作。

2．内容

本书基于工业互联网产业的工业互联网预测性维护技术应用，选择了工业互联网预测性维护（中级）实训设备——智能装配生产线作为载体，并根据学生职业能力发展需要，融入了自主学习、信息处理、与人交流、团队合作、职业通用核心能力等内容。编者按照学生的认知规律和职业成长规律，确定了本书的结构和内容，由易到难、由浅入深地安排技术和工程项目，并将全书内容划分为6个项目，分别是传统生产设备的标识解析与多个单一数据的采集、通用生产设备变频器的解析与通信连接、通用生产设备气动控制系统的解析与通信连接、通用生产设备的故障状态监测分析、基于专家系统的故障诊断、工业互联网云平台。项目6主要训练学生的综合职业能力和创新应用能力。

本书每个项目都介绍了2～4个具体任务。项目以职业活动为导向，突出能力目标，注重课程思政，项目内容包括“职业能力”“引导案例”“任务描述”“任务单”“任务资讯”“拓展阅读”“任务计划”“任务实施”“任务检查与评价”“任务练习”，有利于充分发挥学生的主体作用，实现项目教学。

3．特点

（1）本书是《工业互联网预测性维护职业技能等级标准（2021年）》（中级）的书证融通教材之一，为校企合作编写，衔接工业互联网专业教学标准，将工业互联网专业人才培养方案中的课程内容与1+X“工业互联网预测性维护”职业技能等级证书的培训内容、专业目标（课程考试考核）与证书目标（证书能力评价）相结合，确保专业教学与证书培训的同步实施。本书和《工业控制技术》《工业数据采集技术》共同支撑《工业互联网预测性维护职业技能等级标准（2021年）》（中级）要求的全部内容，实现了专业目标与证书目标的融合。本书以综合职业能力培养为目标、以典型工作任务为载体，使得学生能系统性地掌握工业互联网预测性维护，从而解决以往教材项目多、关联性不强、系统性不强、教学效率低的问题。

（2）本书描述的工业互联网预测性维护，基于国产主流设备和平台，涉及预测性维护认知、单一数据采集、变频器解析与通信、气动控制系统解析与通信、设备故障状态监测、专家系统、工业互联网云平台。

（3）由于本书为新型活页式教材，因此学生可根据其学习需求，选择部分内容重点突破，这样可以培养其个性化应用能力。本书的项目和任务中配有二维码，学生可由此获得新技术、新知识、新案例，弥补了传统活页式教材成本较高的不足。本书同步一体化开发了数字化教学资源，可供师生使用。

（4）本书将实践和理论一体化，注重技术的实践应用和理论学习。在实践应用方面，本书通过案例引入、任务下发、知识讲解、应用实现，确保学生能够完全掌握整个项目或任务，并有效解决实训装置存在的不足，突出实践应用能力的培养。在理论学习方面，本书强调应用知识，并将其全部解构到每个项目的“任务资讯”中，易学易用。

4．适用对象

本书可作为高职院校、应用型本科院校工业互联网相关专业的教学用书、企业员工的培训用书、行业从业人员的业务参考用书，也可作为对工业互联网预测性维护技术感兴趣的读者的自学用书。针对不同院校、专业培养目标设置的课程定位差异，编者建议高职院校、应用型本科院校工业互联网相关专业学生掌握本书全部内容，教师可根据本书内容安排64学时；装备制造大类和电子信息大类的其余相关专业教师可根据需要选取相关项目/

任务进行教学，并适当调整学时。

5．致谢

在本书的编写过程中，编者参考了研华科技（中国）和西门子等公司的产品资料、网络资源和技术资料，以及工业数据采集方面的教材，在此对各公司表示感谢。同时，感谢伍进福、李科圻等工业物联网工坊学员，他们参与了本书相关资料收集、程序调试工作。

工业互联网是一个新兴的专业，本书涵盖设备解析、数据通信、状态监测、故障诊断、数据上云和处理全流程，涉及预测性维护、设备解析与通信、设备故障状态监测、专家系统和工业互联网云平台等多方面内容。由于编者水平有限，书中难免有疏漏和不妥之处，恳请广大读者批评指正。

编　者
2023 年 8 月

本书与职业技能等级标准对照

工业互联网预测性维护职业技能等级标准(中级)			工业互联网预测性维护
工作领域	工作任务	职业技能要求	项目
1.通用生产设备标识解析与核心部件综合数据采集	1.1 变频器解析	1.1.1 能根据变频器的变频器说明书准确地确定所需采集的数据列表	项目 2
		1.1.2 能安装调试变频器和智能网关硬件	项目 2
	1.2 变频器通信接口设置	1.2.1 能准确地确认变频器硬件接口	项目 2
		1.2.2 能准确地确认变频器软件通信协议	项目 2
	1.3 PLC 与总线解析	1.3.1 能根据 PLC 说明书准确地确定 PLC 与总线所需采集的数据列表	
		1.3.2 能准确地安装调试 PLC 与总线和智能网关硬件	
	1.4 PLC 与总线通信接口设置	1.4.1 能准确地确认 PLC 与总线硬件接口	
		1.4.2 能根据硬件接口准确地确认 PLC 与总线软件通信协议	
	1.5 气动控制系统解析	1.5.1 能根据气动控制系统要求准确地确定所需采集的数据列表	项目 3
		1.5.2 能准确地安装调试气动控制系统和智能网关硬件	项目 3
	1.6 气动控制系统通信接口设置	1.6.1 能准确地确认气动控制系统硬件接口	项目 3
		1.6.2 能根据气动控制系统硬件接口准确地确认气动控制系统软件通信协议	项目 3
	1.7 伺服控制解析	1.7.1 能根据伺服控制系统准确地确定所需采集的数据列表	
		1.7.2 能准确地安装调试伺服控制和智能网关硬件	
	1.8 伺服控制通信接口设置	1.8.1 能准确地确认伺服控制硬件接口	
		1.8.2 能根据伺服控制硬件接口准确地确认伺服控制软件通信协议	
	1.9 工业互联数据平台搭建和配置	1.9.1 能准确地将各个核心零部件与 PLC 进行连接及通信	
		1.9.2 能准确地将 PLC 与 IoT 网关进行连接及通信	
		1.9.3 能正确配置 PLC 的采集数据与上传数据	
		1.9.4 能正确配置网关 IP 地址及采集数据	
	1.10 工业互联平台数据采集与录入	1.10.1 能准确地配置分析软件数据接口	项目 6
		1.10.2 能准确地配置分析软件自动采集数据	项目 6
		1.10.3 能准确地配置分析软件，实现历史数据存储	项目 6
2.通用生产设备故障数据模型分析	2.1 分析软件自动建模配置	2.1.1 能准确地设定分析软件的输入和输出	项目 6
		2.1.2 能准确地设置多种预警	项目 6
	2.2 数据分析	2.2.1 能准确生成所需的分析结果	项目 4
3.通用生产设备故障智能预警与智能工单	3.1 智能工单配置	3.1.1 能根据工单和人员，准确地配置工单对象	项目 6
		3.1.2 能根据工单和人员，准确地配置不同对象的发送时间	项目 6
	3.2 智能预警定义与设置	3.2.1 能根据预警目标设置与调整分析结果	项目 6
		3.2.2 能根据多个分析结果定义与调整预警范围	项目 6

目　录

项目 1

传统生产设备的标识解析与多个单一数据的采集

职业能力

- 了解常用的故障预测方法。
- 了解工业互联网预测性维护的政策和标准。
- 熟悉工业互联网预测性维护的作用。
- 熟悉工业互联网预测性维护系统的功能。
- 能根据需要，完成转速对象、光电对象、湿度对象、振动对象和温度对象的接线。
- 能完成 I/O 模块设置和物联网网关设置，并读取传感器数据。
- 培养严谨的科学态度和精益求精的工匠精神。

引导案例

工业互联网预测性维护（Predictive Maintenance，PdM）已经成为工业 4.0 不可或缺的一部分。随着社会的发展及人们认知水平的提高，许多人每年都会做健康体检，而体检过程中人们会用到各种各样的设备。工业互联网预测性维护就是对这些设备进行实时监控及检查的。就像人们在患上疾病之前，通过体检采集自身各项指标，医生通过指标分析、经验判断等方式，对某项指标进行针对性分析，从而达到预防疾病发生的目的。在设备可以正常运行的同时，工业互联网预测性维护会监控设备的重要部件，并将运行数据汇总上传至云平台。监控人员通过已采集到的、同类型设备的历史数据与之进行对比，从而预防设备发生故障，以达到降低事故发生的概率及损失的目的。

任务 1.1　工业互联网预测性维护的调研

【任务描述】

工厂中有大大小小的设备。人们只要打开计算机、拿起手机就能轻松地了解各设备的运行状态和保养情况，无须对其进行烦琐的检查。当设备运行发生异常时，其会自动向后台报警申请维修，而不会出现维修人员在设备报警、停机甚至有人员受伤才对其进行紧急维修的情况。这种智能化的方式将随着工业互联网预测性维护的发展广泛用于工业生产的各个场景。本任务先对工业互联网预测性维护做简要介绍。学生通过本任务的学习应能撰写工业互联网预测性维护调研表。

【任务单】

学生应能根据任务描述完成工业互联网预测性维护应用领域、监测对象、监测数据、诊断方法、应用效果等资料的收集。具体任务要求可参照任务单。

任务单

项　目	传统生产设备的标识解析与多个单一数据的采集
任　务	工业互联网预测性维护的调研
任务要求	**任务准备**
1．明确任务要求，组建分组，每组 3～5 人 2．完成工业互联网预测性维护应用领域、监测对象、监测数据、诊断方法、应用效果等资料的收集 3．整理分析资料，撰写工业互联网预测性维护调研表	1．自主学习 （1）工业互联网预测性维护 （2）相关政策和标准 2．设备工具 （1）硬件：计算机 （2）软件：办公软件
自我总结	**拓展提高**
	通过工作过程和总结，提高团队分工协作能力、资料收集和整理能力

【任务资讯】

扫一扫，看微课

1.1.1　预测性维护的概述

生产设备是工业生产的重要物质技术基础，也是构成生产力的重要因素。只有保证生产设备的装备水平和使用效率，才能保证工业生产的正常进行。生产设备是由成千上万的零部件构成的，设备的运行必定会造成零部件的损耗，这些损耗会逐步累积形成故障。因此，设备维护是非常重要的。随着工业互联网、大数据、人工智能等先进技术的发展，设备维护也从修复性维护（Corrective Maintenance，CM）、预防性维护（Preventive Maintenance，PM）发展到了预测性维护。

1．设备故障的特点

1）潜在性

故障的演变遵循“正常—异常—故障”的规律。在设备丧失某些功能之前，人们可以根据设备某些结构参数和功能参数的变化判断出其即将发生某些功能故障。故障的潜在性是指在故障发生之前人们就可以确定设备丧失某些功能的性质。

2）层次性

如果把设备看成一个复杂系统，那么其按结构可分为子系统、部件和零部件等多个层次。而设备的故障往往与设备的某一层次相关联，层次等级低的故障必然会导致层次等级较高的故障。故障的层次性是指故障按由低向高的层次等级逐层发展。

3）相关性

设备故障的相关性表现为同一故障现象可能是由不同的故障原因造成的，同一故障原因也可能导致不同的故障现象。一个故障可能导致多个故障发生，故障与故障之间的关系非常复杂。

4）传播性

设备的某些故障可能是由其他故障的传播产生的，这种传播表现为横向传播和纵向传播。横向传播是指某一层次的故障会导致与之等级相同层次的故障，纵向传播是指某一层次的故障会导致其他层次的故障。

5）渐发性

绝大多数故障的发生、发展及传播是一个由量变到质变的过程，具有一定的渐发性。这一特点使人们能在一定程度上预防设备发生故障。

6）模糊性

由于设备受不同使用条件、不同加工要求及其他因素的影响，因此其故障的产生和发展过程、输出参数的变化都较为模糊，进而导致故障规律和故障判别标准也较为模糊，在一定程度上增加了故障预测的难度。

2. 修复性维护

修复性维护是故障驱动的被动维护方式，也称事后维护。由于此方式通常在设备发生故障后进行，具有高度不可预测性及突发性，且设备本身的损伤程度较高、没有采取任何提前保养措施、没有提供备件准备时间及需要较长的停机维护时间，因此该方式会造成较高的维护成本和较低的设备利用率。尽管这种方式看似对系统和设备干预最少，但它需要的维护费用是很高的。

在设备发生故障之后，维修人员需要先找到故障部位，确定故障模式，然后根据故障模式及现有的资源制定维修策略，最后根据制定好的维修策略对设备进行维修或对零部件进行更换，维修或更换完成后需要对设备进行重置和调试。

3. 预防性维护

1）预防性维护的定义

预防性维护也称为定期维护或计划维护，它是指探测、排除或缓解使用中的设备或零部件降质的活动和故障，通过把降质的活动和故障控制在人们可接受的水平来维持或延长设备或零部件的使用寿命。

预防性维护可能是非常复杂的，特别是对拥有大量设备的公司来说。为了做出最优的维护排程计划，失效率、平均故障间隔时间（Mean Time Between Failures，MTBF）、平均修复时间（Mean Time To Repair，MTTR）等都有可能作为维护排程计划决策支持指标。

不同设备的预防性维护通常是不同的，且对应不同的维护周期。例如，齿轮箱的预防性维护包括手动检测、油液分析、光谱分析等，然而故障还是有可能在维护周期以外的间隙发生。

【思考】

如何计算 MTBF 和 MTTR?

2）预防性维护的基本原理

预防性维护的概念是在 20 世纪 60 年代到 20 世纪 70 年代被提出的，其核心理念是基于时间做出维护排程计划，其基本原理可以通过浴盆曲线来说明，如图 1.1.1 所示。

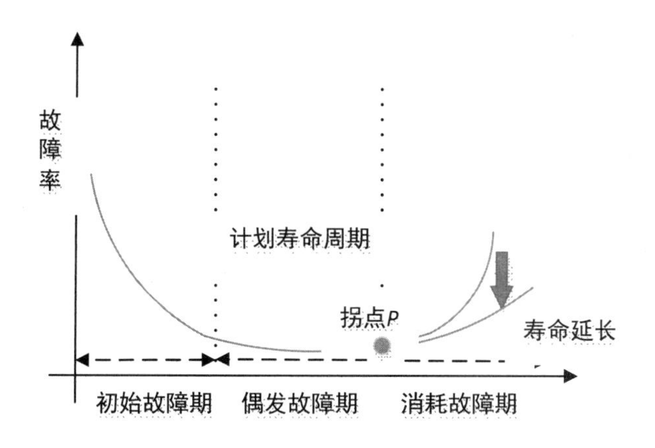

图 1.1.1　浴盆曲线

浴盆曲线是具有代表性的设备故障率曲线，而预防性维护就是根据技术参数或经验，判断拐点 P 的出现时间，从而对该设备进行提前维护或调整以避免消耗故障期带来的损失，延长设备使用寿命。浴盆曲线表明，新设备需要磨合，在这个阶段设备很可能出现故障。在初始故障期之后相当长的一段时间内，设备的故障率相对较低。在设备正常的计划寿命周期之后，故障率随着时间的增加而急剧升高。在预防性维护中，维修人员可根据 MTBF 统计信息安排设备维修或调整。采用这种方式维护设备，可以提前规划维护工作，也可以提前安排维修人员的工作。

3）预防性维护的主要工作

具体的预防性维护工作因操作和设备类型的不同而不同。美国国家标准学会（American National Standards Institute，ANSI）的推荐标准用来帮助人们确定检查和维护的设备类型，以及设备进行一次检查和维护的时间。预防性维护的主要工作包括以下内容。

（1）对系统和子系统进行常规维护，对零部件进行必要维护，如润滑、清洁、调整和更换。

（2）设备发生故障时的紧急维修。由于常规维护的存在，因此设备的故障率将会大大降低。

（3）基于平均使用寿命的经验值，对易损件进行维护或提前更换，从而使设备的可靠性和安全性水平保持在一个相对稳定的区间。

（4）准确记录每一次检查和维护，了解每个部件、零件的使用寿命，以了解更换频率。

4）预防性维护的不足

预防性维护可以使维修人员根据设备维护周期提前安排维护，但实际执行情况与计划有很大差异。全面的预防性维护是为所有关键的设备安排维护、润滑、调整和改造。预防性维护计划的共同点是计划准则时间，都假设设备将在特定分类的典型时间范围内出现衰退，且根据典型故障的 MTBF（表示同类设备或相近设备平均故障情况）做出维护排程计划。预防性维护通过在固定的时间对设备进行“大修”的方式来更换或维护所有零部件，以确保设备在未来很长一段时间内稳定运行。但是，这往往会造成设备使用残值的消耗，新设备在磨合阶段的品质下降。由于预防性维护通常依赖于维修人员的经验，并且缺乏数据支撑（需要对设备进行反复的调试来查找故障原因），因此即使是有经验的维修人员也需要花费一些时间查找故障原因，效率较低。

虽然相比于修复性维护，预防性维护会在一定程度上避免故障的发生，但是定期进行预防性维护并不会消减故障，还会产生不必要的维护活动。

4．预测性维护

1）预测性维护的分类

根据需求和目的的差异，预测性维护可分为以下三类。

（1）基于状态维护（Condition-Based Maintenance，CBM）是指通过对设备运行状态关键数据的采集，实现设备的状态识别和基本的故障诊断等功能，并提供基本的维修和维护方式，如报警、停机等。该类预测性维护可基于制造执行系统（Manufacturing Execution System，MES）或其他信息系统开展。

（2）基于预测维护是指通过对设备运行状态相关数据的采集，实现设备的状态识别、故障诊断、寿命预测等功能，并预先提供维修和维护方式，指导设备的维修、维护管理。该类预测性维护宜基于独立的系统开展，可与 MES 或其他信息系统互联互通。

（3）基于全生命周期管理维护是指通过对设备运行状态数据的全面采集，实现设备的状态识别、故障诊断、寿命预测等功能，并能判断预测结果的置信度，预先提供完整可信的维修和维护方式，指导设备的维修、维护管理。该类预测性维护能够在工业互联网、数字孪生、人工智能、系统集成等技术的辅助下，不断优化预测结果，提高预测结果的置信度与预测的可行性。

2）预测性维护与基于状态维护的对比

预测性维护与基于状态维护不同，它需要基于设备剩余使用寿命（Remaining Useful Life，RUL）预测来规划维护排程计划。

在维修人员发现设备早期故障或者故障发生之后，设备的 RUL 预测有利于维修人员做出更好的维修决策。设备被检测到有早期故障到设备真实发生故障的周期叫作 PF-interval。维修人员在这个周期有足够的维修反应时间，可避免设备发生故障。

预测性维护最大的价值在于，它基于设备 RUL 预测，在维护周期内选择维护费用最低的维修策略和维护排程计划，同时综合考虑所有设备的维护需求，从而做出全局最优的维护排程计划。预测性维护的步骤如图 1.1.2 所示。

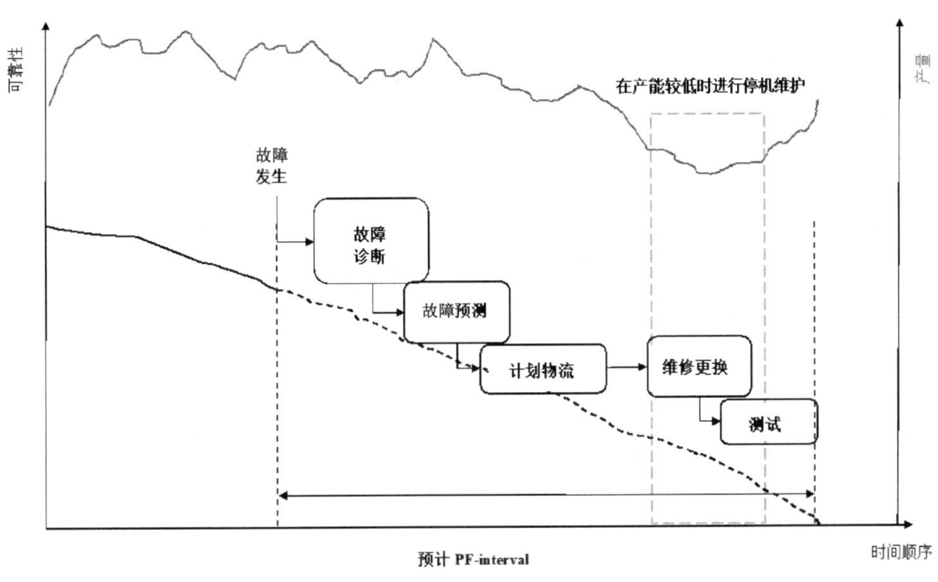

图 1.1.2　预测性维护的步骤

5．不同维护方式的区别

修复性维护属于故障驱动模式，当故障出现时才对设备进行维护，而意外故障的维护费用是很高的，并且存在潜在的风险。预防性维护属于时间驱动模式，即按照维护周期对设备进行定期维护，但这样不能消减故障，还会产生不必要的维护活动。预测性维护属于数据驱动模式，基于设备历史数据对未来的故障发生时间进行预测，可以有效地将计划外停机转变为计划停机，提高维护效率。

从本质上讲，修复性维护是指设备不发生故障就不对其进行任何维护。显然，大型企业通常不会采用这种方式。不过，如果企业在定期执行维护排程计划时遗漏了某些零部件，可以临时采取这种方式对遗漏零部件进行维护。

基于设备过去的绩效、工程人员和操作人员的知识与经验执行的预防性维护包括例行维护、定期维护、计划维护或基于时间的维护。通常，预防性维护的确可以预防故障，但是这种维护并不精准，会产生一些不必要且费用很高的维护活动，或者在执行维护排程计划时遗漏了某些薄弱零部件。预防性维护在预定的时间进行，但通常会提前很长时间。

只有利用工业互联网将所有企业资产整合到实时化的生态体系中，才能进行预测性维护。能够实时传输和分析数据意味着企业可以获得实时的资产状况信息，而不是资产初始信息。资产状况信息是预测性维护的基础。预测性维护是实时进行的，执行时间和维护位置都非常精准。工业革命进程中技术功能的发展及其对维护方式和设备效率的影响如表 1.1.1 所示。

表 1.1.1 工业革命进程中技术功能的发展及其对维护方式和设备效率的影响

项 目	工业 1.0	工业 2.0	工业 3.0	工业 4.0
技术创新	机械化、蒸汽动力	批量生产、电能	自动化、计算能力	数字化解决方案、工业互联网、大数据、云计算
维护方式	修复性维护	预防性维护	预防性维护	预测性维护
技术	外观检验	仪器检查	传感器监控	感知数据和预测性分析
设备综合效率	小于 50%	50%～70%	70%～90%	大于 90%

1.1.2 常用的故障预测方法

1．时间序列分析法

时间序列分析法是指通过排列变量数据将其构成一个统计序列，并建立相应数据随时间变化的模型，从而预测变量的变化趋势。但该方法只有在变量的未来变化趋势与过去相同时才有效，因此该方法不适用于时间较长的预测。一般来说，若预测变量变化趋势的影响因素不发生突变，则该方法的预测结果就较好；若预测变量变化趋势的影响因素发生突变，则该方法的预测结果就较差。

1）灰度模型方法

灰度模型通常被表示为 GM(n,m)，其中 n 表示微分方程的阶数，m 表示变量的个数。基于相似信息融合的灰度模型使用历史样本对变量进行相似性匹配，该模型可以预测变量的变化趋势。

GM(1,1)的应用广泛，具有需要样本数据少、易于计算等特点。它是由一个只含有单一变量的一阶微分方程构成的预测模型，能在信息不全及小样本的情况下，对已知信息进行开发并提取有用信息，实现对变量变化趋势较为精确的定量预测。GM(1,1)的定义框图如图 1.1.3 所示，其中 b 表示输入（原因），$x^{(0)}$表示输出（结果）。

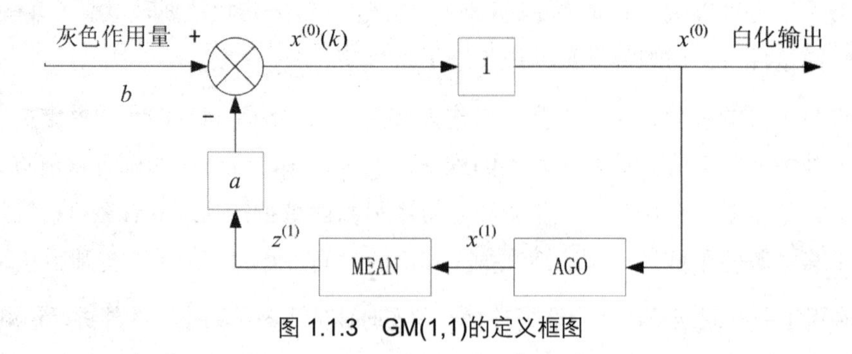

图 1.1.3 GM(1,1)的定义框图

2）ARMA 方法

ARMA（Auto Regressive Moving Average，自回归移动平均）方法将数据视为随机序列，

结合相邻数据之间的数学关系建立相应模型，拟合时间序列。ARMA 方法对平稳数据的预测结果良好，适用于短期预测，相关应用如下。

（1）针对滚动轴承，人们采用了一种基于经验模态分解和希尔伯特变换的特征提取方法，将经验模态分解的能量均方根归一化为健康指数，从而可以用测试样本与无故障样本之间的距离来描述轴承的性能退化状态，并利用时间序列预测的优势，根据历史时间序列建立 ARMA 模型，得出主轴轴承性能退化的预测曲线，拟合度可以达到 96%。

（2）采用加法集成法建立 ARMA-BP 组合预测模型，分析某装甲装备故障率数据，可得 ARMA-BP 组合预测模型的预测精度高于单一 BP（反向传播）模型和单一 ARMA 模型。

但是使用 ARMA 方法时，数据一般较难满足平稳条件，通常需要对数据给出平稳性假设或进行合理变换。

2. 基于可靠性的方法

基于可靠性的方法以历史数据的统计特性为出发点，使用近似相同的设备历史故障数据来拟合设备的寿命分布曲线，进而获取对应的概率密度函数，求得设备平均剩余寿命。使用该方法得到的预测结果中含有置信度，其能够很好地表征预测结果的准确度。该方法适用于批次多、数量大的设备。

最典型的基于可靠性的方法就是比例风险模型（Proportional Hazard Model，PHM），相应公式为

$$h(t,X)=h_0(t)\exp(\beta_1 x_1+\beta_2 x_2+\cdots+\beta_m x_m) \tag{1.1.1}$$

PHM 中设备的故障率由基准故障率函数和协变量函数组成，在预测结果的同时体现了设备的共性属性和个体差异。但是 PHM 不仅需要大量的高可靠历史数据才能完成对模型参数的推算，还需要故障率和协变量的差异成比例，这使得其在寿命预测领域的应用并不具备广泛适用性。

3. 基于随机过程的方法

基于随机过程的方法旨在通过建立随机过程模型获取设备性能退化过程的曲线，进而得到剩余寿命概率分布函数。基于随机过程的方法有基于维纳过程的方法、基于马尔可夫链的方法、基于 Gamma 过程的方法和基于逆高斯过程的方法。

基于马尔可夫链的方法具备似然函数计算效率高和简单直观的优点，但当设备的性能退化过程难以获取时，隐马尔可夫模型（Hidden Markov Model，HMM）得到了广泛的应用，其结构示意图如图 1.1.4 所示。

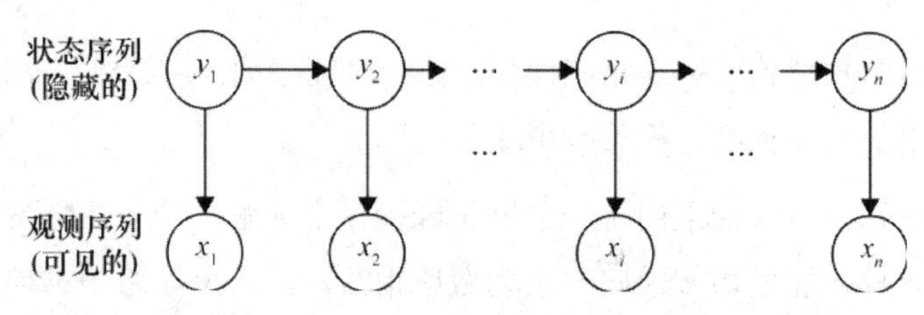

图 1.1.4　HMM 的结构示意图

HMM 是由两个随机过程生成的，一个随机过程用于描述观测序列的转移，另一个随机过程用于描述状态序列与观测序列之间的映射关系。因为转移通常是随机的，状态序列对应的观测序列也是随机的，所以人们只能通过某一随机过程估计状态序列的存在及其特性。另外，HMM 在故障预测应用中还将设备的健康状况划分为“健康”“亚健康”“失效”等便于人们理解的描述方式。

4．基于人工智能的方法

先选取若干历史数据作为训练样本，再使用训练算法对其训练并进行故障预测的方法为基于人工智能的方法。

该方法避免了传统方法较为复杂的数学模型建立和专家经验获取，但需要设备从开始使用到最终故障时的完整历史数据，否则会降低预测结果的准确度。

由于基于人工智能的方法属于黑盒模型，因此使用该方法得到的预测结果往往缺乏足够的可解释性。目前常用的基于人工智能的方法有人工神经网络（Artificial Neural Network，ANN）方法、基于支持向量机（Support Vector Machine，SVM）的方法和基于深度学习的方法。

1）人工神经网络方法

常见的人工神经网络有 BP 网络、SOM（自组织映射）网络等。故障预测中最常用的 BP 网络是一种单向传播的多层前向网络，其结构如图 1.1.5 所示。

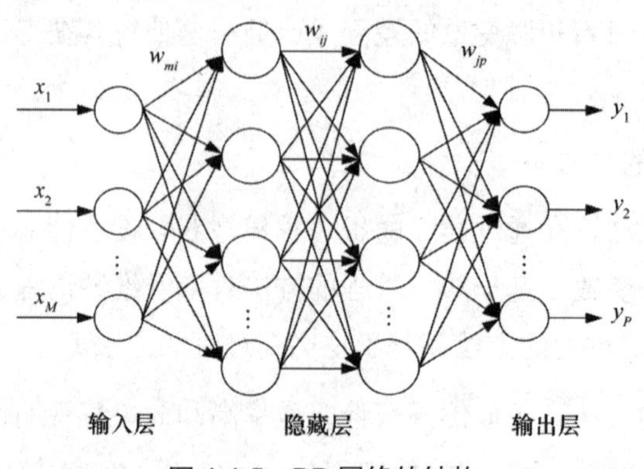

图 1.1.5　BP 网络的结构

输入信号先从输入层节点依次穿过各隐藏层节点，然后传到输出层节点，节点传递函数一般为 sigmoid 函数。隐藏层个数根据经验公式或者试算方法选取，输出层只能选取一个。

由于人工神经网络能较好地反映设备状态信号与性能退化趋势之间的关系，因此人工神经网络方法适用于非线性复杂系统的故障预测。但它也存在诸多问题，如网络训练时间长、易陷入局部最优点、隐藏层个数与节点选取困难和需要大量数据等。

2）基于 SVM 的方法

基于 SVM 的方法是基于统计学习理论的结构风险最小化原则的方法。该方法旨在求解能够正确划分训练数据集并且几何间隔最大的分离超平面，其原理图如图 1.1.6 所示，$wx + b = 0$ 为分离超平面。人们通常使用优化算法（如序列最小化优化算法）使得分类的 MSE（Mean Square Error，均方误差）最小，以找到几何间隔最大的分离超平面对训练数据集进行划分。

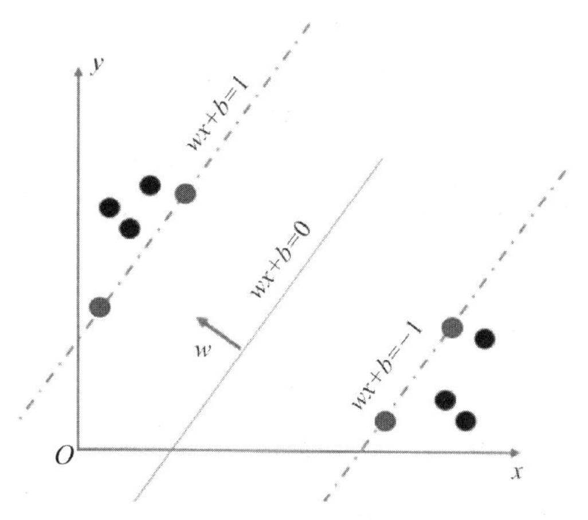

图 1.1.6　基于 SVM 的方法的原理图

同传统基于人工智能的方法不同，基于 SVM 的方法可以用于历史故障数据较少的情况。目前已有多个不同类型的基于 SVM 的方法应用在设备故障预测中。例如，人们利用经验模态分解理论与最小二乘 SVM 构建了一种新的预测模型，首先对非平稳时间序列进行经验模态分解，产生本征模态函数 IMF 分量和残余函数 RF 分量，然后通过改进高斯核函数提高其泛化能力，并利用改进的 LS-SVM 对各分量进行训练及预测，最后通过对波音飞机的经典故障率预测算例，验证他们所提方法的有效性和优越性。

另外，基于 SVM 的方法是 SVM 在故障预测中的应用形式，使用该方法可建立设备磨损特征和磨损程度之间的非线性关系，并能应用于磨损设备的剩余寿命预测中。该方法也存在诸多问题，最主要的问题在于不能够提供概率预测，进而增加了预测结果获取的不确定性。

3）基于深度学习的方法

深度学习旨在通过模拟大脑的学习过程，结合海量的训练数据，提取更高阶本质特征的信息，并逐层进行特征传递，实现信息的认知计算。基于深度学习的方法通过建立深层次网络模型克服了传统方法模型学习能力及泛化能力不足的问题，被广泛应用于设备的剩余寿命预测。

基于深度学习的方法主要的模型有卷积神经网络（Convolutional Neural Network，CNN）、长短期记忆（Long Short-Term Memory，LSTM）神经网络和深度信念网络（Deep Belief Network，DBN）。

（1）CNN。

CNN 是典型的深度前馈人工神经网络，它一般由卷积层、池化层和全连接层等组成，主要优势有共享权值，可在很大程度上减少参数数量；局部连接，可以有效提高计算速度，减少参数数量；时间或空间下采样，可减少样本总数，使得模型在具有鲁棒性的同时减少参数数量。

（2）LSTM 神经网络。

LSTM 神经网络的优势在于可以应用于较长时间序列的预测，具有较长时间的记忆功能，同时它可以有效地解决模型训练过程中出现的梯度爆炸和梯度消失问题。LTSM 神经网络的优势能够有效地挖掘数据的内在结构信息和关联，使得故障预测建模精度得以提高。

（3）DBN。

DBN 依托于无监督深度学习模型，使用受限玻耳兹曼机（Restricted Boltzmann Machine，RBM）对原始数据的特征进行自动化提取。DBN 的特征提取能力较强，能够克服设备内部器件的机理和数据差异，可使用从内部器件得到的数据直接进行预测数学模型的建立。

5．基于专家系统的方法

专家系统（Expert System，ES）是在获取知识后，把专家的领域知识和经验技巧移植到计算机中，通过模拟专家的推理过程来解决复杂问题。专家系统一般由控制机制、推理机及知识库组成。控制机制决定推理过程的策略，推理机实现知识之间的逻辑推理及与知识库的匹配，知识库包括事实、判断、规则、经验和数学模型。

如今大型设备的故障复杂性极高，越来越难用简单的数学模型表达，而专家的领域知识和经验技巧往往能解决这些问题。基于专家系统的方法确定故障预测的准确度不仅与知识的丰富度有关，还与专家的知识水平有关。

1.1.3 工业互联网预测性维护的政策和标准

1．工业互联网预测性维护的政策

自 2017 年 11 月国务院印发《关于深化“互联网+先进制造业”发展工业互联网的指导

意见》以来，工业互联网正式上升为国家战略。预测性维护被列为工业智能新风向之一，是工业互联网的重要应用场景。国家相关部门已经出台了多轮关于工业互联网预测性维护的政策，如表 1.1.2 所示。从表 1.1.2 中可以看出，国家正大力推进工业企业上云及开展设备预测性维护。

表 1.1.2　关于工业互联网预测性维护的政策

年　份	相关政策	政策解读
2021	《工业互联网创新发展行动计划（2021—2023）年》	拓展服务化延伸。支持装备制造企业搭建产品互联网络与服务平台，开展基于数字孪生、人工智能、区块链等技术的产品模型构建与数据分析，打造设备预测性维护、装备能效优化、产品衍生服务等模式
2021	《职业教育专业目录（2021 年）》	新增职教专科专业（工业互联网应用）和新增职教本科专业（工业互联网技术和工业互联网工程）
2020	工业和信息化部办公厅关于推动工业互联网加快发展的通知	促进企业上云上平台。推动企业加快工业设备联网上云、业务系统云化迁移
2020	中华人民共和国人力资源和社会保障部、国家市场监督管理总局、国家统计局联合发布第 2 批新职业	发布了智能制造工程技术人员、工业互联网工程技术人员等 16 个新职业
2018	《工业互联网发展行动计划（2018—2020 年）》	推动百万工业企业上云，组织实施工业设备上云“领跑者”计划，制定发布平台解决方案提供商目录
2017	《关于深化“互联网+先进制造业”发展工业互联网的指导意见》	在远程服务应用方面，开展面向高价值智能装备的网络化服务，实现产品远程监控、预测性维护、故障诊断等远程服务应用，探索开展国防工业综合保障远程服务

2．工业互联网预测性维护的标准

2005 年起，我国陆续发布了“机器状态监测与诊断”“工业自动化系统与集成 诊断、能力评估以及维护应用集成”等相关国家标准。而预测性维护是一种新事物，与其相关的国家标准《智能服务 预测性维护 通用要求》（GB/T 40571—2021）于 2022 年正式发布。全国工业过程测量和控制标准化技术委员会正在推进《智能服务 预测性维护 预测算法与模型》《智能服务 预测性维护 虚拟维修系统技术要求》的编制工作。截至 2022 年 10 月，正式发布的工业互联网预测性维护标准如表 1.1.3 所示。

表 1.1.3　工业互联网预测性维护标准

类　型	标准编号	标准名称	实施日期
国家标准	GB/T 41397—2022	生产过程质量控制 故障诊断	2022-11-01
国家标准	GB/T 40571—2021	智能服务 预测性维护 通用要求	2022-05-01

续表

类　型	标准编号	标准名称	实施日期
团体标准	T/CIE 125—2021	工业机器人故障诊断与预测性维护 第5部分：预测性维护	2022-02-01
团体标准	T/CIE 124—2021	工业机器人故障诊断与预测性维护 第4部分：健康状态评估	2022-02-01
团体标准	T/CIE 123—2021	工业机器人故障诊断与预测性维护 第3部分：故障诊断	2022-02-01
团体标准	T/CIE 122—2021	工业机器人故障诊断和预测性维护 第2部分：在线监测	2022-02-01
团体标准	T/GITIF 003—2022	基于信息物理系统（CPS）的产线设备故障预测技术规范	2022-01-26
团体标准	T/GITIF 008—2021	面向复杂装备运行维护需求的预测性维护技术规范	2021-12-30

1.1.4　工业互联网预测性维护的作用

工业互联网预测性维护的作用如下。

（1）提高设备可用性。

（2）提高产品和流程质量。

（3）降低服务规划难度。

（4）延长设备寿命。

（5）提高运营安全性与持续性。

（6）降低成本，包括维修费用与零部件成本、与服务商协商成本、客户内部服务团队的精简及其他成本。

制造型企业设备维护与管理费用占企业生产制造成本的15%～40%，而设备价值占企业资产的70%左右。当生产设备发生故障时，企业不仅要承担设备维修或者更换费用，还可能面临生产线停产的情况。生产线停产意味着企业每分钟都在承担极大的损失。因此，高效的设备维护是企业保值和增值的关键。设备维护从市场响应时间、产品质量、产品成本和产品服务方面影响着企业的竞争力。生产状态的良性循环可以提高企业的核心竞争力，保证企业在安全稳定运行的同时在行业内占据主导地位。预测性维护的优点是，因为维护工作的介入完全基于设备和系统本身的状态，所以该方式既避免了多余干涉导致不必要的停工时间，也避免了未及时采取措施导致的连锁性故障带来的损失。

1.1.5　工业互联网预测性维护系统的功能

工业互联网预测性维护主要采集设备运行状态相关数据，并将其上传至本地服务器或云服务器，以进行数据存储、分析和预测，从而不断修正预测结果，实现设备预测性维护。工业互联网预测性维护系统的功能模型仅显示了必要功能，其余功能可根据需要增加，如图 1.1.7 所示。

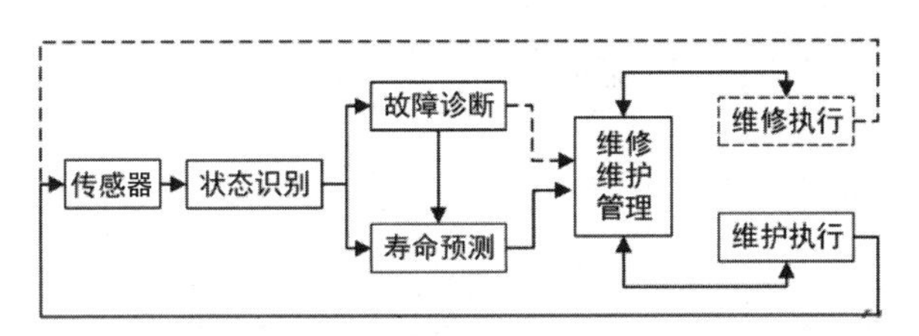

图 1.1.7　工业互联网预测性维护系统的功能

1．状态监测

状态监测主要包括数据采集、数据传输、数据处理和状态识别，其目的是为实现数据质量和故障/异常判断。

状态监测的数据分为以下五种。

（1）原始测量数据：设备被测量时由传感器采集的未经处理的数据。

（2）中间数据：原始测量数据经计算或处理后，去除外部干扰和无效信号的数据。

（3）状态表征数据：中间数据经处理后，能表征设备状态特征的数据。

（4）结果表征数据：经数据处理（特征分析）后能表征设备状态结构的数据。

（5）设备状态数据：对状态表征数据进行信息聚合、阈值或趋势判断后得到的数据。

开关量无须进行信号调理和特征分析，不存在中间数据和状态表征数据。

2．故障诊断

设备的预测性维护主要对设备异常数据进行分析、判断，虽然设备还没有出现故障，但需要用故障诊断技术和手段对其进行诊断。故通常可采用基于数据驱动的方法、基于机理模型的方法和基于知识的方法等对设备异常数据进行分析、判断。部分异常数据较多的设备无须进行诊断，可由故障诊断直接提供维护或维修方式。

【提示】

失效模式和影响分析（Failure Mode and Effects Analysis，FMEA）是分析系统中每一个产品所有可能的故障模式及其对系统造成的所有可能影响，并按每一种故障模式的严重程度，检测其难易程度及发生频度并对其予以分类的一种归纳分析方法，通过对产品失效严重度（S）、发生率（O）和探测度（D）进行评价，计算出 RPN（风险优先度）值（RPN=ODS）。该方法应符合《系统可靠性分析技术 失效模式和影响分析（FMEA）程序》（GB/T 7826—2012）的规定，需要对每一个产品或类似产品进行评价，且不断更新。

预测性维护国家标准正式实施

与预测性维护相关的国家标准《智能服务 预测性维护 通用要求》(GB/T 40571—2021)于2022年5月1日起正式实施。

《智能服务 预测性维护 通用要求》(GB/T 40571—2021)建立了规范的预测性维护定义及分类，提升了工业行业和专家对于预测性维护技术的认识。它作为技术应用的指导，建立了预测性维护技术共识；作为技术应用的门槛，划分了预测性维护行业水平。同时，该标准进一步规范了预测性维护的系统架构、工作流程、功能要求。典型设备预测性维护技术的应用实例为预测性维护技术研究和工程实施提供了规范和依据，使得预测性维护技术应用“有章可循”，有助于引领预测性维护技术创新，规范行业发展。

【任务计划】

学生可根据任务资讯及收集整理的资料填写任务计划单。

任务计划单

项　目	传统生产设备的标识解析与多个单一数据的采集		
任　务	工业互联网预测性维护的调研	学　时	4
计划方式	分组讨论、资料收集、技能学习等		
序　号	任　务	时　间	负责人
1			
2			
3			
4			
5	撰写工业互联网预测性维护调研表		
6	任务成果汇报展示		
小组分工			
计划评价			

【任务实施】

学生可根据任务计划编制任务实施方案、完成任务实施，并填写任务实施工单。

任务实施工单

<table>
<tr><td>项　目</td><td colspan="3">传统生产设备的标识解析与多个单一数据的采集</td></tr>
<tr><td>任　务</td><td>工业互联网预测性维护的调研</td><td>学　时</td><td></td></tr>
<tr><td>计划方式</td><td colspan="3">分组讨论、合作实操</td></tr>
<tr><td>序　号</td><td colspan="3">实施情况</td></tr>
<tr><td>1</td><td colspan="3"></td></tr>
<tr><td>2</td><td colspan="3"></td></tr>
<tr><td>3</td><td colspan="3"></td></tr>
<tr><td>4</td><td colspan="3"></td></tr>
<tr><td>5</td><td colspan="3">撰写工业互联网预测性维护调研表</td></tr>
<tr><td>6</td><td colspan="3">任务成果展示、汇报</td></tr>
</table>

【任务检查与评价】

学生在完成任务实施后，可采用小组互评等方式进行任务检查。任务评价单如下。

任务评价单

<table>
<tr><td colspan="2">项　目</td><td colspan="4">传统生产设备的标识解析与多个单一数据采集</td></tr>
<tr><td colspan="2">任　务</td><td colspan="4">工业互联网预测性维护的调研</td></tr>
<tr><td colspan="2">考核方式</td><td colspan="4">过程评价+结果考核</td></tr>
<tr><td colspan="2">说　明</td><td colspan="4">主要评价学生在任务学习过程中的操作方式、理论知识的掌握程度、学习态度、课堂表现、学习能力等</td></tr>
<tr><td colspan="6">评价内容与评价标准</td></tr>
<tr><td rowspan="2">序　号</td><td rowspan="2">评价内容</td><td colspan="3">评价标准</td><td rowspan="2">成绩比例</td></tr>
<tr><td>优</td><td>良</td><td>合格</td></tr>
<tr><td>1</td><td>基本理论掌握</td><td>掌握工业互联网预测性维护的基础知识，理解工业互联网预测性维护系统的功能</td><td>熟悉工业互联网预测性维护的基础知识，理解工业互联网预测性维护系统的功能</td><td>了解工业互联网预测性维护的基础知识，基本理解工业互联网预测性维护系统的功能</td><td>30%</td></tr>
<tr><td>2</td><td>实践操作技能</td><td>熟练使用多种查询工具收集和查阅相关资料，采用多种调研方式，数据翔实，报告编写规范</td><td>较熟练使用多种查询工具收集和查阅相关资料，采用两种调研方式，数据较翔实，报告编写较规范</td><td>会使用查询工具收集和查阅相关资料，采用一种调研方式，完成报告编写</td><td>30%</td></tr>
<tr><td>3</td><td>职业核心能力</td><td>具有良好的自主学习能力和分析、解决问题的能力，能解答任务思考</td><td>具有较好的自主学习能力和分析、解决问题的能力，能解答部分任务思考</td><td>具有分析和解决部分问题的能力</td><td>10%</td></tr>
<tr><td>4</td><td>工作作风与职业道德</td><td>具有严谨的科学态度和工匠精神，能够严格遵守“6S”管理制度</td><td>具有良好的科学态度和工匠精神，能够自觉遵守“6S”管理制度</td><td>具有较好的科学态度和工匠精神，能够遵守“6S”管理制度</td><td>10%</td></tr>
</table>

续表

序 号	评价内容	评价标准			成绩比例
		优	良	合格	
5	小组评价	具有良好的团队合作精神和与人交流的能力，热心帮助小组其他成员	具有较好的团队合作精神和与人交流的能力，能帮助小组其他成员	具有一定的团队合作精神，能配合小组其他成员完成项目任务	10%
6	教师评价	包括以上所有内容	包括以上所有内容	包括以上所有内容	10%
合 计					100%

【任务练习】

1．简述预测性维护和基于状态维护的区别。

2．状态监测的数据分为哪几种？

任务 1.2　多个单一数据的采集

【任务描述】

随着工业互联网的发展，数据越来越成为推动企业化转型的重要引擎。工业数据采集作为连接物理世界与数字世界的桥梁，是工业互联网预测性维护的首要入口。但是由于制造工厂的设备和系统种类很多，数据通常来自各种多源异构设备和系统，因此如何从这些设备和系统中获取数据，是工业互联网升级转型面临的第一道门槛。人们可以从单一数据的采集入手。

【任务单】

学生应能根据任务描述，完成单一数据的采集。具体任务要求可参照任务单。

任务单

项 目	传统生产设备的标识解析与多个单一数据的采集
任 务	多个单一数据的采集
任务要求	任务准备
1．明确任务要求，组建分组，每组 3～5 人	1．自主学习

续表

项　目	传统生产设备的标识解析与多个单一数据的采集
任　务	多个单一数据的采集
任务要求	**任务准备**
2．收集 PDM100 实训装置资料 3．识别速度、光电、振动、温度、湿度传感器 4．完成转速对象、光电对象、湿度对象、振动对象和温度对象的数据采集	（1）PDM100 实训装置 （2）常见的工业传感器 2．设备工具 （1）硬件：计算机、PDM100 实训装置 （2）软件：办公软件、研华 AdamApax.NET Utility
自我总结	**拓展提高**
	通过工作过程和总结，认识 PDM100 实训装置及其附属模块，具有设备接线和数据读取能力

【任务资讯】

扫一扫，看微课

1.2.1　PDM100 实训装置的概述

PDM100 实训装置主要由控制屏（见图 1.2.1 中的②）、显示器（见图 1.2.1 中的①）、传感器对象模块（见图 1.2.1 中的③）、磁性实训区（见图 1.2.1 中的④）、实验台架（见图 1.2.1 中的⑤）和主机位（见图 1.2.1 中的⑥）构成。

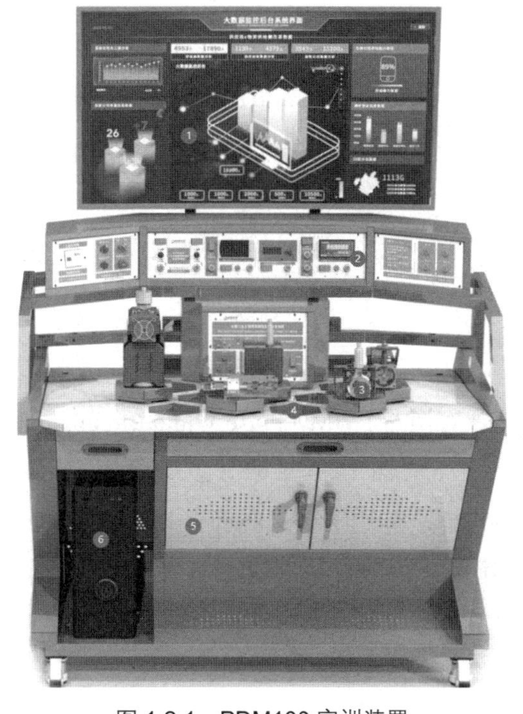

图 1.2.1　PDM100 实训装置

1. 控制屏

控制屏包括电源控制区、信号仪表区、扩展端口区。

1）电源控制区

电源控制区设有电源总空开（见图 1.2.2 中的①）、启动按钮（见图 1.2.2 中的②）、停止按钮（见图 1.2.2 中的③）、钥匙开关（见图 1.2.2 中的④）、急停按钮（见图 1.2.2 中的⑤）。

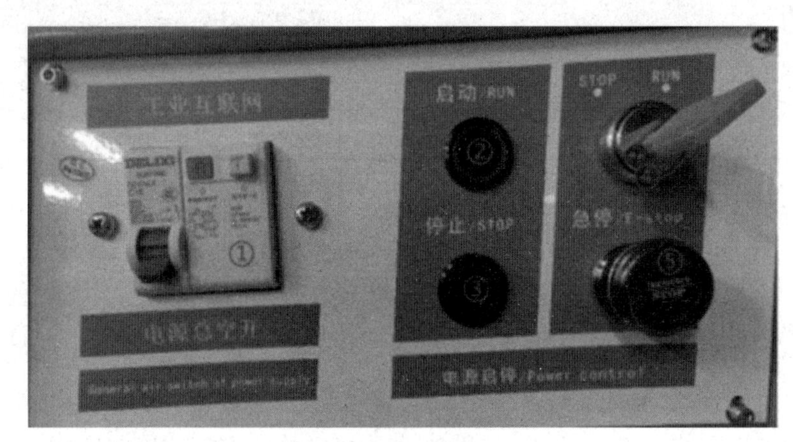

图 1.2.2　电源控制区

电源总空开用于控制 PDM100 实训装置全部电源（包括背部插线板）；启动按钮用于打开 PDM100 实训装置电源；停止按钮用于切断 PDM100 实训装置电源；钥匙开关用于给 PDM100 实训装置上电；急停按钮用于紧急情况下切断 PDM100 实训装置电源。

（1）启动步骤。打开电源总空开，将钥匙开关旋转到“RUN”位置，按下启动按钮，PDM100 实训装置得电。

（2）停止步骤。按下停止按钮，PDM100 实训装置失电，将钥匙开关旋转到“STOP”位置，关闭电源总空开。

2）信号仪表区

信号仪表区的功能模块有两路 PWM（Pulse Width Modulation，脉宽调制）直流电动机控制单元（DC0～24V 可调）（见图 1.2.3 中的①②）、直流稳压电源 DC5V（见图 1.2.3 中的③）、温度控制单元（见图 1.2.3 中的④）、步进电动机控制单元（见图 1.2.3 中的⑤）、直流稳压电源 DC24V（见图 1.2.3 中的⑥）、转速显示单元（见图 1.2.3 中的⑦）。每一个功能模块设置有独立电源控制开关，打开开关后开关上的指示灯点亮，关闭开关后开关上的指示灯熄灭。

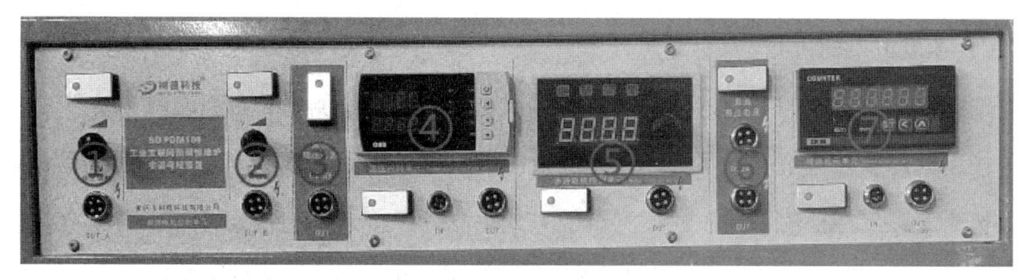

图 1.2.3　信号仪表区

（1）两路 PWM 直流电动机控制单元控制转速对象、光电对象。

（2）温度控制单元控制温度对象。

（3）步进电动机控制单元控制振动对象。

（4）直流稳压电源 DC5V、直流稳压电源 DC24V 控制湿度对象。

3）扩展端口区

扩展端口区预留两路 DI、AI 信号输入扩展端口，如图 1.2.4 所示。

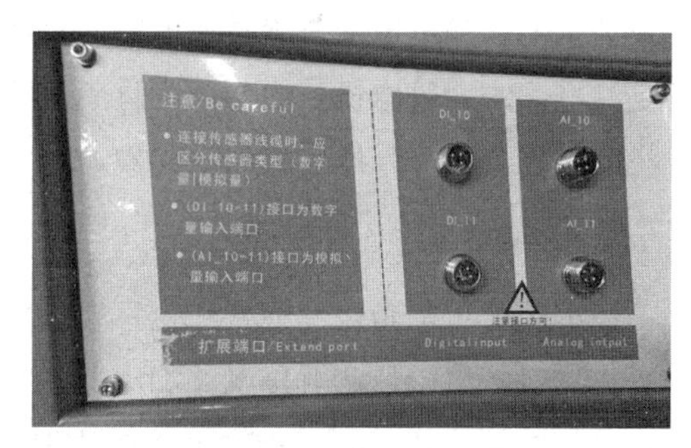

图 1.2.4　扩展端口区

2．传感器对象模块

传感器对象模块包含转速对象、光电对象、湿度对象、振动对象和温度对象模块。各对象模块底部采用正六边形结构且带有磁性，内嵌对应的传感器和电动机等。

3．磁性实训区

磁性实训区带有磁性，为实际操作区域。磁性实训区设置有正六边形凹槽构成的传感器对象模块放置区，方便吸附各对象模块，使其固定。

1.2.2　转速对象模块的配置

扫一扫，看微课

1．速度传感器

1）速度传感器的定义

速度传感器是指能感受速度并将其转换成可用输出信号的传感器。

速度是指单位时间内位移的增量，它包括线速度和角速度。线速度是指刚体上任一点对定轴做圆周运动时的速度，单位为 m/s。角速度是指连接运动质点和圆心的半径在单位时间内转过的弧度，单位为 rad/s。

2）速度测量的方式

按物体运动形式的不同，速度测量的方式可分为线速度测量和角速度测量。

按运动速度参考基准的不同，速度测量的方式可分为绝对速度测量和相对速度测量。

按速度数值特征的不同，速度测量的方式可分为评价速度测量和瞬时速度测量。

按获取物体运动速度方式的不同，速度测量的方式可分为直接速度测量和间接速度测量。

3）速度传感器的分类

（1）接触式速度传感器。

接触式速度传感器是和运动的物体直接接触的。

① 测速发电机。

在机器人自动化技术中，旋转速度测量较多，而且直线运动速度经常通过旋转速度间接测量。因为测速发电机可以将旋转速度转换成电信号，所以它是一种速度传感器。测速发电机要求输出电压与旋转速度间保持线性关系，并要求输出电压陡度大、时间及温度稳定性好。测速发电机一般可分为直流式测速发电机和交流式测速发电机。直流式测速发电机的励磁方式分为他励式和永磁式。

② 编码器。

编码器可将角位移或直线位移转换成电信号。按标识代码状态方式的不同，编码器可分为接触式编码器和非接触式编码器。接触式编码器以电刷接触导电区或绝缘区来标识代码的状态是“1”还是“0”。非接触式编码器的敏感元件是光敏元件或磁敏元件，它采用光敏元件时以透光区和不透光区来标识代码的状态是“1”还是“0”。

（2）非接触式速度传感器。

由于非接触式速度传感器的测量原理很多，因此该类传感器有光电式、磁电式、电涡流式、电容式、霍尔式速度传感器。

① 光电式速度传感器。

光电式速度传感器是一种基于光电变换原理的测速传感器，它分为直射式速度传感器和反射式速度传感器。它能将速度的变化转换成光通量的变化，并通过光电转换元件将光通量的变化转换成电量变化，即将光电脉冲转换成电脉冲。光电转换元件的工作原理是光电效应。

② 磁电式速度传感器。

磁电式速度传感器由磁铁、线圈和阻尼元件组成。由振动引起的磁铁和线圈的相对运动产生感应电势。线圈在磁场中运动的结构形式称为动圈式，磁铁在线圈中运动的结构形式称为动磁式。按测量方式的不同，磁电式速度传感器可分为相对式速度传感器和绝对（惯性）式速度传感器。

③ 电涡流式速度传感器。

电涡流式速度传感器是一种非接触式的线性化测量工具，它主要用于大型旋转机械在线状态的监测与故障诊断。电涡流式速度传感器由传感器探头壳体、前置器、电缆和接头等部分组成。

④ 霍尔式速度传感器。

霍尔式速度传感器是一种基于霍尔效应的磁电传感器，它具有对磁场敏感度高、输出信号稳定、频率响应高、抗电磁干扰能力强、结构简单、使用方便等特点。它主要由特定磁极对数的永久磁铁（一般为 4 或 8 对）、霍尔元件、旋转机构及输入/输出插件等组成。

2. 转速对象模块

转速对象模块由速度传感器和执行机构组成，如图 1.2.5 所示。PDM100 实训装置采用霍尔式速度传感器，其参数设置：供电电源为 DC10～30V；电气设计为 PNP；感应距离为 1.7×(1+10%)mm；开关频率为 1～15000Hz。执行机构有 1 台电动机，参数设置：额定电压为 24V，转速大于 1500r/min。

（a）转速对象模块

（b）速度传感器

图 1.2.5　转速对象模块

3. 转速显示单元

转速显示单元设置有 IN（输入）接口、OUT（输出）接口，如图 1.2.6 所示。IN 接口接转速对象模块上的速度传感器；OUT 接口（输出 0～10V）可接 PLC 或网关模块。

图 1.2.6　转速显示单元

1）转速显示单元的操作说明

转速显示单元的操作说明如图 1.2.7 所示。

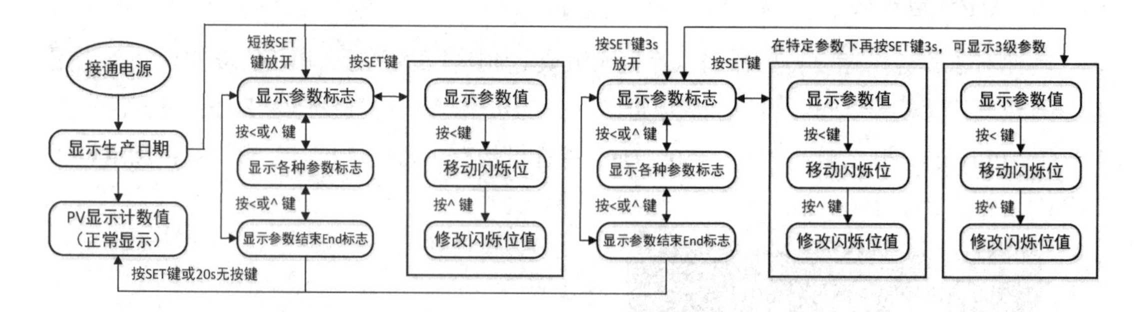

图 1.2.7　转速显示单元的操作说明

2）短按 SET 键

短按 SET 键的参数符号说明如表 1.2.1 所示。

表 1.2.1　短按 SET 键的参数符号说明

参数符号	说　明	参数符号	说　明
PS0000	参数保护，设置 PSLE-2（表示第 1 类和第 2 类参数都需要密码保护）时会出现此参数符号，需要输入正确的密码才能修改后面的参数，操作密码：8327	oUt-1L oUt-1H oUt-2L oUt-2H	OUT_1 动作区间设定标志；当设置 oUtn-1 为编号 11 时会出现参数 1L、1H； OUT_2 动作区间设定标志；当设置 oUtn-2 为编号 11 时会出现参数 2L、2H； 如果设定 *L* 值小于 *H* 值时为区间动作，那么继电器在 2 个设定值之间输出动作；如果设定 *L* 值大于 *H* 值时为触发动作，那么测量值大于 *L* 值时继电器吸合，测量值小于 *H* 值时继电器释放
oUt--1	继电器（OUT_1）动作设定值		
oUt--2	继电器（OUT_2）动作设定值		
End	退出（不按键 20s 后也可退出，但不会保存在编辑的参数）		

3）长按 SET 键

长按 SET 键的参数符号说明如表 1.2.2 所示。

表 1.2.2　长按 SET 键的参数符号说明

参数符号	说　明
PS0000	参数保护，设置 PSLE-21 时会出现此参数符号，需要输入正确的密码才能修改后面的参数，操作密码：3688
P-CoEF	脉冲当量倍率：取值范围为 0.001～999.999
SP---H SP---L	速度模式：SP- - -H 表示高速模式有平滑滤波（采样时间为 0.3s），SP- - -L 表示低速模式无平滑滤波（采样时间为 6s）
LC- 10U	模拟输出量程：输出 10V 或 20mA 时对应的转速值，这个参数只有带模拟量的仪表才有
rULE-H	通信协议，ZNZS2-6EXX-M485 通信仪表所特有，详见通信协议说明
Ad-HHH	通信地址，ZNZS2-6EXX-M485 通信仪表所特有，详见通信协议说明
PSLE-X	参数密码保护级别：PSLE-0 表示参数无须密码保护；PSLE-1 表示只有第 2 类参数需要密码保护；PSLE-2 表示第 1 类和第 2 类参数都需要密码保护
HF--PA	参数恢复出厂默认状态，所有参数变为出厂时的设置，需要输入操作密码：3688
End	退出（不按键 20s 后也可退出，但不会保存在编辑的参数）
-----	小数点位置：看到的小数点位置就是设定的小数点位置，小数点起装饰作用不参与运算
oUtn- oUtn-2	继电器输出方式：OUT_1 编号为 01、07、11；OUT_2 编号为 01、07、11（模拟量为 08、09）
bPS-HH	通信波特率选择：192（表示 19200 bit/s）；96（表示 9600 bit/s）；48（表示 4800 bit/s）；24（表示 2400 bit/s）

4）转速显示单元的参数设置

根据现有实训装置，转速显示单元相关参数设置如下。

（1）脉冲当量倍率设置为 150。

（2）小数点位置设置为----.-。

（3）模拟输出量程设置为 2000。

（4）OUT_1 动作设定值设置为 1200，该值可根据需要调整。

4．转速对象接线

将连接线 4 芯小头接入转速对象的 P_A 接口，将连接线 4 芯大头接入控制屏 PWM 直流电动机控制单元 OUT_B 接口，转速对象的 P_B 接口预留，如图 1.2.8 所示。

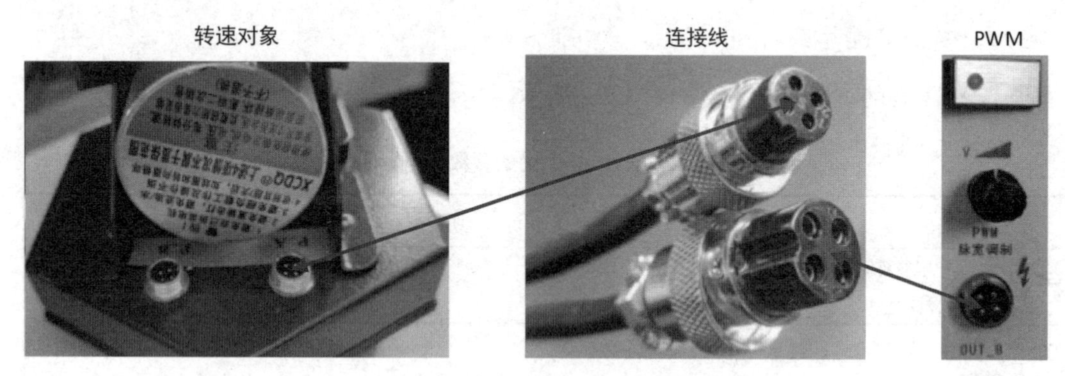

图 1.2.8　转速对象接线

将速度传感器连接线的 4 芯接头接入转速显示单元的 IN 接口，如图 1.2.9 所示。

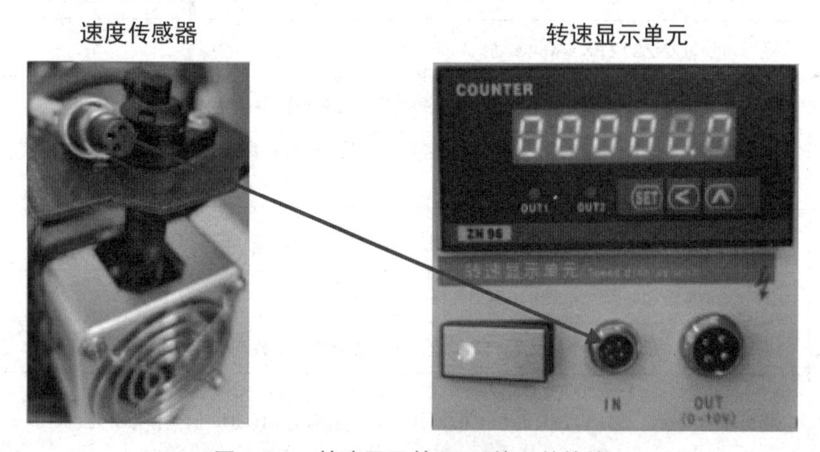

图 1.2.9　转速显示单元 IN 接口的接线

将连接线 4 芯大头接入转速显示单元的 OUT 接口，将连接线 4 芯小头接入物联网网关 AI 接口，如图 1.2.10 所示。

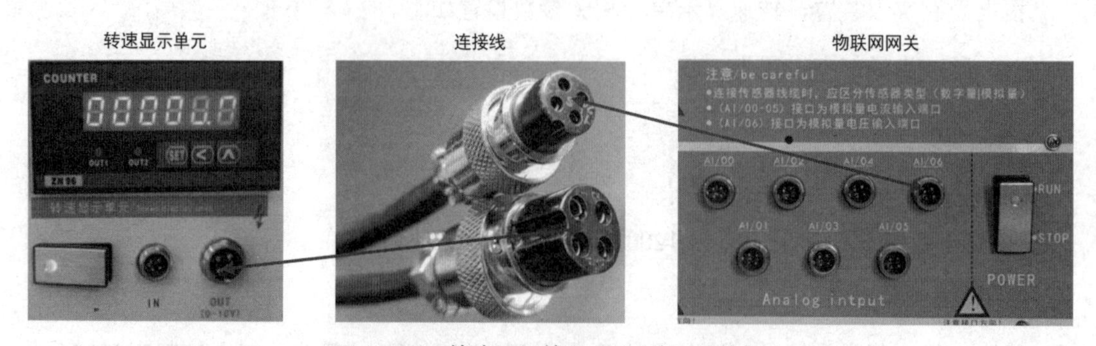

图 1.2.10　转速显示单元 OUT 接口的接线

1.2.3　光电对象模块的配置

扫一扫，看微课

1．光电开关

1）光电开关的定义

光电开关是光电接近开关的简称，它利用被测物体对光线的遮挡或反射，由同步回路接通电路，从而检测被测物体的有无。被测物体不限于金属，所有能反射光线（或者对光线有遮挡作用）的物体均可以被光电开关检测。

2）光电开关的分类

按检测方式的不同，光电开关可分为漫反射式光电开关、对射式光电开关、镜面反射式光电开关、槽式光电开关和光纤式光电开关。

（1）漫反射式光电开关。

漫反射式光电开关的光发射器和光接收器是结合在一起的，当开关发射光线时，被测物体产生漫反射，当有足够的组合光返回光接收器时，开关状态发生变化，其检测距离一般为 3m，如图 1.2.11 所示。

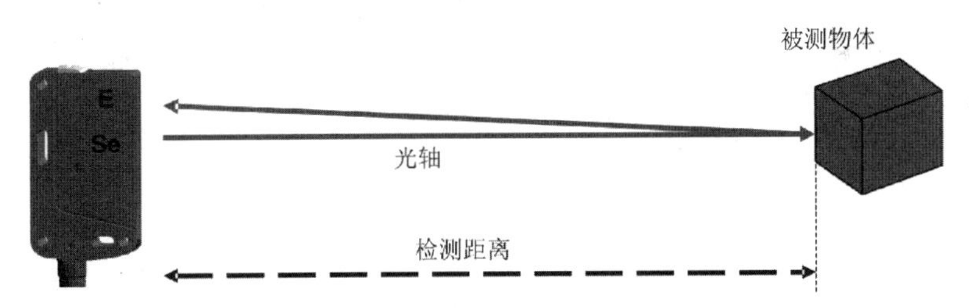

图 1.2.11　漫反射式光电开关

影响漫反射式光电开关检测的因素有检测距离，被测物体的尺寸、表面结构和表面倾斜度。

（2）对射式光电开关。

对射式光电开关由光发射器和光接收器组成，如图 1.2.12 所示。对射式光电开关的工作原理：通过光发射器发射的光线直接进入光接收器，当被测物体经过光发射器和光接收器之间遮挡光线时，对射式光电开关就产生开关信号。

图 1.2.12　对射式光电开关

对射式光电开关的主要特点是光接收器和光发射器是分开的。在同一轴线上，光接收器和光发射器的最大距离为 50m。对射式光电开关的检测距离是最大的，而且其不易受干扰，可靠性高，不惧怕灰尘的影响。

（3）镜面反射式光电开关。

镜面反射式光电开关由光发射器和光接收器构成，从光发射器发射的光线经过反射镜进入光接收器，当光线被遮挡时，该开关会产生一个开关信号的变化，如图 1.2.13 所示。光线的通过时间是信号持续时间的 2 倍。该开关的检测距离为 0.1～20m。

图 1.2.13　镜面反射式光电开关

镜面反射式光电开关的特点：能辨别不透明的物体；借助反射镜形成较大的检测距离范围；不易受干扰，可以在野外或者有灰尘的环境中使用。

（4）槽式光电开关。

槽式光电开关是对射式光电开关的一种，又称为 U 型光电开关，它是一款红外线感应光电产品，由红外线发射管和红外线接收管组合而成，如图 1.2.14 所示。

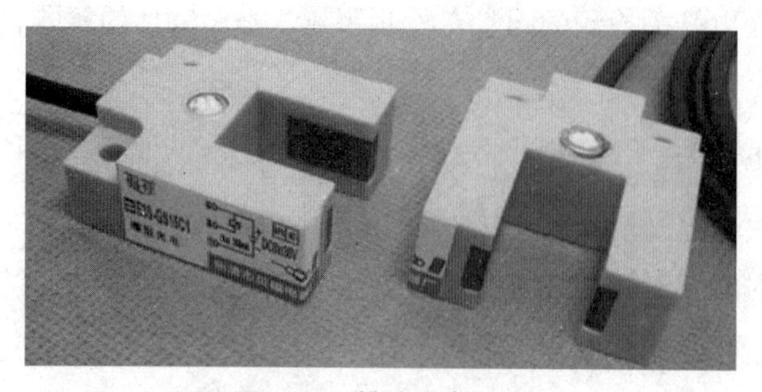

图 1.2.14 槽式光电开关

槽式光电开关的槽宽决定了感应接收信号的强弱与距离，以光为媒介，由发光体与受光体间的红外光对信号进行接收与转换，检测被测物体的位置。由于槽式光电开关是无接触式的，对被测物体的制约少，且检测距离长，可进行长距离的检测（几十米），检测精度高，能检测小物体，因此其应用非常广泛。槽式光电开关的光发射器和光接收器面对面地安装在一个槽的两侧。光发射器能发射红外光或可见光，在无遮挡的情况下光接收器能收到光。但当被测物体从槽中通过时，光线被遮挡，光电传感器便动作，输出一个开关控制信号，切断或接通负载电流，从而完成一次控制动作。

（5）光纤式光电开关。

光纤式光电开关采用塑料或玻璃光纤传感器来引导光线，以实现被测物体不在相近区域的检测，如图 1.2.15 所示。

光纤式光电开关分为对射式、直接反射式、同轴反射式光电开关。光纤式光电开关的光纤按材料的不同可分为塑料光纤、硅胶套光纤和玻璃光纤。塑料光纤传输距离较近、传输性能较差、造价低，硅胶套光纤传输距离较远、传输性能较好、造价较低，玻璃光纤传输距离远、传输性能好、造价高。

2．磁性开关

1）磁性开关的定义

磁性开关又叫磁控开关，是一种利用磁场信号控制开关器件的装置，如图 1.2.16 所示。磁性开关由永久磁铁和干簧管组成。常用的永久磁铁有烧结钕铁硼、橡胶磁和永磁铁氧体。干簧管是一种有触点的无源电子开关元件，其外壳通常是一根密封的玻璃管，管中灌有惰性气体，还装有 2 个铁质的弹性簧片电板。

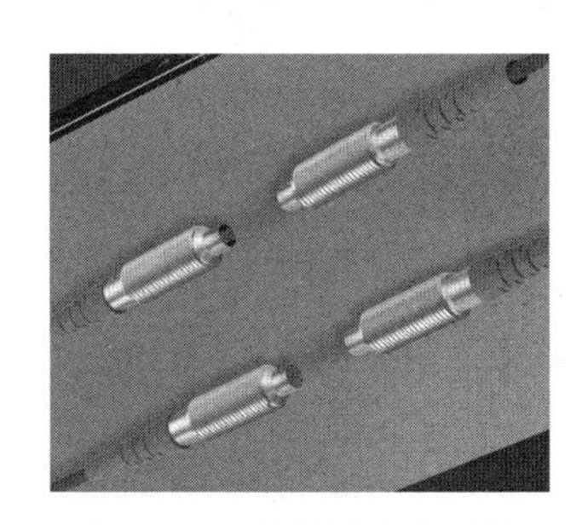

图 1.2.15 光纤式光电开关

图 1.2.16　磁性开关

2）磁性开关的特点

（1）可用于多点控制，节省成本、容易安装。

（2）接点容量为 50W/AC250V SPST 或 30W/DC200V SPDT。

（3）有 ABS、GL、CR 国际船级认证和 Ex 防爆认证。

（4）接线盒规格齐全，有塑料、铝合金、不锈钢防爆型，防护等级在 IP-65 以上。

（5）PP、PVDF 材质适用于强酸碱场所；SUS 304/316 材质适用于高温高压桶槽。

（6）接续法兰有 JIS、DIN、ANSI 规格；牙口有 NPT、PF、BSP 等规格。

3. 光电对象模块

光电对象设置有P_A接口、P_B接口、电动机，可安装光电传感器。P_A接口为电动机控制接入端口，接入电压范围为DC0～24V，正常使用时接入控制屏的PWM直流电动机控制单元OUT_B接口；P_B接口预留。

光电对象模块由光电开关、磁性开关和执行机构组成，如图1.2.17所示。

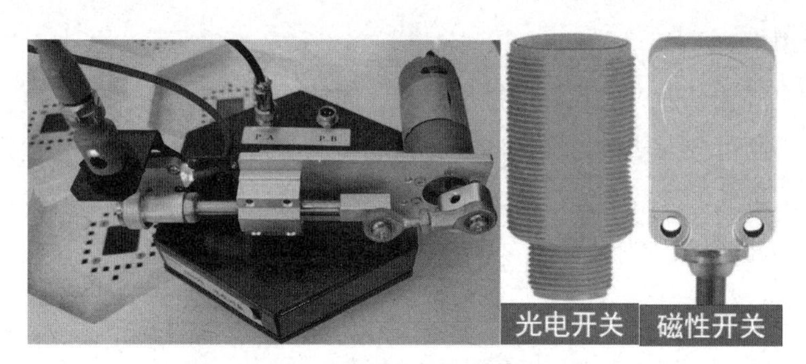

图1.2.17　光电对象模块

（1）光电开关。它的相关参数：工作电压为DC10～30V；电气设计为PNP；输出功能为亮通模式；光线种类为红光；检测距离为10mm～400mm。

（2）磁性开关。它的相关参数：工作电压为DC10～30V；电气设计为PNP/NPN（可设定）；输出功能为常开/常闭（可设定）；通信接口为IO-Link；检测距离为5×(1±10%)mm。

（3）执行机构。它包含1台电动机（额定电压为24V），能驱动凸轮往复机构，以实现往复检测。

4. 光电对象接线

将光电传感器连接线5芯大头（黄色）接入光电传感器接口，将连接线4芯小头（黑色）接入物联网网关DI接口，如图1.2.18所示。

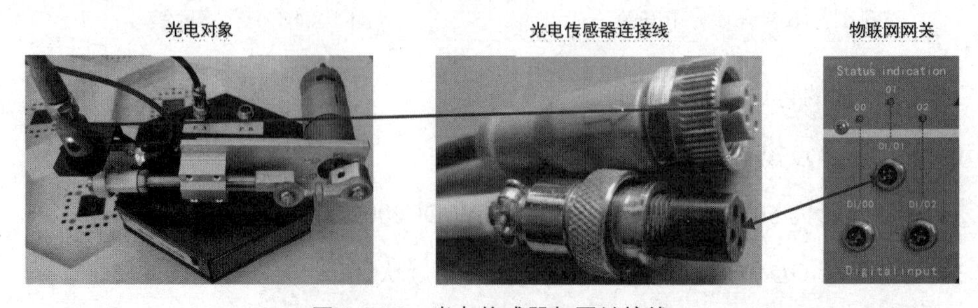

图1.2.18　光电传感器与网关接线

磁性传感器的一头固定在光电对象上，另一头连接在物联网网关DI接口，如图1.2.19所示。

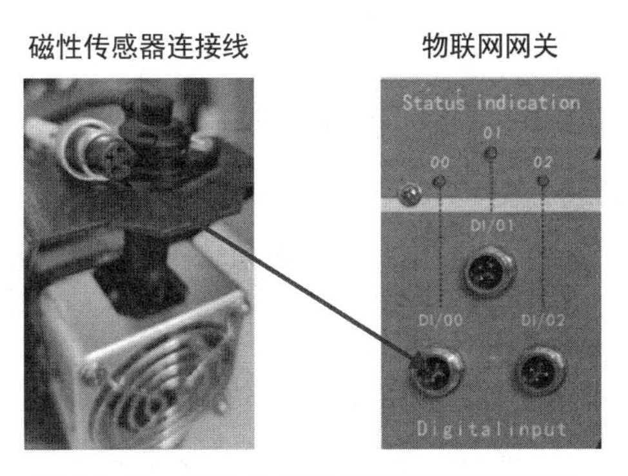

图 1.2.19　磁性传感器与物联网网关接线

用连接线将光电对象的 P_A 接口接入 PWM 直流电动机控制单元 OUT_B 接口，如图 1.2.20 所示。

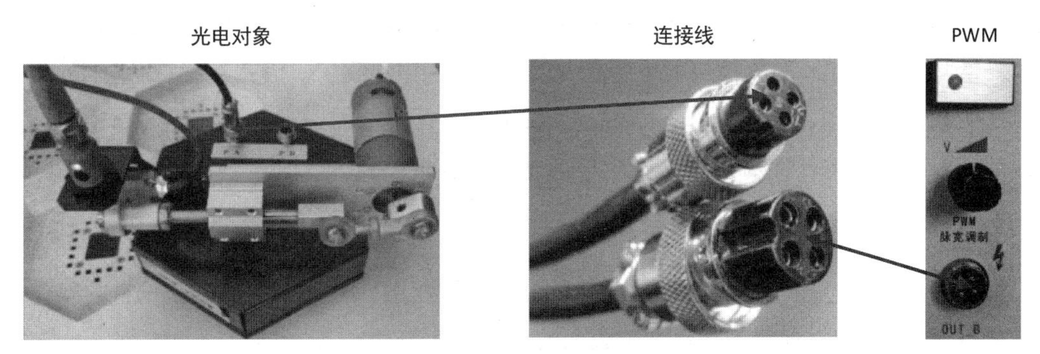

图 1.2.20　光电对象与 PWM 直流电动机控制单元接线

1.2.4　湿度对象模块的配置

扫一扫，看微课

1. 湿度传感器

1）湿度传感器的定义

湿度传感器是指能将湿度转换成容易被测量处理的电信号的设备或装置。

（1）相对湿度。它是指气体中（通常为空气中）所含水蒸气量（水蒸气压）与相同情况下空气所含饱和水蒸气量（饱和水蒸气压）的百分比。日常生活中所指的湿度为相对湿度，用 RH 表示。

（2）绝对湿度。它是指单位容积的空气中所含的实际水蒸汽量，一般以 g 为单位。

（3）饱和湿度。它是指在一定温度下，单位容积空气中所能容纳水蒸汽量的最大限度。如果超过这个限度，多余的水蒸气就会凝结，变成水滴，此时的空气湿度称为饱和湿度。

2）湿度传感器的工作原理

湿敏元件是最简单的湿度传感器。湿敏元件主要有湿敏电阻、湿敏电容。

（1）湿敏电阻。它的特点是在基片上覆盖一层用感湿材料制成的膜，当空气中的水蒸气吸附在感湿膜上时，元件的电阻率和电阻值都会发生变化，利用这一特性即可测量湿度。

（2）湿敏电容。它一般用高分子薄膜电容制成。常用的高分子材料有聚苯乙烯、聚酰亚胺、酪酸醋酸纤维等。当环境湿度发生改变时，湿敏电容的介电常数会发生变化，从而使其电容量也发生变化。电容量变化与相对湿度成正比。

3）湿度传感器的分类

（1）电容式湿度传感器。该传感器通过在 2 个电极之间放置的金属氧化物来测量相对湿度。金属氧化物的电容量随着大气相对湿度的变化而变化。电容式湿度传感器线性度较好，可以测量 0～100%的相对湿度。但电容式湿度传感器的电路复杂，因此其需要定期校准。

（2）电阻式湿度传感器。该传感器利用盐类介质中的离子来测量原子的电阻抗。随着湿度的变化，盐类介质两侧电极的电阻值也会发生变化。

（3）热能湿度传感器。2 个热能湿度传感器能根据周围空气的湿度进行导电。

湿度传感器还有电解质离子型湿敏元件、重量型湿敏元件（利用感湿膜重量的变化来改变振荡频率）、光强型湿敏元件、声表面波湿敏元件等。

2. 湿度对象模块

湿度对象设置有 P_A 接口、P_B 接口、湿度控制器，可安装湿度传感器。

P_A 接口为风扇控制接入端口，接入电压为 DC0～24V，正常使用时接入控制屏的直流稳压电源 DC24V 或者 PWM 直流电动机控制单元输出接口；P_B 接口为湿度控制器接入端口，接入电压为 DC5V，正常使用时接入控制屏的直流稳压电源 DC5V。

湿度对象模块由湿度传感器和执行机构组成，如图 1.2.21 所示。注意：湿度对象模块不可倒置或倾斜大于 15°，否则其会损坏。

图 1.2.21　湿度对象模块

（1）湿度传感器。它的相关参数：工作电压为 DC 9.6～33V；输出信号为模拟信号；模拟电流输出为 4mA～20mA；温度范围为 -40℃～60℃。

（2）执行机构。它包含 1 个湿度源，配备封闭式接触罩、干燥风吹装置、专用底座、氛围灯光、传感器专用支架和网关专用通信线缆。

本任务所选的湿度传感器为一体化温湿度变送器，包含变送盒、探头、连接杆和安装法兰部分，采用专业的管道式安装方式。

3. 湿度对象接线

用连接线将湿度对象的 P_A 接口（湿度传感器和风扇供电）接入控制屏直流稳压电源 DC24V（见图 1.2.22）或 PWM 直流电动机控制单元输出接口。

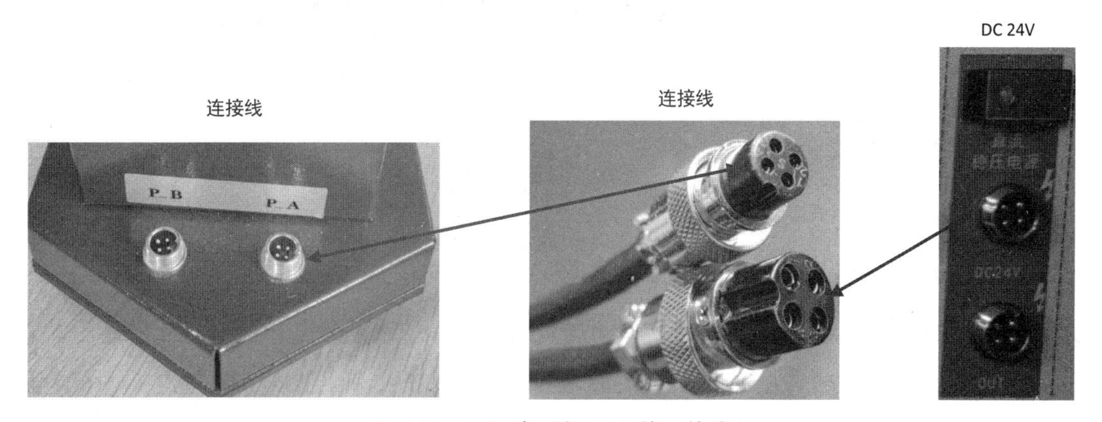

图 1.2.22　湿度对象 P_A 接口接线

用连接线将湿度对象的 P_B 接口（湿度控制器供电）接入直流稳压电源 DC 5V，如图 1.2.23 所示。

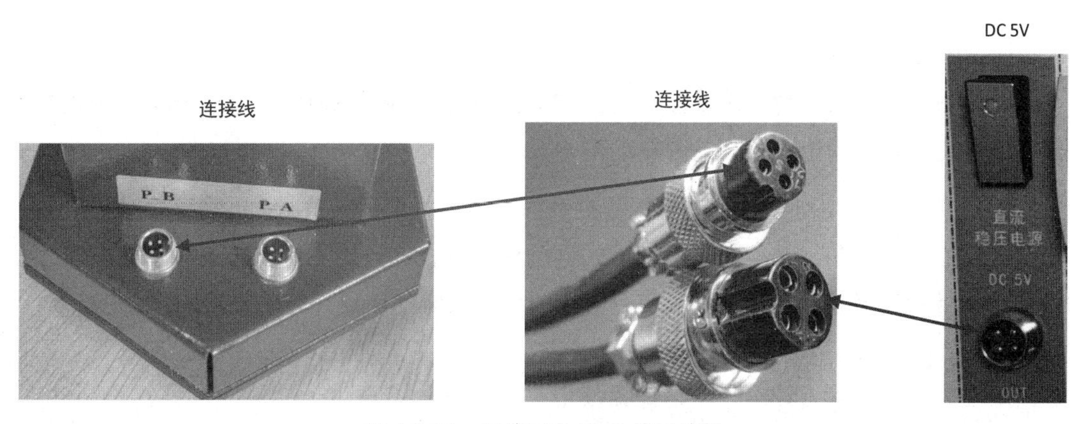

图 1.2.23　湿度对象 P_B 接口接线

用连接线将湿度传感器接入物联网网关 AI/03 接口，如图 1.2.24 所示。

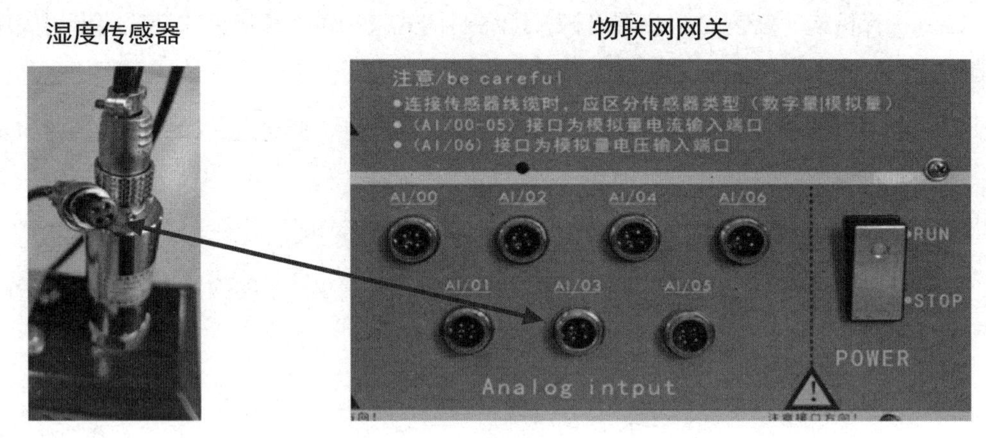

图 1.2.24　湿度传感器与物联网网关接线

1.2.5　振动对象模块的配置

扫一扫，看微课

1．振动传感器

1）振动传感器的定义

振动传感器可用来检测和监控特定旋转机械系统、机器或设备的振动频率和幅度。它的主要功能是接收机械量，并将其转换成为与之成比例的电量。振动传感器是一种机电转换装置，也称为换能器、拾振器等。

振动传感器不能将要测的原始机械量直接转换成电量，而是先将要测的原始机械量作为振动传感器的输入量，然后由机械接收部分加以接收，形成另一个适合转换成电量的机械量，最终由机电变换部分将其转换成电量。

2）振动传感器的分类

（1）按各种参数测量方法及测量过程物理性质的不同，振动传感器可分为机械式振动传感器、光学式振动传感器、电测振动传感器。

① 机械式振动传感器。它先将工程振动的参量转换成机械信号，再将该信号经机械系统放大后进行显示和记录。常用的机械式振动传感器有杠杆式测振仪和盖格尔测振仪，虽然它们测量的频率较低，精度也较差，但在现场测试时使用较为简单方便。

② 光学式振动传感器。它先将工程振动的参量转换成光学信号，再将该信号经光学系统放大后进行显示和记录，如读数显微镜和激光测振仪等。

③ 电测振动传感器。它先将工程振动的参量转换成电信号，再将该信号经电子线路放大后进行显示和记录。

（2）一般来说，振动传感器根据机械接收原理的不同可分为相对式、惯性式电动传感器。但在机电变换方面，由于振动传感器机电变换原理的不同，因此其种类繁多，应用范围也极其广泛。按机电变换原理的不同，振动传感器可分为相对式电动传感器、电涡流式振动传感器、电感式振动传感器、电容式振动传感器、惯性式电动传感器。

① 相对式电动传感器。基于电磁感应定律（当运动的导体在固定的磁场中切割磁力线时，导体两端就感生出电动势）的传感器称为电动传感器。相对式电动传感器从机械接收原理来说，它是一个位移传感器。由于它在机电变换原理中应用的是电磁感应定律，产生的电动势与被测物体的振动速度成正比，因此它实际上是一个速度传感器。

② 电涡流式振动传感器。电涡流式振动传感器是一种相对式非接触式传感器，它是通过传感器端部与被测物体之间的距离变化测量物体振动位移或幅值的。电涡流式振动传感器具有频率范围大（0～10kHz）、线性工作范围大、灵敏度高及非接触式测量等优点，主要应用于静位移的测量、振动位移的测量、旋转机械中监测转轴的振动测量。

③ 电感式振动传感器。根据传感器的机电变换原理，电感式振动传感器能把被测物体振动参数的变化转换成为电参量信号的变化。电感式振动传感器可分为变间隙式电感传感器、变截面式电感传感器和螺管式电感传感器。

④ 电容式振动传感器。按传感器工作原理的不同，电容式振动传感器可分为变极距型、变面积型和变介质型电容式振动传感器。

⑤ 惯性式电动传感器。惯性式电动传感器由固定部分、可动部分及支承弹簧部分组成。为了使该传感器工作状态与位移传感器相同，其可动部分的质量应该足够大，而支承弹簧的刚度应该足够小，也就是让传感器具有足够低的固有频率。

2. 振动对象模块

振动对象设置有 P_A 接口、P_B 接口、电动机，可安装振动传感器、电动机温度传感器。

P_A 接口为电源接入端口，接入电压为 DC0～24V，正常使用时接入控制屏的直流稳压电源 DC24V 或者 PWM 直流电动机控制单元 OUT_B 接口；P_B 接口为电动机控制接入端口，正常使用时接入控制屏的步进电动机控制单元的 OUT 接口。

振动对象模块由振动传感器、电动机温度传感器和执行机构组成，如图 1.2.25 所示。

图 1.2.25　振动对象模块

（1）振动传感器的相关参数：工作电压为 DC9.6～32V；电流输出为 4mA～20mA；振动测量范围为 0～25mm/s(RMS)；频率范围为 10～1000Hz；输出信号为模拟信号。电动机温度传感器的测量范围为-40℃～90℃。

（2）执行机构。执行机构包含 1 台电动机，配备防护罩。

3. 步进电动机控制单元

脉冲发生器（Pulse Generator，PG）可以控制步进电动机、伺服电动机，电动机转速为 0～4000r / min，脉冲为占空比是 50%的方波，频率为 250kHz，如图 1.2.26 所示。PG 可通过外接端子接入启停、方向信号，实现外部控制，具有调速、往返、定时、定长等功能。

图 1.2.26　PG

1）显示说明

当 PG 处于运行状态或停止状态时，数码管显示当前的转速值（单位：r/min）。当 PG 处于设置状态时，数码管显示设置的参数代号或参数值。

2）参数设置

当 PG 处于停止状态时，先长按“停止”键，数码管显示 ACC，再按“停止”键，数码管显示 ACC 的参数值，按“方向”键和“脱机”键可修改该参数值，修改完成后按“停止”键确认，数码管显示 ACC。先按“方向”键，数码管显示 tAb，其次按 2 次该键，数码管依次显示 Modo、Model，最后按该键，数码管显示 ACC 参数值，按“脱机”键退出该参数值设置，PG 处于停止状态。

（1）ACC 加速度设置（设置范围为 1～99）。1 最慢，99 最快，负载重时应设置慢点，默认值为 5。

（2）tAb 细分数设置（设置范围为 1～64）。此值根据驱动器设置，应该跟驱动器设置一致，设置一致时显示的转速为实际速度，默认值为 10。

【提示】

PG是用来产生所需参数电测试信号的仪器。它根据信号波形的不同可分为正弦信号发生器、函数（波形）信号发生器、脉冲信号发生器、随机信号发生器。其中，正弦信号发生器主要用于测量电路和系统的频率特性、非线性失真、增益及灵敏度等；函数（波形）信号发生器能产生某些特定的周期性时间函数波形（如正弦波、方波、三角波、锯齿波和脉冲波等）信号，频率可从几微赫到几十兆赫；脉冲信号发生器能产生宽度、幅度和频率可调的矩形脉冲发生器；随机信号发生器通常又分为噪声信号发生器和伪随机信号发生器。

4. 振动对象接线

用连接线将温度传感器和振动传感器（测试电动机振动）接入物联网网关的AI/02接口（4mA～20mA）、AI/03接口，如图1.2.27所示。

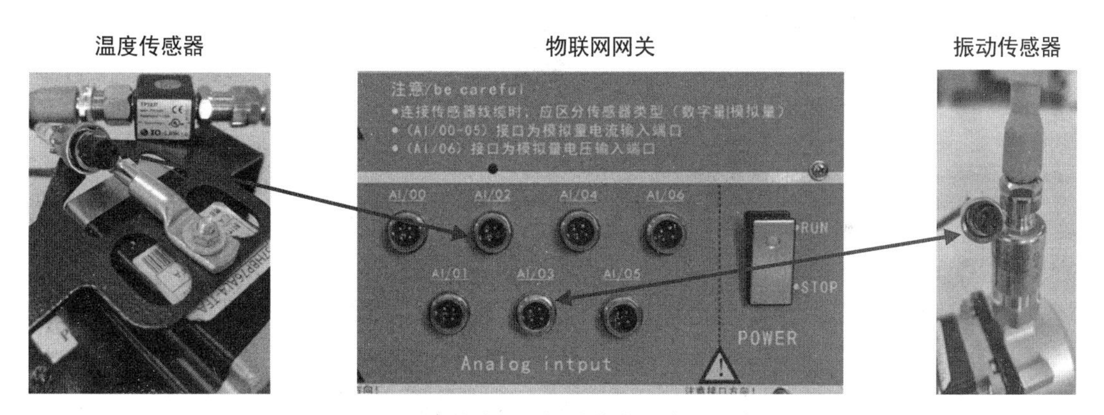

图1.2.27　温度传感器和振动传感器接入物联网网关

用连接线将振动对象的P_A接口接入控制屏的直流稳压电源DC24V或者PWM直流电动机控制单元OUT_B接口，如图1.2.28所示。

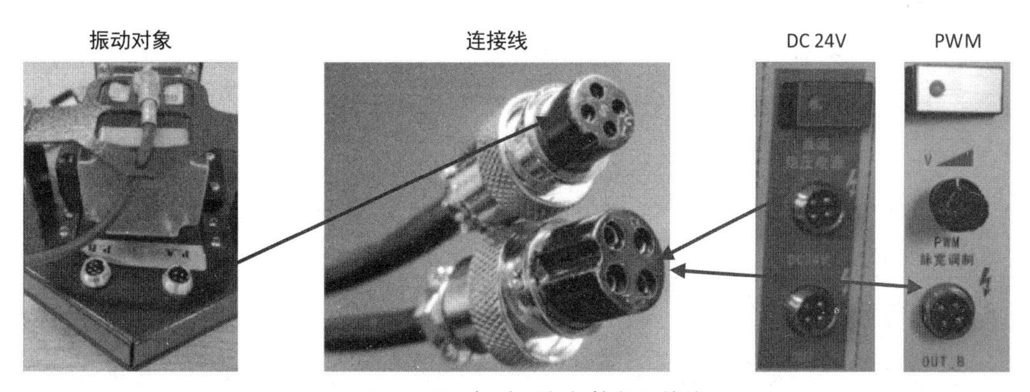

图1.2.28　振动对象与控制屏接线

用连接线将振动对象的P_B接口接入步进电动机控制单元的OUT接口，如图1.2.29

所示。

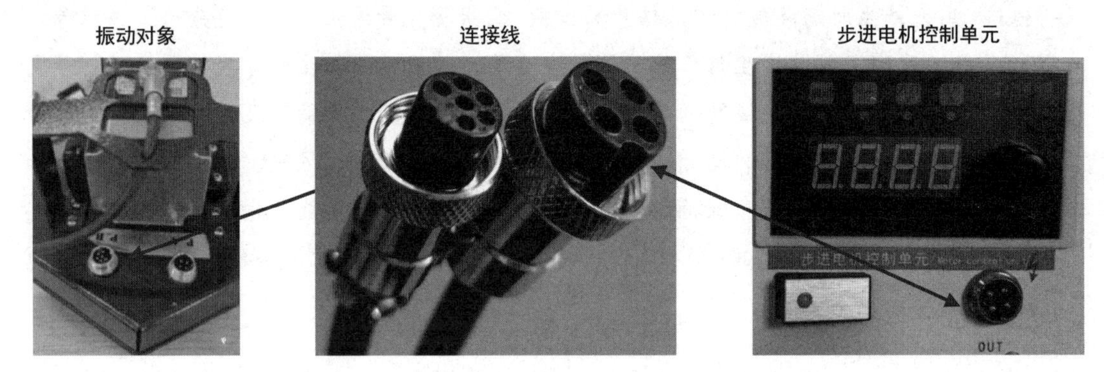

图 1.2.29　振动对象与步进电动机控制单元接线

1.2.6　温度对象模块的配置

扫一扫，看微课

1. 温度传感器

1）温度传感器的定义

温度传感器是指能感受温度并将其转换成可用输出信号的传感器。

2）温度传感器的分类

（1）按测量方式的不同，温度传感器可分为接触式温度传感器和非接触式温度传感器。

① 接触式温度传感器。

接触式温度传感器直接与被测物体接触以进行温度测量。由于被测物体的热量传递给了传感器，降低了被测物体的温度，特别是被测物体热容量较小时，测量精度较低，因此采用该传感器测得物体真实温度的前提条件是被测物体的热容量足够大。

② 非接触式温度传感器。

非接触式温度传感器主要是利用被测物体热辐射而发出红外线，从而测量被测物体温度的，它可进行遥测。该传感器制造成本较高，测量精度却较低，其优点是不从被测物体上吸收热量、不会干扰被测物体的温度场、连续测量不会产生消耗、反应快等。

（2）按传感器材料及电子元件特性的不同，温度传感器可分为热电偶温度传感器和热电阻温度传感器。

① 热电偶温度传感器。

热电偶温度传感器是利用热电效应进行温度测量的，其中直接用于测量介质温度的一端叫作工作端（也称为测量端），另一端叫作冷端（也称为补偿端）。冷端与显示仪表或配套仪表连接，显示仪表会显示热电偶产生的热电势。热电偶实际上是一种能量转换器，它能将热能转换成电能，用产生的热电势测量物体温度，如图 1.2.30 所示。

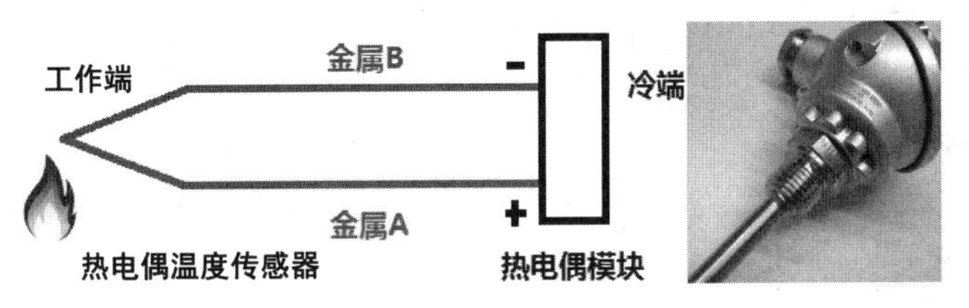

图 1.2.30　热电偶温度传感器

② 热电阻温度传感器。

热电阻温度传感器是利用导体或半导体的电阻值随温度变化而变化的原理对物体进行温度测量的一种传感器温度计，如图 1.2.31 所示。热电阻温度传感器可分为金属热电阻温度传感器和半导体热敏电阻温度传感器。热电阻温度传感器由热电阻、连接导线及显示仪表组成，热电阻也可以与温度变送器连接，将温度转换成标准电流信号输出。

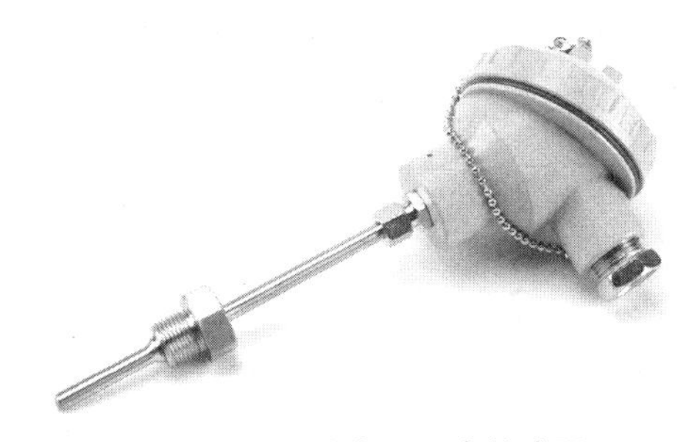

图 1.2.31　热电阻温度传感器

（3）热电偶温度传感器和热电阻温度传感器的区别。

① 测温原理不同。热电偶温度传感器利用热电效应测量物体温度，热电阻温度传感器利用导体或半导体的电阻值随温度变化而变化的原理测量物体温度。

② 特点不同。热电偶温度传感器的特点为性能稳定、测量精度高、热响应时间快、测量范围大，并且热电偶与被测物体直接接触，不受中间介质的影响，热电偶在-40℃～1600℃可连续测温，机械强度好。热电阻温度传感器的特点为测量精度高，复现性好；有较大的测量范围，尤其是在低温方面；在自动测量中易于使用，也便于远距离测量。热电阻在高温（大于 850℃）测量中准确性差且易于氧化、不耐腐蚀。

③ 应用范围不同。热电偶温度传感器是一种无源传感器，测量物体温度时不需要外加电源，应用极为广泛。热电阻温度传感器的主要材料是铂和铜。铂热电阻具有精度高、稳定性好、测量可靠等优点，多用于-200℃～850℃的场景；铜热电阻具有温度系数大、线性度好、价格低等优点，多用于-50℃～150℃的场景。

2．温度对象模块

图 1.2.32　温度对象模块

温度对象设置有 P_A 接口、P_B 接口、电动机，可安装温度传感器。

P_A 接口为温度控制接入端口，使用时接入温度控制单元 OUT 接口；P_B 接口为温度传感探头输出端口，使用时接入温度控制单元 IN 接口。

温度对象模块由温度传感器和执行机构组成，如图 1.2.32 所示。

（1）温度传感器。它的相关参数：工作电压为 DC18～32V；输出信号为模拟信号，IO-Link（可配置）；模拟电流输出为 DC4mA～20mA；测量范围为-50℃～150℃；模拟量输出分辨率为 0.04k；温度系数为 0.1；外壳防护等级为 IP 67、IP 68、IP 69K。

（2）执行机构。它包含 1 个温度源，并配备封闭式接触罩。

注意：温度对象模块不可将加热温度设置为 50℃以上，并注意预防高温。

3．温度控制单元

1）IN、OUT 接口

温度控制单元如图 1.2.33 所示。温度控制单元 IN 接口接温度对象的 P_B 接口（6 芯插座）；温度控制单元 OUT 接口接温度对象的 P_A 接口（4 芯插座），用于控制加热。

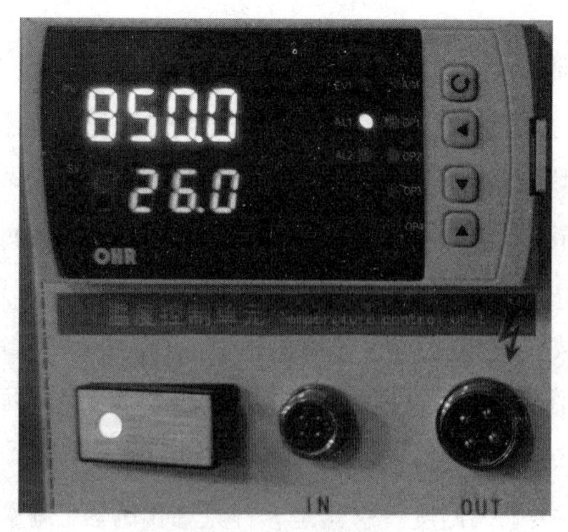

图 1.2.33　温度控制单元

2）操作说明

温度控制单元的操作按键如图 1.2.34 所示。

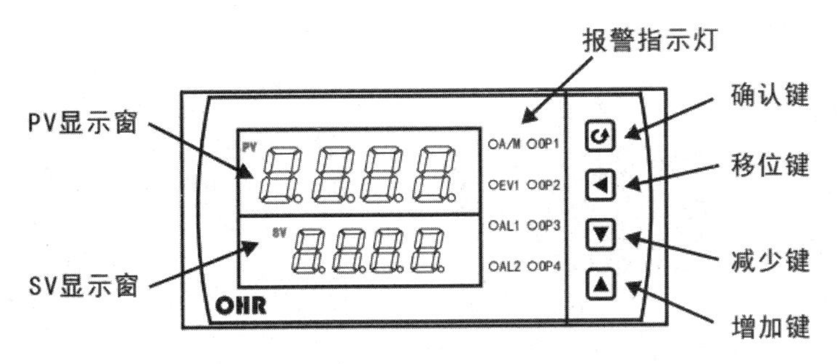

图 1.2.34 温度控制单元的操作按键

温度控制单元的基本参数说明如表 1.2.3 所示。

表 1.2.3 温度控制单元的基本参数说明

基本参数	说明
PV 显示窗	显示测量值（在参数设定状态下，显示参数符号）
SV 显示窗	手动状态下显示 PID 运算结果；自动状态下的显示内容可通过二级菜单中的 DISP 进行定义；参数设置状态下显示设定参数值
A/M	手/自动切换指示灯
EV1	事件报警指示灯
AL1	第 1 报警指示灯
AL2	第 2 报警指示灯
0P1	输出指示灯（正转）
0P2	输出指示灯（反转）
0P3	输出指示灯
0P4	输出指示灯

（1）控制目标值 SV 设定：当温度控制单元处于实时测量状态时，按住确认键不放，4s 后，温度控制单元将进入控制目标值 SV 的设定状态，设定完控制目标值 SV 后按确认键其将返回实时测量状态。

（2）手动返回：在温度控制单元参数设定模式下，按住确认键不放，4s 后，温度控制单元将返回实时测量状态。

（3）自动返回：在温度控制单元参数设定模式下，不按任何按键，30s 后，温度控制单元将返回实时测量状态。

4．温度对象接线

用连接线将温度对象接入物联网网关的 AI/00 接口，如图 1.2.35 所示。

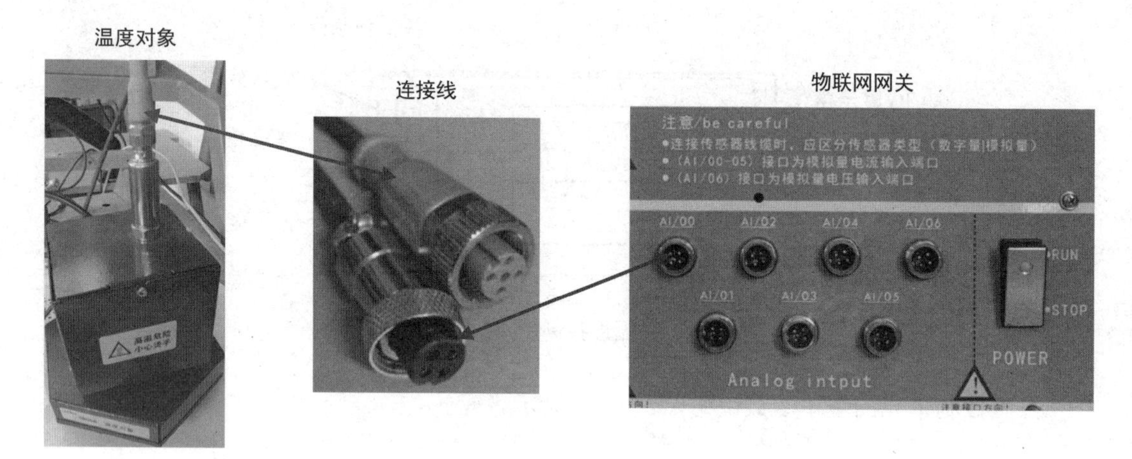

图 1.2.35　温度对象与物联网网关接线

将温度对象的 P_B 接口接入控制屏温度控制单元的 IN 接口，用连接线将温度对象的 P_A 接口接入控制屏温度控制单元的 OUT 接口，如图 1.2.36 所示。

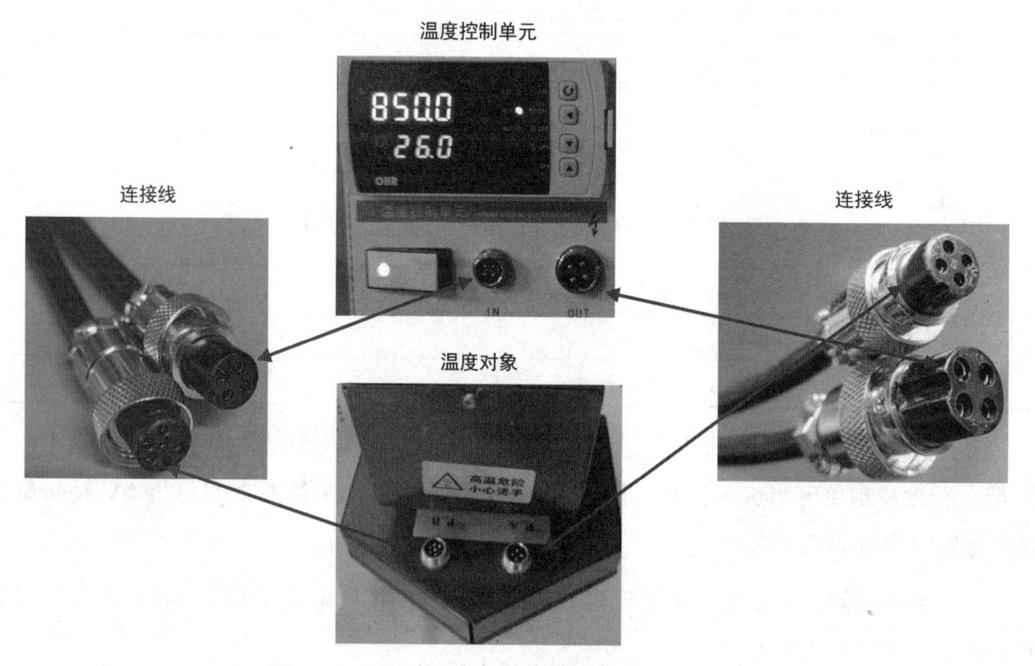

图 1.2.36　温度对象与控制屏温度控制单元接线

1.2.7　PDM100 实训装置的数据读取

扫一扫，看微课

1. PDM100 实训装置的接线

PDM100 实训装置的接线如表 1.2.4 所示。

表 1.2.4 PDM100 实训装置的接线

对　象	P_A 接口	P_B 接口	传感器	控制单元	ADAM
转速对象	PWM 直流电动机控制单元 OUT_B 接口	预留	转速显示单元	转速显示单元 OUT-AI5	0～10V，AI5
光电对象	PWM 直流电动机控制单元 OUT_B 接口	预留	光电开关、磁性开关		DI0、DI1
湿度对象	直流稳压电源 DC24V 或 PWM 直流电动机控制单元输出接口	直流稳压电源 DC5V	湿度传感器	加湿、吹风控制	4mA～20mA，AI3
振动对象	直流稳压电源 DC24V 或 PWM 直流电动机控制单元 OUT_B 接口	步进电动机控制单元 OUT 接口	电动机温度传感器、振动传感器		4mA～20mA，AI1、AI2
温度对象	温度控制单元 OUT 接口	温度控制单元 IN 接口	温度传感器		4mA～20mA，AI0

2．AdamApax.NET Utility 软件的配置

研华 I/O 模块（ADAM6024）与物联网网关（ECU-1051）的通信配置如下。

（1）用网线连接计算机与 I/O 模块。

（2）打开“AdamApax .NET Utility”模块配置软件。

（3）选择“Ethernet”选项后并单击“搜索”按钮，如图 1.2.37 所示。

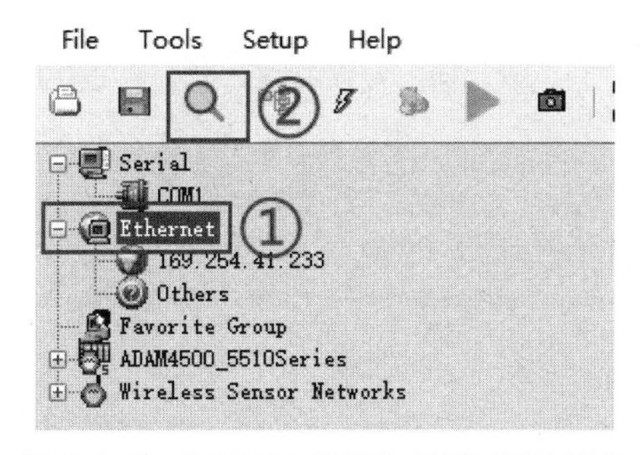

图 1.2.37 研华 I/O 模块软件配置搜索设备

（4）自动搜索网口连接的模块如图 1.2.38 所示。

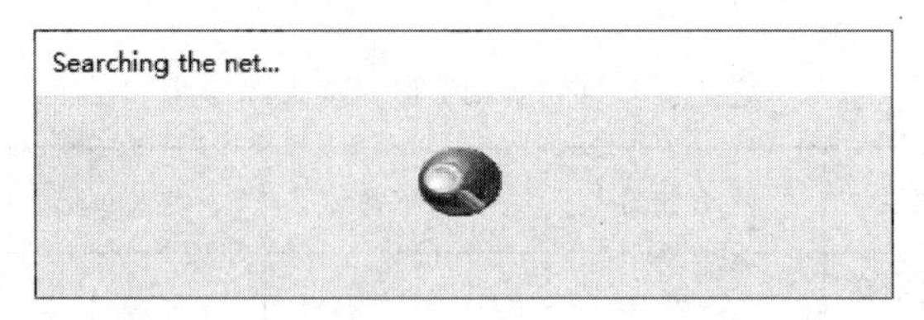

图 1.2.38　自动搜索网口连接的模块

（5）搜索到模块后其会在左侧显示，如图 1.2.39 所示。

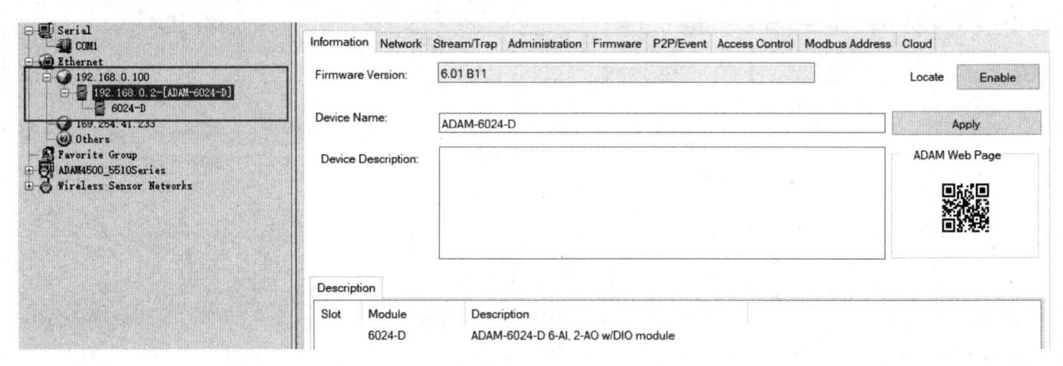

图 1.2.39　搜索到模块

（6）选择“192.168.0.2-[ADAM-6024-D]”选项进入模块。

（7）在“Input”选项卡中进行输入配置设置，如图 1.2.40 所示。

该模块支持 6 个模拟量输入通道（AI0～AI5）、2 个模拟量输出通道（AO0、AO1）、2 个数字量输入通道（DI0、DI1）、2 个数字量输出通道（DO0、DO1）。其中，模拟量输入通道支持 0～20mA、4mA～20mA 电流型模拟量输入信号及±10V 电压型模拟量输入信号，这些内容需要在“Input”选项卡中进行配置，同时还需要对硬件进行对应跳线。

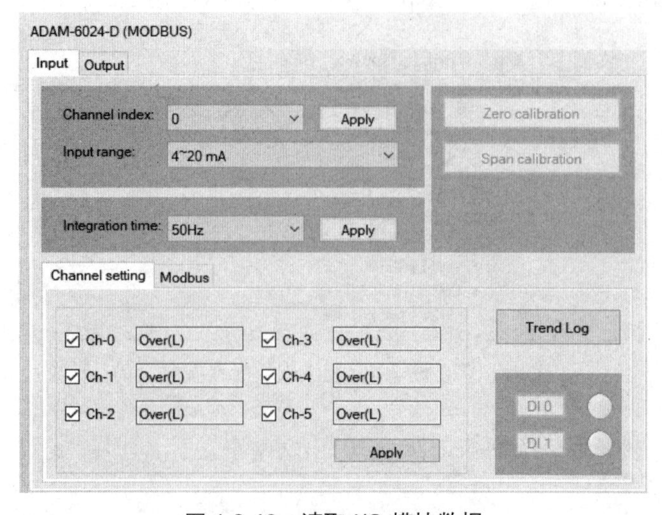

图 1.2.40　读取 I/O 模块数据

【思考】

模拟量输入通道支持的电流型模拟量输入信号与电压型模拟量输入信号的优缺点有哪些？

拓展阅读

沉淀数据采集　推动全场景数字化应用

2022 年 7 月 27 日，在重庆举行的 2022 中国工业软件大会主题演讲环节，多位参会演讲嘉宾均表示，创新工业软件，促进制造业产业链协同发展，将是产业数字化、数字产业化建设的“重头戏”。

中国工程院院士杨华勇指出，智能化不是取代人，也不是简单的“机器换人”，而是通过智能化来释放繁重的人工，让人能够集中精力投身项目研发。实现智能化的重要环节就是采用工业互联网，让数据能够流通融合，推动全场景数字化。推动工业软件持续发展的关键是，要加强工业软件底层系统研发和投入，同时积极培育一批服务中小企业的创新研发机构，完善工业软件产业人才供给体系，通过深化数据、通信科学与工业机理等场景的融合，将数据采集变为信息沉淀，推动全场景数字化应用，助力企业发展。

【任务计划】

学生可根据任务资讯及收集整理的资料填写任务计划单。

任务计划单

项　目	传统生产设备的标识解析与多个单一数据的采集		
任　务	多个单一数据的采集	学　时	8
计划方式	分组讨论、资料收集、技能学习等		
序　号	任　务	时　间	负责人
1			
2			
3			
4			
5	完成 PDM100 实训装置的接线和数据读取		
6	任务成果汇报展示		
小组分工			
计划评价			

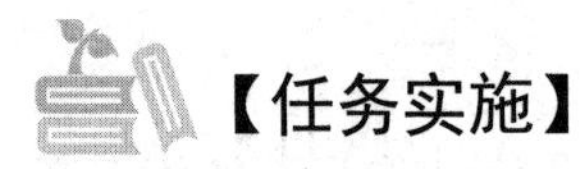

【任务实施】

学生可根据任务计划编制任务实施方案、完成任务实施，并填写任务实施工单。

任务实施工单

项　目	传统生产设备的标识解析与多个单一数据的采集		
任　务	多个单一数据的采集	学　时	
计划方式	分组讨论、合作实操		
序　号	实施情况		
1			
2			
3			
4			
5			
6			

【任务检查与评价】

学生在完成任务实施后，可采用小组互评等方式进行任务检查。任务评价单如下。

任务评价单

项目名称	传统生产设备的标识解析与多个单一数据的采集				
任务名称	多个单一数据的采集				
考核方式	过程评价+结果考核				
说　明	主要评价学生在任务学习过程中的操作方式、理论知识的掌握程度、学习态度、课堂表现、学习能力、动手能力等				
评价内容与评价标准					
序　号	评价内容	评价标准			成绩比例
		优	良	合　格	
1	基本理论掌握	掌握 PDM100 实训装置的硬件组成及理解其结构	熟悉 PDM100 实训装置的硬件组成及理解其结构	了解 PDM100 实训装置的硬件组成及其结构	30%
2	实践操作技能	熟练识别转动对象、光电对象、湿度对象、振动对象和温度对象的传感器，能选择合适工具，按规范步骤，快速完成接线和数据读取	能识别转动对象、光电对象、湿度对象、振动对象和温度对象的传感器，分工较合理，能选择合适工具，按规范步骤，完成接线和数据读取	基本识别转动对象、光电对象、湿度对象、振动对象和温度对象的传感器，能选择工具，辅助完成接线和数据读取	30%
3	职业核心能力	具有良好的自主学习能力和分析、解决问题的能力，能解答任务思考	具有较好的自主学习能力和分析、解决问题的能力，能解答部分任务思考	具有分析和解决部分问题的能力	10%

续表

序　号	评价内容	评价标准			成绩比例
		优	良	合　格	
4	工作作风与职业道德	具有严谨的科学态度和工匠精神，能够严格遵守“6S”管理制度	具有良好的科学态度和工匠精神，能够自觉遵守“6S”管理制度	具有较好的科学态度和工匠精神，能够遵守“6S”管理制度	10%
5	小组评价	具有良好的团队合作精神和与人交流的能力，热心帮助小组其他成员	具有较好的团队合作精神和与人交流的能力，能帮助小组其他成员	具有一定的团队合作精神，能配合小组其他成员完成项目任务	10%
6	教师评价	包括以上所有内容	包括以上所有内容	包括以上所有内容	10%
合计					100%

【任务练习】

1．光电开关的分类有哪些？

2．简述热电偶温度传感器和热电阻温度传感器的区别。

【思维导图】

请学生完成本项目思维导图，示例如下。

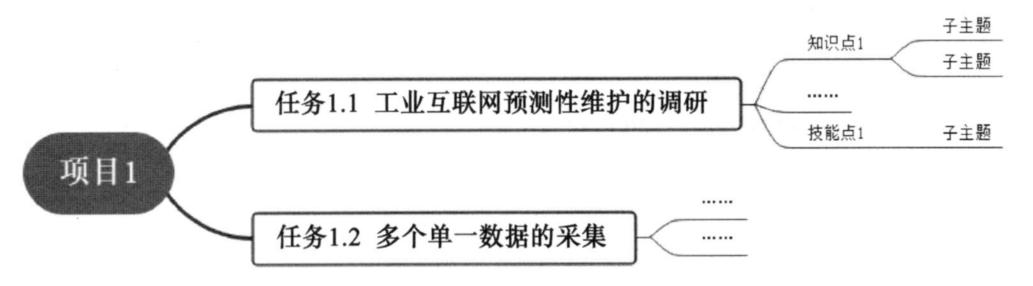

【创新思考】

当转速对象速度过高时，其如何实现报警？

项目 2

通用生产设备变频器的解析与通信连接

职业能力

- 了解变频器的原理、分类及其与控制器的连接方式。
- 了解 TD500 变频器产品命名规则与铭牌标识。
- 能够完成 TD500 变频器的接线。
- 能够完成 TD500 变频器操作面板设置。
- 能够实现 TD500 变频器和 PLC 通信连接。
- 培养严谨的科学态度和精益求精的工匠精神。
- 提高信息处理、与人交流、解决问题的能力。

引导案例

暑假期间，小刘到某铅酸蓄电池生产企业实习。由于电池生产过程中需要使用铅粉，因此为避免铅粉散布到外部环境，该企业在涉及铅粉作业的生产线中均加装铅粉除尘系统。铅粉除尘系统通过除尘风机对生产线周围抽风，在生产线周围形成负压，使铅粉被吸入除尘风机中。该企业为减少电能消耗量，在除尘风机上加装了变频器。那么，什么是变频器呢？变频器又是如何工作的呢？本项目将为大家一一揭晓。

任务 2.1　变频器的解析

【任务描述】

A 公司需要设计、组建一条全新的智能装配生产线。在智能装配生产线中，运输带的运行速度常常用三相异步电动机的变频器进行控制，因而变频器是智能装配生产线中的核心设备。请学生查阅与变频器相关的资料，整理、分析、总结变频器的分类、工作原理和典型应用，并根据智能装配生产线的工作要求，对变频器进行选型，完成变频器解析的主题汇报。

【任务单】

学生应能根据相关知识对应用于智能装配生产线运输带的三相异步电动机的变频器进行解析。具体任务要求可参照任务单。

任务单

项　目	通用生产设备变频器的解析与通信连接
任　务	变频器的解析
任务要求	**任务准备**
1．任务要求 （1）分组进行信息收集，并完成讨论，每组 3～5 人 （2）自行收集所需资料 2．完成资料收集与整理 3．提交变频器调查表	1．知识准备 （1）了解变频器的基本概念 （2）了解变频器的工作原理、分类及其与控制器的连接方式 （3）了解 TD500 变频器 2．设备支持 在该任务实施过程中需要具备的工具如下。 （1）仪表：无 （2）工具：计算机
自我总结	**拓展提高**
	通过对工作过程进行总结，提高团队的分工协作能力及资料收集能力

【任务资讯】

扫一扫，看微课

2.1.1　变频器的简介及工作原理

1．变频器及其品牌

变频器是一种应用变频技术与微电子技术改变电源频率、电压以控制交流电动机的设备。随着科技的发展，工业设备自动化程度持续提高，变频器的应用也更加广泛。

目前，国内外变频器品牌主要有艾默生、罗克韦尔、西门子、施耐德、ABB、汇川技术、台达、英威腾等。尽管我国在变频器研发领域起步晚，但随着我国工业和科技的快速发展，国产变频器制造企业逐步崛起，涌现出了非常多的自主品牌，尤其是汇川技术、台达、英威腾等变频器品牌已经抢占变频器的中高端市场。例如，汇川技术拥有通用低压变频器、中高压变频器、专用变频器（电梯）等产品，它的产品广泛应用在起重、机床、冶金、煤矿等行业，并在2022年入选了福布斯2022全球企业2000强、2022中国制造业企业500强。

2. 变频器的工作原理

变频器的种类较多，在实际生产过程中，应用最广泛的是交-直-交变频器，因此本任务将以该类型的变频器为例对变频器的工作原理进行简单介绍。交-直-交变频器先将工频交流电整流为直流电，再将直流电逆变为频率、电压均可调的交流电，其主要组成部分有整流器（使交流电变为直流电）、滤波电路、逆变器（使直流电变为交流电）、控制电路，如图2.1.1所示。变频器通过开关器件的导通与关断实现输出电源电压和频率的调节。在实际应用中，变频器会根据电动机的实际需求提供相应的电源电压从而达到调整速度和节约能耗的目的。此外，变频器还具有过流保护、过压保护、过载保护等功能。

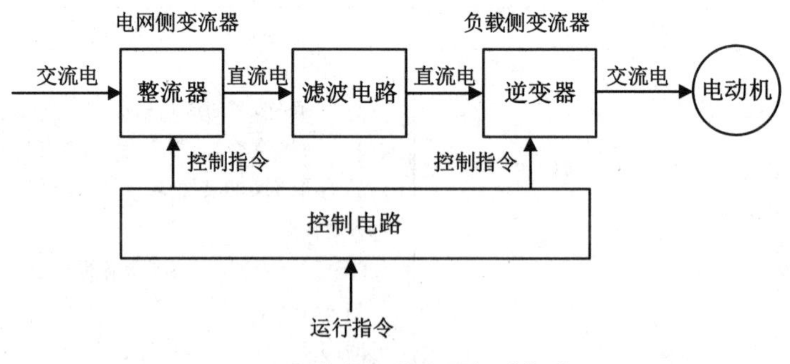

图2.1.1　变频器的主要组成部分

变频器主电路是为交流电动机提供调压调频电源的电力变换电路，主要由整流器、滤波电路和逆变器构成。

1）整流器

整流器是一种通过整流电路将交流电转换成直流电的装置。整流电路的类型有不可控型整流电路、半控型整流电路、全控型整流电路。目前应用最广泛的是二极管整流电路，它属于不可控型整流电路，只具有整流功能，不能调节电压。

2）滤波电路

整流器获得的直流电中包含的脉动信号的频率为输入电源频率的六倍，此外，逆变器产生的脉动电流也会使直流电压波动。为了抑制直流电压波动，滤除交流成分，人们常常采用电容或电抗对整流后的电压或电流进行滤波。

3）逆变器

逆变器是一种通过逆变电路将直流电转换成交流电的装置。逆变器与整流器的功能相反，它将直流电转换成频率、电压均可调的交流电。

扫一扫，看微课

2.1.2　变频器的分类

1．按变换频率分类

按变换频率的不同，变频器可分为交-交变频器和交-直-交变频器。交-交变频器可将工频交流电直接转换成频率、电压均可调的交流电，因此其又被称为直接式变频器。交-直-交变频器先把工频交流电整流成直流电，再通过逆变器把直流电转换成频率、电压均可调的交流电，因此其又被称为间接式变频器。

2．按直流电源性质分类

按直流电源性质的不同，变频器可分为电压型变频器和电流型变频器。电压型变频器的直流滤波环节采用电容，适用于向多台电动机供电、稳速工作、快速性要求不高的场景；而电流型变频器的直流滤波环节采用电抗，适用于电动机拖动、需要经常反向的场景。

3．按电压等级分类

按电压等级的不同，变频器可分为高压变频器和低压变频器。高压变频器的电压等级为 3kV、3.3kV、6kV、6.6kV 和 10kV，控制方式往往按高-低-高变频器或高-高变频器方式进行变换。高压变频器又可分为大、中、小容量变频器。

低压变频器的电压范围为 380～460V，单相电压范围为 220～240V，三相电压范围为 220V 或 380～460V。这类变频器的容量范围为 0.2kW～280kW，最大容量为 500kW，因此其又被称为中小容量变频器。

4．按变频控制方式分类

按变频控制方式的不同，变频器大致可分为以下四类。

（1）压频比控制变频器。该变频器的控制方式为恒压频比（$U/F=C$）控制，该控制方式又称为正弦脉宽调制（Sinusoidal Pulse Width Modulation，SPWM）。

（2）电压空间矢量控制变频器。该变频器的控制方式为电压空间矢量控制（磁通轨迹法），该控制方式又称为 SVPWM（Space Vector Pulse Width Modulation，空间矢量脉宽调制）。

（3）矢量控制变频器。该变频器的控制方式为矢量控制（Vector Control，VC）（磁场定向法）。

（4）直接转矩控制变频器。该变频器的控制方式为直接转矩控制（Direct Torque Control，DTC）。

变频器控制方式的对比如表 2.1.1 所示。表 2.1.1 中的 PG 常安装于电动机转轴以测量其旋转速度。

表 2.1.1　变频器控制方式的对比

控制方式	恒压频比控制		电压空间矢量控制	矢量控制		直接转矩控制
反馈装置	不带 PG	带 PG 或 PID 调节器	不带 PG	不带 PG	带 PG 或编码器	不带 PG
速比 i	小于 1/40	1/60	1/100	1/100	1/1000	1/100
启动转矩（3Hz）	为额定转矩的150%	为额定转矩的150%	为额定转矩的 150%	为额定转矩的 150%	零转速时为额定转矩的 150%	零转速时为额定转矩的150%～200%
静态速度精度	±(0.2%～0.3%)	±(0.2%～0.3%)	±0.2%	±0.2%	±0.02%	±0.2%
适用场景	一般风机、泵类等负载	较高精度调速或控制	一般工业的调速或控制	所有调速或控制	高精度电气传动、转矩控制	重载启动、起重负载

5. 按控制对象分类

按控制对象的不同，变频器可分为恒转矩变频器和平方转矩变频器。

恒转矩变频器的控制对象具有恒转矩特性，对转速精度及动态性能的要求不高。调速时，为提高低速转矩，必须加大电动机和变频器的容量。恒转矩变频器主要用于传送带、挤压机、搅拌机、提升机等工作场景。

平方转矩变频器的控制对象对负载能力的要求不高。由于负载转矩与平方转矩变频器所控制电动机转速的平方成正比，因而电动机低速运行时平方转矩变频器的负载较轻，具有节能的优势，主要适用于风机和泵类负载。

6. 按变频器用途分类

按变频器用途的不同，变频器可分为通用变频器、高性能变频器和专用变频器。

能够适用于所有负载的变频器属于通用变频器，其控制方式比较简单。变频器除通用变频器外，还有高性能变频器。高性能变频器以矢量控制为主要控制方式，通常用于驱动厂家指定的电动机。专用变频器根据负载的特点进行了优化设计，具有参数设置简单，调速、节能效果更佳的特点，如电动汽车专用变频器、地铁机车专用变频器、轧机专用变频器、电梯专用变频器、起重机械专用变频器、张力控制专用变频器等。

7．按输出电压调制方式分类

按输出电压调制方式的不同，变频器可分为PAM（Pulse Amplirude Modulation，脉冲幅度调制）控制变频器、PWM控制变频器和高载频PWM控制变频器。

PAM控制变频器采用PAM调制方式。PAM是一种按一定规律改变脉冲列的幅度以调节输出量和波形的调制方式。

PWM控制变频器采用PWM调制方式。PWM是一种按一定规律改变脉冲列的宽度以调节输出量和波形的调制方式。

高载频PWM控制变频器采用高载频PWM调制方式。高载频PWM实际上是对PWM的改进，可降低电动机运转的噪声。这种调制方式是将载频提高，使其超过人耳可以听到的频率（10kHz～20kHz），从而降低电动机运转的噪声。

8．按主开关器件分类

按主开关器件的不同，变频器可分为IGBT（Insulated Gate Bipolar Transistor，绝缘栅双极型晶体管）变频器、GTO（Gate Turn-Off thyristor，门极关断晶闸管）变频器和GTR（电力晶体管）变频器。

IGBT变频器采用IGBT作为主开关。IGBT是由BJT（Bipolar Junction Transistor，双极晶体管）和绝缘栅型场效应管组成的复合全控型电压驱动式功率半导体器件，兼有MOSFET（金属-氧化物-半导体场效应晶体管）的高输入阻抗和GTR的低导通压降优点。

GTO变频器采用GTO作为主开关。GTO是一种具有自关断能力和晶闸管特性的晶闸管。如果在GTO的阳极加正向电压时，门极加正向触发电流，GTO就导通。在GTO导通的情况下，门极加上足够大的反向触发脉冲电流，GTO就由导通转为截止。

GTR变频器采用GTR作为主开关。GTR是一种可耐高电压和大电流的BJT，因此其也被称为Power BJT。GTR具有自关断能力，由它所组成的电路具有灵活、损耗小、开关时间短的特点。GTR在电源、电动机控制等电路中应用广泛。

9．按供电电源相数分类

按供电电源相数的不同，变频器可分为单相输入变频器和三相输入变频器。

单相输入变频器采用单相供电电源。单相输入是指供电输入只有一条零线和一条火线，输入电压时相电压为220V、频率为50Hz。

三相输入变频器采用三相供电电源。三相输入是指供电输入有三条线（三相三线）或四条线（三相四线）。三相三线是输入三条火线。三相四线比三相三线多一条中性线，每条火线对中性线的相电压为220V，三条火线之间的线电压为380V。

2.1.3 变频器与控制器的连接方式

扫一扫，看微课

变频器的接线图如图2.1.2所示。变频器与控制器的连接方式一般有：利用控制器的模拟量输出模块控制变频器、利用控制器的开关量输出控制变频器、控制器与通信接口的连接。

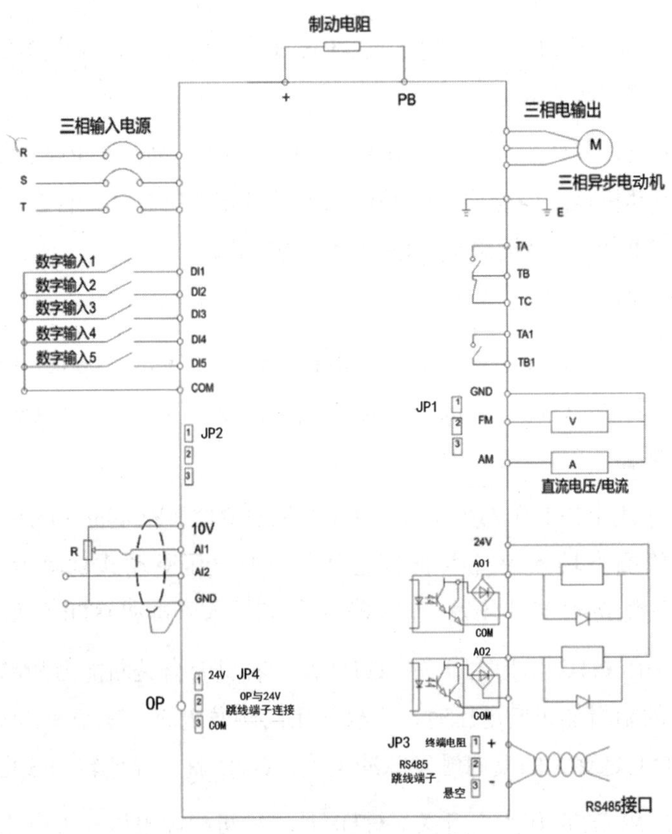

图2.1.2 变频器的接线图

1）利用控制器的模拟量输出模块控制变频器

控制器的模拟量输出模块输出0～5V电压信号或4mA～20mA电流信号作为变频器的模拟量输入信号，以控制变频器的输出频率。这种连接方式接线简单，但需要选择与变频器输入阻抗匹配的控制器模拟量输出模块，且控制器的模拟量输出模块价格较为昂贵，此外还需要采取分压措施使变频器适应控制器的电压信号范围，在接线时注意将布线分开，保证主电路一侧的噪声不会传至控制电路。

2）利用控制器的开关量输出控制变频器

控制器的开关量输出端一般可以与变频器的开关量输入端直接相连。这种连接方式接线简单，具有较强的抗干扰能力。利用控制器的开关量输出可以控制变频器的启停、点动、转速、正/反转等，能实现较为复杂的控制要求，但只能进行有级调速。

3）控制器与通信接口的连接

例如，标准西门子变频器都有一个RS 485接口（有的也提供RS 232接口，这些接口属于串行接口），采用双线连接，其设计标准适用于工业环境的应用对象。单一的RS 485链路最多可以连接三十台变频器，而且其根据各变频器的地址或广播信息可以找到通信的变频器。链路中有一个主控制器（主站），而各个变频器则是从属的控制对象（从站）。

采用串行接口的优势为布线数量将大大减少；控制功能便于更改，无须重新布线；变频器的参数通过串行接口设置和修改，操作简单；可持续对变频器性能进行监测和控制。

2.1.4 TD500变频器

TD500变频器是一款通用性能高的电流矢量变频器，主要用于控制和调节三相异步电动机的速度。它采用高性能的矢量控制技术，低速高转矩输出，具有良好的动态特性、超强的过载能力，增加了用户编程功能、后台监控功能和通信总线功能，支持多种PG卡等，组合功能丰富，性能稳定。它可用于机床、风机、水泵、纺织、造纸、拉丝、包装、食品及各种自动化生产设备的驱动。

1. TD500变频器的特点

（1）多种电压等级。TD500变频器支持单相220V、三相220V/380V/480V/690V五个电压等级。

（2）多种控制方式。TD500变频器支持速度传感器矢量控制、无速度传感器矢量控制、V/F控制、V/F分离控制。

（3）多种现场总线。TD500变频器支持Modbus-RTU、PROFIBUS-DP、CANlink、CANopen总线。

（4）编码器类型多样。TD500变频器支持差分编码器、开路集电极编码器、旋转变压器、UVW编码器等。

（5）全新的无速度传感器矢量控制算法。TD500变频器具有更好的低速稳定性、更强的低频带载能力，并且支持无速度传感器矢量控制的转矩控制。

（6）支持用户编程。通过可编程卡，用户可实现二次开发功能，用梯形图等方式进行程序编写。

（7）强大的后台软件。TD500 变频器可实现变频器参数的上传、下载、实时示波器等功能。

（8）更丰富的功能。TD500 变频器具有虚拟 I/O（输入/输出）、电动机过热保护、快速限流、多电动机切换、恢复用户参数、更高精度的 AIAO、用户定制参数显示、用户变更参数显示、故障处理方式可选、PID 参数切换等功能。

2．识别 TD500 变频器的产品铭牌标识

若TD500变频器的产品命名为TD500 T 0.75 G B，则其说明如表2.1.2所示。

表 2.1.2　TD500 变频器的产品命名说明

命　名	说　明
TD500	TD500 变频器系列
T	标识电压等级；S 表示单相 220V；-2T 表示三相 220V；T 表示三相 380V；-5T 表示三相 480V；-7T 表示三相 690V
0.75	标识适配电动机（kW）；0.4 表示 0.4kW；0.75 表示 0.75kW；11 表示 11kW
G	标识适配电动机类型；G 表示通用机型；P 表示风机水泵型
B	标识制动单元；空表示无；B 表示含制动单元

TD500 变频器的产品铭牌标识（见图 2.1.3）一般是在机身侧面。铭牌标识一般是用英文表示的，也有少部分是用中文表示的。

图 2.1.3　TD500 变频器的产品铭牌标识

3．电气安装

1）主电路端子

三相变频器主电路端子图如图 2.1.4 所示。三相变频器主电路端子标记说明如表 2.1.3 所示。

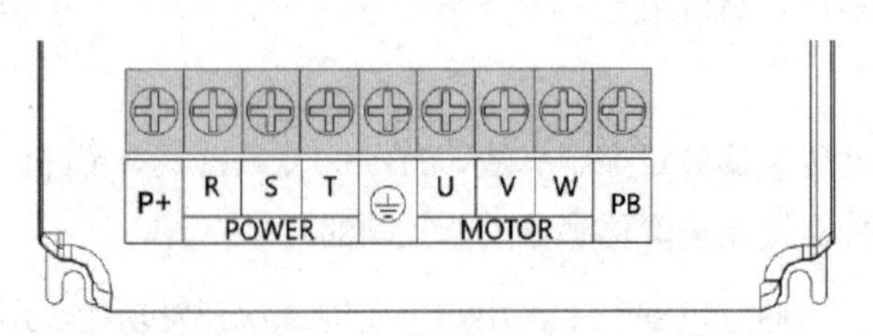

图 2.1.4　三相变频器主电路端子图

表 2.1.3　三相变频器主电路端子标记说明

端子标记	名　称	说　明
R、S、T	交流电源输入	交流输入三相电源连接点
U、V、W	变频器输出	连接三相异步电动机
P+、PB	制动电阻连接	30kW 以下制动电阻连接点

单相变频器主电路端子图如图 2.1.5 所示。单相变频器主电路端子标记说明如表 2.1.4 所示。

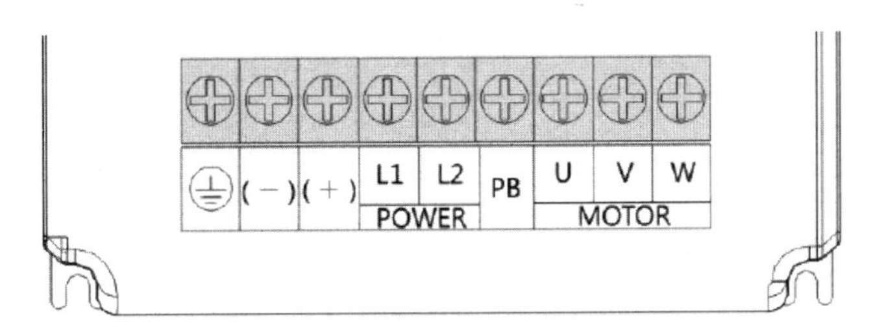

图 2.1.5　单相变频器主电路端子图

表 2.1.4　单相变频器主电路端子标记说明

端子标记	名　称	说　明
L1、L2	交流电源输入	交流输入单相 220V 电源连接点
U、V、W	变频器输出	连接三相异步电动机
+、PB	制动电阻连接	制动电阻连接点

2）控制端子

控制端子图如图 2.1.6 所示。控制端子标记说明如表 2.1.5 所示。

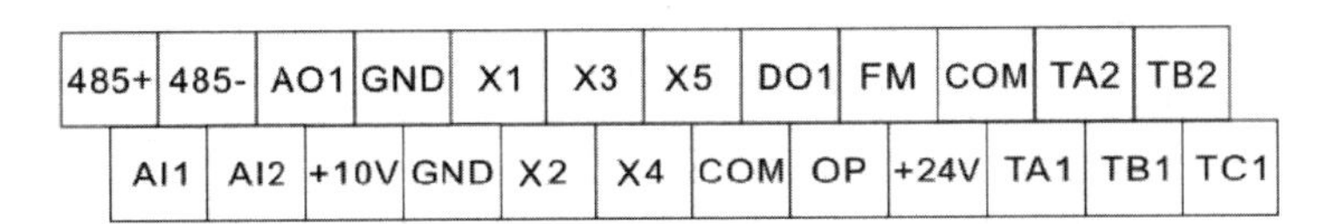

图 2.1.6　控制端子图

表 2.1.5　控制端子标记说明

类　别	端 子 标 记	名　称	说　明
电源	+10V GND	+10V 电源	向外提供 10V 电源，最大电流为 10mA，一般用于外接电位器（1kΩ～5kΩ）
	+24V COM	+24V 电源	向外提供 24V 电源，最大电流为 200mA，一般用于数字输入端子和外接传感器电源
	OP	外部电源输入	若需要外部电源输入，则需要断开 24V 连接，默认连接

续表

类　别	端子标记	名　称	说　明
模拟输入	AI1 GND	模拟量输入 1	输入范围：DC0～10V 输入阻抗：22kΩ
	AI2 GND	模拟量输入 1	输入范围：DC0～10V/4mA～20mA，J8 跳线选择 输入阻抗：采用电压输入时为 22kΩ，采用电流输入时为 500Ω
数字输入	X1 OP	数字输入 1	正转运行（默认）
	X2 OP	数字输入 2	正转点动（默认）
	X3 OP	数字输入 3	故障复位（默认）
	X4 OP	数字输入 4	多段指令 1（默认）
	X5 OP	高速脉冲输入	
模拟输出	AO1 GND	模拟输出 1	输出范围：DC0～10V/0mA～20mA J5 跳线切换
数字输出	DO1 COM	数字输出 1	集电极开路输出 输出范围：DC0～10V/0mA～50mA 默认为 24V 驱动，若需要外部电源驱动，则必须断开 CME 与 COM 的外部短接
	FM COM	高速脉冲输出	受功能码 P5-00 选择 高速脉冲输出时，最高频率为 100kHz 集电极开路输出时，同 DO1
继电器输出	TA1 TB1	常开触点	AC25V，3A DC30V，1A
	TB1 TC1	常闭触点	
输出	TA2 TB2	常开触点	
通信接口	485+ 485-	RS485 接口	支持 Modbus 协议

3）控制电路接线

控制电路接线图如图 2.1.7 所示。

控制电路按照控制器控制方式选择接线。PDM200 实训装置的控制方式有两种，一种方式为端子启停+模拟输入（4mA～20mA）AI2 调速，另一种方式为 RS485 Modbus 通信控制。

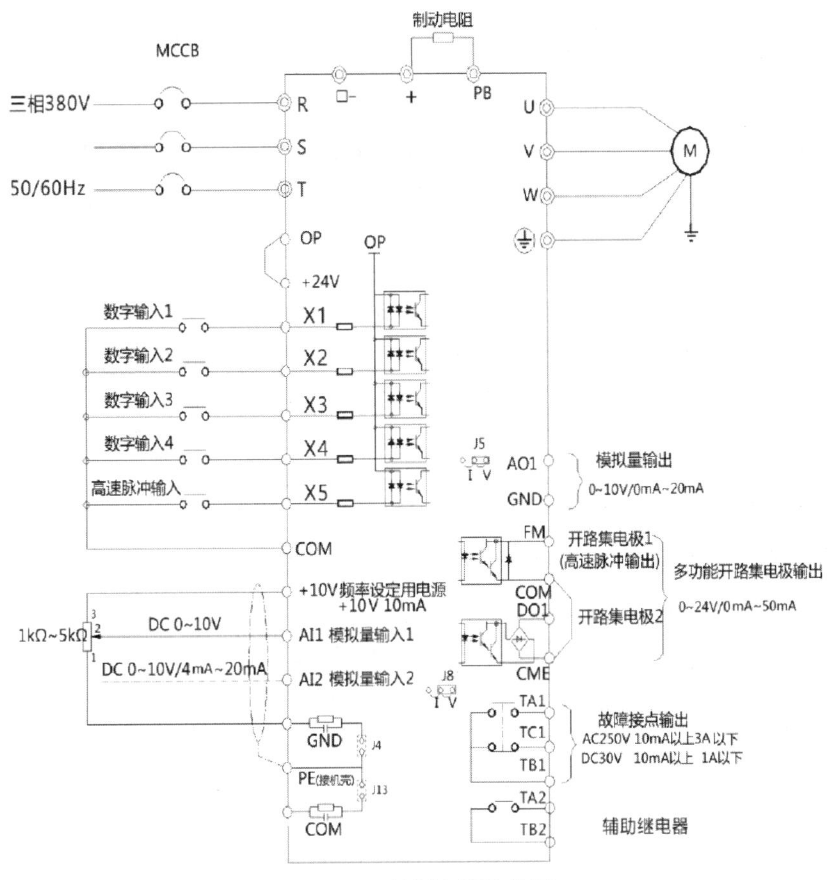

图 2.1.7　控制电路接线图

4．变频器的参数设置

1）操作与显示

学生可用操作面板对变频器进行参数设置、工作状态监控和运行控制等操作。操作面板示意图如图 2.1.8 所示。

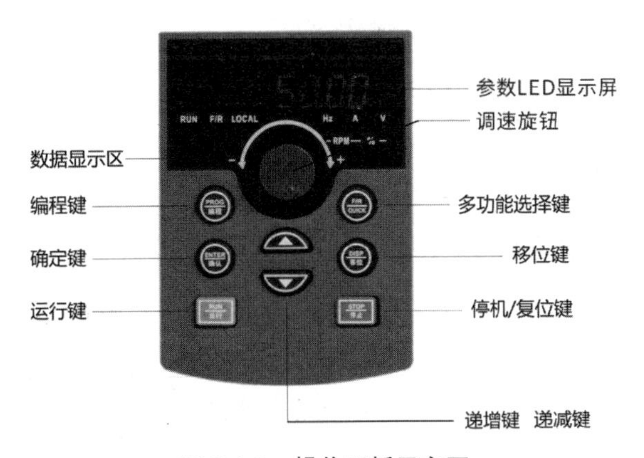

图 2.1.8　操作面板示意图

RUN指示灯：灯亮表示变频器处于运行状态；灯灭表示变频器处于停机状态。

LOCAL 指示灯：键盘操作、端子操作、通信控制指示灯、调谐/转矩控制/故障指示灯，灯亮表示变频器处于转矩控制状态，灯慢闪表示变频器处于调谐状态，灯快闪表示变频器处于故障状态。

指示灯说明表如表 2.1.6 所示。

表 2.1.6　指示灯说明表

指示灯状态	控制方式
LOCAL 指示灯熄灭	面板启停控制方式
LOCAL 指示灯常亮	端子启停控制方式
LOCAL 指示灯闪烁	通信启停控制方式

F/R 指示灯：正反转指示灯，灯亮表示变频器处于反转运行状态。

键盘按键说明表如表 2.1.7 所示。

表 2.1.7　键盘按键说明表

按 键 图 标	名　称	功　能
PRG 编程	编程键	一级菜单进入或退出
ENTER 确定	确定键	逐级进入菜单画面、设定参数确认
△	递增键	数据或功能码的递增
▽	递减键	数据或功能码的递减
DISP 移位	移位键	在停机显示界面和运行显示界面下，按此键可循环选择显示参数；在修改参数时，按此键可选择参数的修改位
RUN 运行	运行键	在键盘操作方式下，按此键可执行运行操作

续表

按 键 图 标	名　　称	功　　能
STOP 停止	停止/复位键	当变频器处于运行状态时，按此键可执行停止运行操作；当变频器处于故障状态时，按此键可执行复位操作。该键的特性受功能码 P7-02 制约
R/F QUICK	多功能选择键	根据功能码 P7-01 做功能切换选择，可定义键盘、端子为命令源或进行方向快速切换

2）功能查看与修改

操作面板采用三级菜单结构进行参数设置等操作。

三级菜单分别为功能码组号选择、功能码序号选择、功能码参数值设置，其操作流程图如图2.1.9所示。

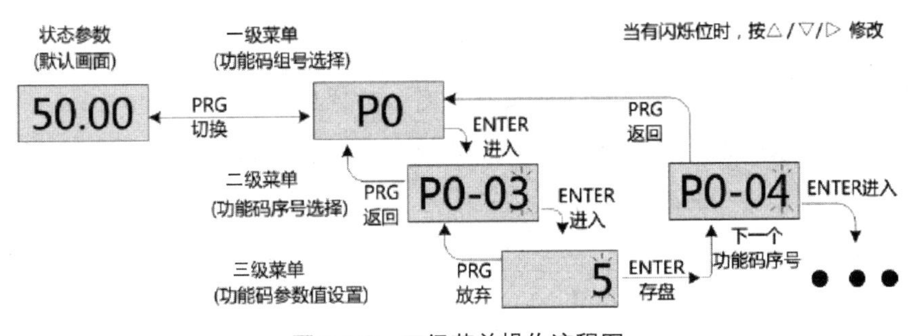

图 2.1.9　三级菜单操作流程图

例如，将功能码P3-02从10Hz修改为15Hz，其流程图如图2.1.10所示。

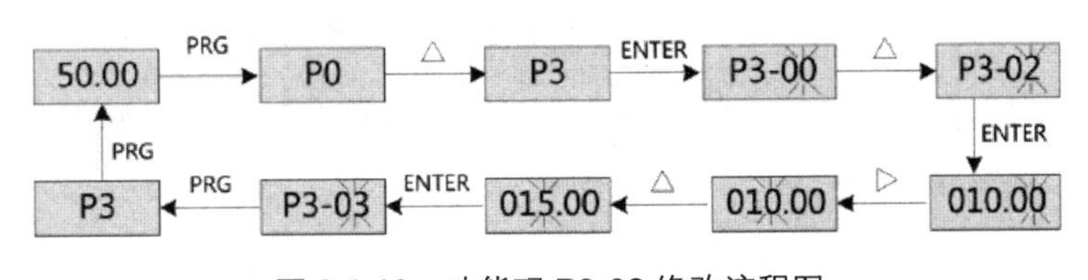

图 2.1.10　功能码 P3-02 修改流程图

在三级菜单状态下，若参数没有闪烁位，表示该功能码不能修改，可能的原因有以下两点。

（1）该功能码不可修改参数。

（2）该功能码在变频器处于运行状态时不可修改，需要停机修改。

3）参数修改操作

参数修改需求表如表 2.1.8 所示。

表 2.1.8　参数修改需求表

名　称	功能码	设置值/参考设置值
命令源	P0-02	0（操作面板）
主频率	P0-03	4（面板电位器）
电动机功率	P1-01	0.4kW
电动机电压	P1-02	380V
电动机电流	P1-03	1A
电动机频率	P1-04	50Hz
电动机转速	P1-05	800 转/分

4）试机

修改参数后，应断电重启变频器；在操作面板按下运行键，并调节调速旋钮对变频器进行调试。

【提示】

PLCSIM 仿真视图分为紧凑视图和项目视图，两种视图之间可以相互切换。紧凑视图为默认视图，该视图仅以操作面板的方式显示，简洁且易操作。项目视图中可以实现 PLCSIM 的各种项目操作及软件的设置，窗口显示内容更丰富，显示区域也较大。

【思考】

在电动机运行控制任务中，停止/复位键是以常开还是常闭的方式接入 PLC 接口更合理？

大国重器当自强！汇川技术高压变频器第 10000 台下线

2022 年 6 月 19 日，汇川技术第 10000 台高压变频器在苏州生产基地下线。大型传动高压产品的技术壁垒极高，被誉为工控领域的明珠，主要应用于冶金、电力、建材、化工、矿山、大型试验台等。在核心技术掌握上，汇川技术高压变频器的许多技术处于国际领先水平，如大功率高压异步/同步电动机的矢量控制技术、工变频无扰切换技术、来电自启动技术等。在冶金等领域，汇川技术还重点攻克了功率密度提升、环境适应性、电网适应性、可靠性提升及远程智能运维等关键技术。不仅如此，汇川技术还成为高压变频领域第 1 个将矢量控制技术大规模应用的国产公司，所有产品均采用先进的矢量控制技术，并且依据中高压电动机应用的特点，开发了更适用于高压大功率场合的高性能矢量控制技术（SFOC）。

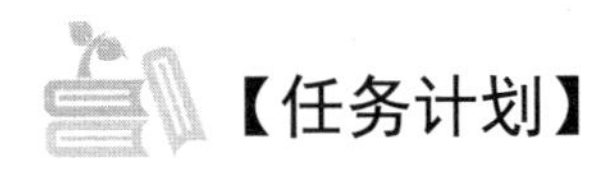

【任务计划】

学生可根据任务资讯及收集整理的资料填写任务计划单。

任务计划单

项 目	通用生产设备变频器的解析与通信连接		
任 务	变频器的解析	学 时	4
计划方式	分组讨论、合作实操		
序 号	任 务	时 间	负责人
1			
2			
3			
4			
5			
6			
小组分工			
计划评价			

【任务实施】

学生首先需要认识 TD500 变频器，并能够根据任务要求对变频器进行选型。学生在进行具体任务实施前，应先按照要求填写任务实施工单。

任务实施工单

项 目	通用生产设备变频器的解析与通信连接		
任 务	变频器的解析	学 时	
计划方式	分组讨论、合作实操		
序 号	实施情况		
1			
2			
3			
4			
5	完成变频器调查表		
6	编制总结报告		

【任务检查与评价】

学生在完成任务实施后，可采用小组互评等方式进行任务检查。任务评价单如下。

任务评价单

<table>
<tr><td colspan="2">项　目</td><td colspan="4">通用生产设备变频器的解析与通信连接</td></tr>
<tr><td colspan="2">任　务</td><td colspan="4">变频器的解析</td></tr>
<tr><td colspan="2">考核方式</td><td colspan="4">过程评价+结果考核</td></tr>
<tr><td colspan="2">说　明</td><td colspan="4">主要评价学生在任务学习过程中的操作方式、理论知识的掌握程度、学习态度、课堂表现、学习能力、动手能力等</td></tr>
<tr><td colspan="6">评价内容与评价标准</td></tr>
<tr><td rowspan="2">序　号</td><td rowspan="2">评价内容</td><td colspan="3">评价标准</td><td rowspan="2">成绩比例</td></tr>
<tr><td>优</td><td>良</td><td>合格</td></tr>
<tr><td>1</td><td>基本理论掌握</td><td>掌握变频器的组成、分类，理解变频器与控制器的连接方式</td><td>熟悉变频器的组成、分类，理解变频器与控制器的连接方式</td><td>了解变频器的组成、分类，基本理解变频器与控制器的连接方式</td><td>30%</td></tr>
<tr><td>2</td><td>实践操作技能</td><td>熟练使用各种查询工具收集和查阅相关资料，科学合理地进行分工，按规范步骤完成变频器的选型和参数设置</td><td>较熟练使用各种查询工具收集和查阅相关资料，分工较合理，能完成变频器的选型和参数设置</td><td>会使用各种查询工具收集和查阅相关资料，基本完成变频器的选型和参数设置</td><td>30%</td></tr>
<tr><td>3</td><td>职业核心能力</td><td>具有良好的自主学习能力和分析、解决问题的能力</td><td>具有较好的自主学习能力和分析、解决问题的能力</td><td>能够主动学习并收集信息，具有一定的分析、解决问题的能力</td><td>10%</td></tr>
<tr><td>4</td><td>工作作风与职业道德</td><td>具有严谨的科学态度和工匠精神，能够严格遵守“6S”管理制度</td><td>具有良好的科学态度和工匠精神，能够自觉遵守“6S”管理制度</td><td>具有较好的科学态度和工匠精神，能够遵守“6S”管理制度</td><td>10%</td></tr>
<tr><td>5</td><td>小组评价</td><td>具有良好的团队合作精神和与人交流的能力，热心帮助小组其他成员</td><td>具有较好的团队合作精神和与人交流的能力，能帮助小组其他成员</td><td>具有一定的团队合作精神，能配合小组其他成员完成项目任务</td><td>10%</td></tr>
<tr><td>6</td><td>教师评价</td><td>包括以上所有内容</td><td>包括以上所有内容</td><td>包括以上所有内容</td><td>10%</td></tr>
<tr><td colspan="5">合　计</td><td>100%</td></tr>
</table>

【任务练习】

1．国产变频器的厂家主要有哪些？其主要产品有什么特点？

2．变频器可以分为哪几类？分类依据是什么？

任务 2.2　变频器的通信连接

【任务描述】

在智能装配生产线或者其他生产设备中运动部件往往需要能够向正、反方向运行，如起重机、电梯需要上升和下降，传送带、机床工作台需要前进和后退，这都要求电动机能够向正、反方向运行。请学生根据本任务的任务单，完成通用生产设备电动机正反转运行控制的 PLC 变频器通信程序，并调试该程序。具体要求：按下正向启动按钮，电动机正向运行；按下停止按钮，电动机停止运行；按下反向启动按钮，电动机反向运行。

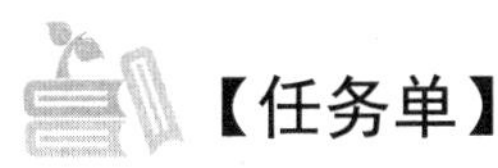

【任务单】

学生应能根据相关知识完成对智能装配生产线运输带三相异步电动机变频器的通信连接。具体任务要求可参照任务单。

任务单

项　目	通用生产设备变频器的解析与通信连接
任　务	变频器的通信连接
任务要求	任务准备
1. 任务要求 （1）分组进行信息收集，并完成讨论，每组 3～5 人 （2）所需资料自行收集 2. 完成资料收集与整理 3. 提交 PLC 的变频器通信程序	1. 知识准备 （1）了解变频器的接口类型 （2）了解变频器的通信协议 2. 设备支持 在该任务实施过程中需要具备的工具如下。 （1）变频器 （2）PLC S7-1200
自我总结	拓展提高
	通过工作过程总结，提高团队分工协作能力和资料收集能力

【任务资讯】

扫一扫，看微课

2.2.1　通信功能

通信类型主要有并行通信（Parallel Communication）与串行通信（Serial Communication）。并行通信是指将一个数据的每一个二进制位均采用单独的通信数据线进行传输，并将发送方与接收方进行并行连接；串行通信是指通过 2 根通信数据线，将发送方与接收方进行连接，传输数据的每一个二进制位按规定的顺序在同一通信数据上依次进行发送与接收。并行通信一次可传输 8 位（1 字节）数据；而串行通信一次只能传输 1 位数据，两者之间的数据传输量相差 8 倍。然而，这并不意味着串行通信不如并行通信，相反串行通信应用更广泛。尽管并行通信一次可以传输 8 位数据，但是数据在传输的过程中易受多个线路影响，导致传输的数据发生错误，尤其当通信数据线比较长时，传输的数据发生错误的概率更高。相比之下，串行通信一次只传输 1 位数据，处理的数据只有 1 位，因此数据不容易丢失，再加上防范措施后，可保证数据的可靠传输。

接口是用于通信线路连接的输入/输出线路。连接并行通信线路的接口称为并行接口；连接串行通信线路的接口称为串行接口。因为 PLC 的通信一般采用串行通信，所以 PLC 通信时需要使用标准的串行接口。常用的标准串行接口主要有 RS232 接口、RS422 接口、RS485 接口、USB 接口等。变频器提供 RS485 接口，并支持 Modbus-RTU 或 Modbus-ASII 从站通信协议，Modbus-ASII 从站通信协议中每个字节由 2 个 ASII 字符组合而成。例如，64 Hex 的 ASII 表示方式为 64，分别由 6（36 Hex）、4（34 Hex）组合而成。本节均以 TD500 变频器为例，介绍 Modbus-RTU 从站通信协议。

1. 协议内容

串行通信协议定义了串行通信中传输的信息内容及使用格式，其中包括主机轮询（或广播）格式、主机的编码方法（包括要求动作的功能码、传输数据和错误校验等）。从机的响应也采用相同的结构，内容包括动作确认、返回数据和错误校验等。如果从机在接收信息时发生错误，或不能完成主机要求的动作，它将生成一个故障信息作为响应反馈给主机。

2. 拓扑结构

单主机多从机系统。网络中每一个通信设备都有一个唯一的地址，其中有一个设备作为通信主机（如PC上位机、PLC、HMI等）主动发起通信，对从机进行参数读或写操作，其他设备作为通信从机，响应主机对本机的询问或通信操作。在同一时刻只能有一个设备发送数据，而其他设备处于接收状态。

通信设备地址的设定范围为1～247，0为广播通信地址。网络中的通信设备地址必须是唯一的。

3. 通信传输方式

数据在串行异步通信过程中，以报文的形式，一次发送一帧数据。Modbus-RTU 从站通信协议规定，当通信数据线上无数据的空闲时间大于 3.5 字节数据的传输时间时，表示一个新的通信帧的起始。通信传输方式如图 2.2.1 所示。

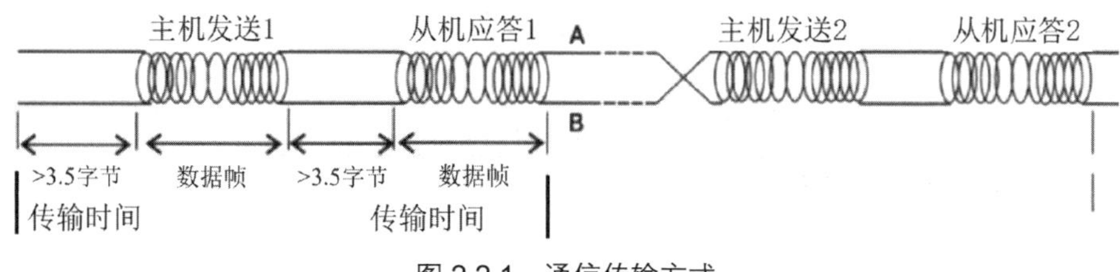

图 2.2.1　通信传输方式

2.2.2　通信协议

通信协议又称通信规程，是指通信双方对数据传输控制的一种约定。约定中包括对数据格式、同步方式、传送速度、传送步骤、检查纠错方式及控制字符定义等问题做出统一规定，通信双方必须共同遵守，它也叫作链路控制规程。变频器的通信协议通常是 Memobus 方式。

1. 通信结构

变频器的 Modbus 通信数据格式只支持 Word 型参数的读或写操作，对应的通信读数据功能码为 Ox03，写数据功能码为 Ox06，不支持字节或位的读写操作。主机读命令答帧如表 2.2.1 所示。

表 2.2.1　主机读命令答帧

>3.5 字节	1 字节	1 字节	2 字节	2(*n*)字节	2 字节	
空闲（帧头）	目标站地址	读命令Ox03	功能码个数(*n*)	功能码地址 H…L	CRC（循环冗余校验）和H…L	空闲

计算 CRC

理论上，主机可以一次读取几个连续的功能码（其中 *n* 的最大值为 12），但注意不能跨过本功能码组的最后一个功能码，否则会答复出错。从机读应答帧如表 2.2.2 所示。

表 2.2.2　从机读应答帧

>3.5 字节	1 字节	1 字节	2 字节	2(*n*)字节	2 字节	
空闲（帧头）	目标站地址	读命令Ox03	功能码个数(*n*)	功能码地址 H…L	CRC和H…L	空闲

计算 CRC

主机写命令帧如表 2.2.3 所示。

表 2.2.3　主机写命令帧

>3.5 字节	1 字节	1 字节	2 字节	2 字节	2 字节	
空闲（帧头）	目标站地址	写命令Ox06	功能码地址 H…L	功能码参数 H…L	CRC和H…L	空闲

计算 CRC

主机写应答帧如表 2.2.4 所示。

表 2.2.4　主机写应答帧

>3.5 字节	1 字节	1 字节	2 字节	2 字节	2 字节	
空闲（帧头）	目标站地址	读命令Ox06	功能码地址 H…L	功能码参数 H…L	CRC和H…L	空闲

计算 CRC

数据帧字段说明如表 2.2.5 所示。

表 2.2.5　数据帧字段说明

数据帧字段	说明
帧头 START	数据间隔大于 3.5 字节时传输时间的空闲
从机地址 ADR	通信地址范围：1～247；0 表示广播地址；01H 表示第 01 地址变频器；10H 表示第 16 地址变频器
命令码 CMD	03 表示读从机参数；06 表示写从机参数
功能码地址 H 功能码地址 L	变频器内部的功能码地址，用 16 进制表示；它分为功能码型和非功能码型（如运行状态参数、运行命令）地址等，详见地址定义。当传输数据时，高字节在前，低字节在后
功能码个数 H 功能码个数 L	本帧读取的功能码个数，若为 1 表示读取 1 个功能码。当传输数据时，高字节在前，低字节在后
数据 H 数据 L	应答的数据或待写入的数据，当传输数据时，高字节在前，低字节在后
CRC CHK 低位 CRC CHK 高位	检测值：CRC16 校验值。当传输数据时，高字节在前，低字节在后
END	数据间隔为 3.5 字节时传输结束

（1）读数据功能码 Ox03：读出缓存器内容。

读数据功能码 Ox03 通信中的询问消息字符串格式如表 2.2.6 所示。

表 2.2.6　读数据功能码 Ox03 通信中的询问消息字符串格式

询问消息字符串	功能码
Address	01H
Function	03H

续表

询问消息字符串	功能码
Starting data register	21H
	02H
Number of register (count by word)	00H
	02H
CRC Check Low	6FH
CRC Check High	F7H

读数据功能码 Ox03 通信中的响应消息字符串格式如表 2.2.7 所示。

表 2.2.7　读数据功能码 Ox03 通信中的响应消息字符串格式

响应消息字符串	功能码
Address	01H
Function	03H
Number of register (count by byte)	04H
Content of register address　2102H	17H
	70H
Content of register address　2103H	00H
	00H
CRC Check Low	FEH
CRC Check High	5CH

表 2.2.6 和表 2.2.7 所示为对变频器地址 01H，读出起始地址 2102H 的 2 个连续缓存器数据。

（2）写数据功能码 Ox06（单个数据）。

写数据功能码 Ox06 通信格式如表 2.2.8 所示。

表 2.2.8　写数据功能码 Ox06 通信格式

询问消息字符串/响应消息字符串	询问消息字符串功能码	响应消息字符串功能码
Address	01H	01H
Function	06H	06H
Target register	01H	01H
	00H	00H
Register content	17H	17H
	70H	70H
CRC Check Low	86H	86H
CRC Check High	22H	22H

表 2.2.8 所示为对变频器地址 01H，向目标寄存器 0100H 写入 1770H（6000）数据，正常的命令帧和应答帧是一样的数据。

2. CRC

CRC 域可检测从设备接收的消息的内容，它的长度是 2 字节，包含一个 16 位的二进制值。接收设备会重新计算收到消息的 CRC 值，并与接收到的 CRC 值比较，若 2 个 CRC 值不相等，则说明传输有误。先将 CRC 存入 0xPPPP，然后将消息中连续的 8 位数据与当前寄存器中的值进行处理。每个字节中仅有 8 个数据位对 CRC 有效，起始位、停止位及奇偶校验位均无效。

在 CRC 值生成过程中，连续的 8 位数据都单独和寄存器中的值进行 XOR 处理，并且结果向 LSB（Least Significant Bit，最低有效位）方向移动，最高有效位以 0 填充。LSB 被提取出来检测，如果 LSB 为 1，那么寄存器中的值单独和预置的值进行 XOR 处理；如果 LSB 为 0，那么寄存器中的值和预置的值不进行 XOR 处理。整个过程要重复 8 次。在数据的最后一位（第 8 位）处理完成后，下一个连续的 8 位数据又重复上述操作。最终寄存器中的值是消息中所有比特位都进行 XOR 处理之后的 CRC 值。

3. TD500 变频器的参数读取地址

1）停机/运行参数

停机/运行部分参数如表 2.2.9 所示。

表 2.2.9 停机/运行部分参数

参数地址	参数描述	参数地址	参数描述
1000H	*通信设定值(十进制)-10000～10000	1011H	PID 反馈
1001H	运行频率	1012H	PID 步骤
1002H	母线电压	1013H	保留
1003H	输出电压	1014H	保留
1004H	输出电流	1015H	剩余运行时间
1005H	输出功率	1016H	AI1 校正前电压
1006H	输出转矩	1017H	AI2 校正前电压
1007H	运行速度	1018H	AI3 校正前电压
1008H	DI 输入标志	1019H	保留
1009H	DO 输入标志	101AH	当前上电时间
100AH	AI1 电压	101BH	当前运行时间
100BH	AI2 电压	101CH	保留
100CH	保留	101DH	通信设定值
100DH	计数值输入	101EH	保留
100EH	长度值输入	101PH	主频率显示
100PH	负载速度	1020H	辅频率显示
1010H	PID 设置		

注：通信设定值是相对值的百分数，10000 对应 100%，-10000 对应-100%。

2）控制命令到变频器（只写）

变频器控制字如表 2.2.10 所示。

表 2.2.10　变频器控制字

命令字地址	命令功能
2000H	0001：正转运行
	0002：反转运行
	0003：正转点动
	0004：反转点动
	0005：自由停机
	0006：减速停机
	0007：故障复位

3）读变频器状态（只读）

变频器状态字如表 2.2.11 所示。

表 2.2.11　变频器状态字

命令字地址	状态字功能
3000H	0001：正转运行
	0002：反转运行
	0003：停机

4．变频器的参数及硬件组态和地址设置

变频器的参数如表 2.2.12 所示。

表 2.2.12　变频器的参数

名　称	功能码	设定值/参考设定值
命令源	P0-02	2（通信命令）
主频率	P0-03	9（通信给定）
电动机功率	P1-01	0.4kW
电动机电压	P1-02	380V
电动机电流	P1-03	1A
电动机频率	P1-04	50Hz
电动机转速	P1-05	800 转/分
通信波特率	Pd-00	6007（38400bps）/6005（9600bps）
Modbus 数据格式	Pd-01	0（8-N-2）无校验/1（8-E-1）偶校验 2（8-O-2）奇校验/3（8-N-1）无校验
本机地址	Pd-02	1-247
Modbus 应答延迟	Pd-03	2ms（默认）
Modbus 通信超时时间	Pd-04	0.0（默认）
Modbus 通信数据格式	Pd-05	31（标准的 Modbus 协议） 30（非标准的 Modbus 协议）

本节中主站选用的是S7-1215C +　CB1241 RS485，从站变频器TD500 的地址为3。变频器地址设置如图2.2.2所示。

波特率：	38.4 kbps
奇偶校验：	无
数据位：	8位字符
停止位：	2
流量控制：	无
XON字符（十六进制）：	0
(ASCII)：	NUL
XOFF字符（十六进制）：	0
(ASCII)：	NUL
等待时间：	20000 ms

图2.2.2　变频器地址设置

2.2.3　通信程序

西门子 Modbus 通信涉及的指令有 MB_COMM_LOAD 指令、MB_MASTER 指令、MB_SLAVE 指令。

1．MB_COMM_LOAD 指令

MB_COMM_LOAD 指令可组态 Modbus-RTU 从站通信协议的 PtP 端口，其功能块如图2.2.3所示。

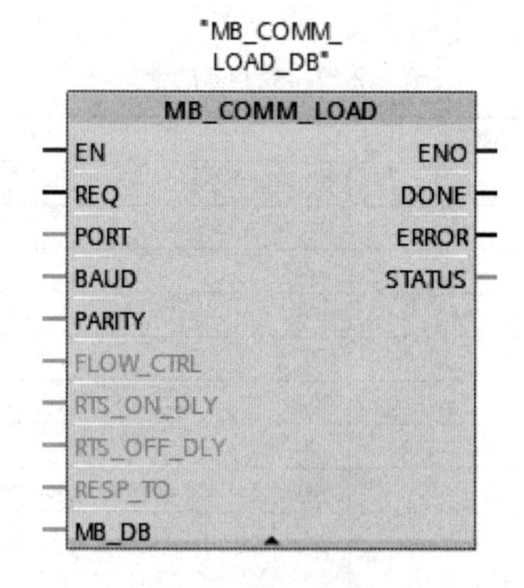

图2.2.3　MB_COMM_LOAD 指令功能块

PtP 端口硬件选项：最多安装3个CM（通信模块类型，如RS485或RS232）及1个CB（通信板卡类型，如R4845）。将MB_COMM_LOAD指令放入程序中时系统为其自动

分配背景数据块。

MB_COMM_LOAD 指令的参数如表 2.2.13 所示。

表 2.2.13　MB_COMM_LOAD 指令的参数

参数	类别	数据类型	描　述
REQ	IN	Bool	通过由低到高的（上升沿）信号启动操作（仅版本 2.0）
PORT	IN	Port	安装并组态 CM 或 CB 通信设备之后，端口标识符将出现在 PORT 功能框连接的参数助手下拉列表中。分配的 CM 或 CB 端口值为设备配置属性“硬件标识符”。端口标识符名称在 PLC 变量表的“系统常量”选项卡中分配
BAUD	IN	UDInt	波特率选择：300、600、1200、2400、4800、9600、19200、38400、57600、76800、115200，其他所有值均无效
PARITY	IN	UInt	奇偶校验选择：0 表示无；1 表示奇校验；2 表示偶校验
FLOW_CTRL	IN	UInt	流控制选择：0 表示（默认）无流控制；1 表示 RTS 始终为 ON 的硬件流控制（不适用于 RS485 接口）；2 表示带 RTS 切换的硬件流控制
RESP_TO	IN	UInt	响应超时： MB_MASTER 指令允许用于从站响应的时间（以 ms 为单位）。如果从机在 5ms～65535ms（默认值为 1000ms）内未响应，MB_MASTER 指令将发送重试请求，或者在发送指定次数的重试请求后终止请求并提示错误
MB_DB	IN	Variant	对 MB_MASTER 或 MB_SLAVE 指令所使用的背景数据块的引用。在用户的程序中放置 MB_SLAVE 或 MB_MASTER 指令后，该标识符将出现在 MB_DB 功能框连接的参数助手下拉列表中
DONE	OUT	Bool	上一请求已完成且没有出错后，DONE 参数将在一个扫描周期内保持为 TRUE（仅版本 2.0）
ERROR	OUT	Bool	上一请求因错误而终止后，ERROR 参数将在一个扫描周期内保持为 TRUE。STATUS 参数中的错误代码值仅在 ERROR=TRUE 的一个扫描周期内有效
STATUS	OUT	Word	执行条件代码

2．MB_MASTER 指令

MB_MASTER 指令可与采用 MB_COMM_LOAD 指令组态的端口通信，其功能块如图 2.2.4 所示。

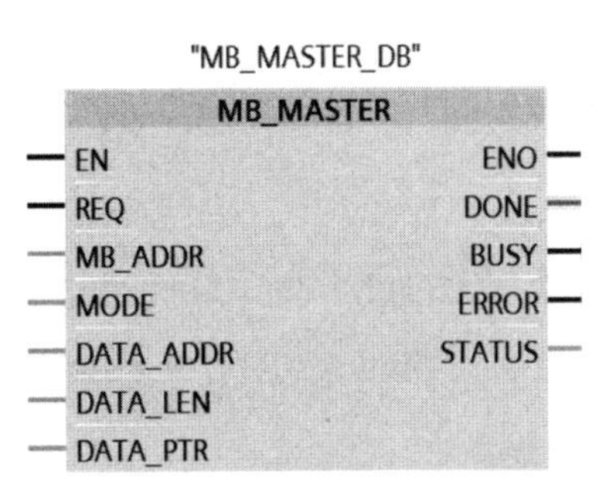

图 2.2.4　MB_MASTER 指令功能块

将 MB_MASTER 指令放入程序中时系统为其自动分配背景数据块。

指定MB_COMM_LOAD指令的MB_DB参数时将使用MB_MASTER指令的背景数据块。

MB_MASTER 指令的参数如表 2.2.14 所示。

表 2.2.14　MB_MASTER 指令的参数

参数	类型	数据类型	描　述
REQ	IN	Bool	0 表示无请求；1 表示请求将数据传送到 Modbus 从机
MB_ADDR	IN	USInt/UInt	Modbus-RTU 从机地址：标准寻址范围为 1～247；扩展寻址范围为 1～65535。 值 0 被保留用于将消息广播到所有 Modbus 从机。只有 Modbus 功能码 05、06、15 和 16 是可用于广播的功能码
MODE	IN	USInt	模式选择：指定请求类型（读、写或诊断）
DATA_ADDR	IN	UDInt	从机中的起始地址：指定要在 Modbus 从机中访问数据的起始地址
DATA_LEN	IN	UInt	数据长度：指定此请求中要访问的位或字节
DATA_PTR	IN	Variant	数据指针：指向要写入或读取数据的 M 或 DB 地址（未经优化的 DB 类型）
DONE	OUT	Bool	上一请求已完成且没有出错后，DONE 参数将在一个扫描周期内保持为 TRUE
BUSY	OUT	Bool	0 表示没有正在进行的 MB_MASTER 操作；1 表示 MB_MASTER 操作正在进行
ERROR	OUT	Bool	上一请求因错误而终止后，ERROR 参数将在一个扫描周期内保持为 TRUE。STATUS 参数中的错误代码值仅在 ERROR=TRUE 的一个扫描周期内有效
STATUS	OUT	Word	执行条件代码

Modbus 主机的通信规则如下所示。

（1）必须先采用 MB_COMM_LOAD 指令组态端口，然后 MB_MASTER 指令才能与该端口通信。

（2）若要将某个端口用于初始化 Modbus 主机请求，则 MB_SLAVE 指令不应使用该端口。

（3）MB_MASTER 指令执行的一个或多个实例可使用某端口，但是对于该端口，所有 MB_MASTER 指令执行都必须使用同一个 MB_MASTER 指令的背景数据块。

3. MB_SLAVE 指令

MB_SLAVE 指令允许用户程序作为 Modbus 从机通过 CM 和 CB 上的 PtP 端口进行通信，其功能块如图 2.2.5 所示。当远程 Modbus-RTU 主机发出请求时，用户程序会通过执行 MB_SLAVE 指令进行响应。

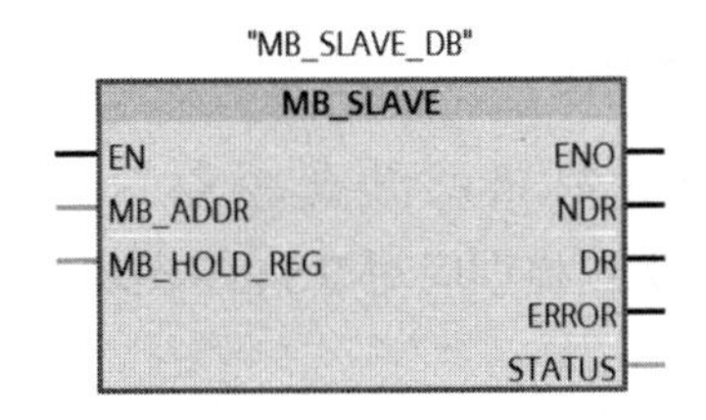

图 2.2.5　MB_SLAVE 指令功能块

STEP7 在插入指令时自动创建背景数据块。在为 MB_COMM_LOAD 指令指定 MB_DB 参数时使用 MB_SLAVE_DB 名称。

MB_SLAVE 指令的参数如表 2.2.15 所示。

表 2.2.15　MB_SLAVE 指令的参数

参数	类型	数据类型	描　述
MB_ADDR	IN	USInt/ UInt	Modbus 从机的地址：标准寻址范围为 1～247；扩展寻址范围为 0～65535
MB_HOLD_REG	IN	Variant	指向 Modbus 保持寄存器 DB 的指针：Modbus 保持寄存器可以是 M 存储器或数据块
NDR	OUT	Bool	新数据就绪：0 表示没有新数据；1 表示 Modbus 主机已写入新数据
DR	OUT	Bool	数据读取：0 表示没有数据读取；1 表示 Modbus 主机已读取数据
ERROR	OUT	Bool	上一请求因错误而终止后，ERROR 参数将在一个扫描周期内保持为 TRUE。STATUS 参数中的错误代码值仅在 ERROR=TRUE 的一个扫描周期内有效
STATUS	OUT	Word	执行错误代码

Modbus 从机的通信规则如下所示。

（1）必须先采用 MB_COMM_LOAD 指令组态端口，然后 MB_SLAVE 指令才能与该端口通信。

（2）若某个端口作为从机响应 Modbus 主机，则请勿使用 MB_MASTER 指令对该端口进行编程。

（3）对于给定端口，只能使用一个 MB_SLAVE 实例，否则将出现不确定的行为。

（4）Modbus 指令不使用通信中断事件来控制通信过程。用户程序必须通过轮询 MB_SLAVE 指令以了解数据传送和接收的完成情况来控制通信过程。

（5）MB_SLAVE 指令必须以一定的速率定期执行，以便能够及时响应来自 Modbus 主机的进入请求。建议每次执行该指令时都从程序循环 OB 开始，也可以从循环中断 OB 开始，但并不建议这么做，因为中断例程延时过长可能会暂时阻止其他中断例程的执行。

（6）MB_SLAVE 指令的执行频率取决于 Modbus 主机的响应超时时间。

4. Modbus 主机程序部分示例

新建 Modbus 轮询[FBx]函数块，并在函数块的程序段 1 添加初始化指令 MB_COMM_LOAD，仅在第 1 次扫描期间对 RS485 模块通信端口进行一次组态/初始化，如图 2.2.6 所示。

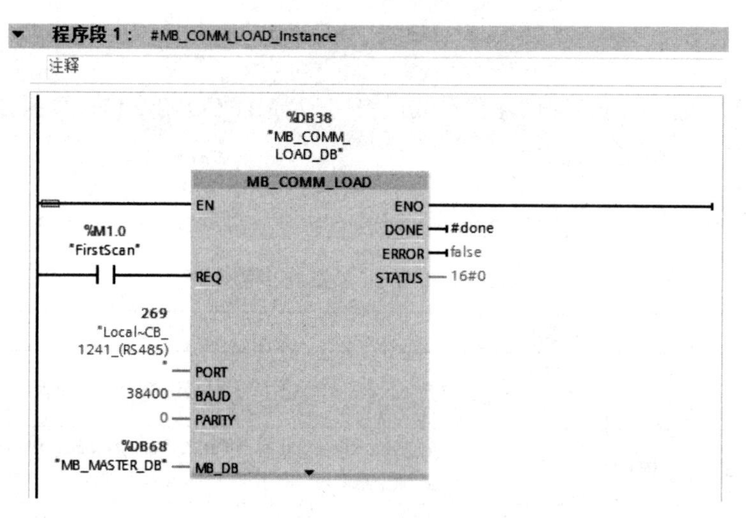

图 2.2.6 程序段 1

使用 MB_MASTER 指令与单个从机#3（变频器）进行通信，将从"Modbus_DB". Write_DATA[0]开始的 1 个数据写入从机#3 的 1001H（44097）中，如图 2.2.7 所示。

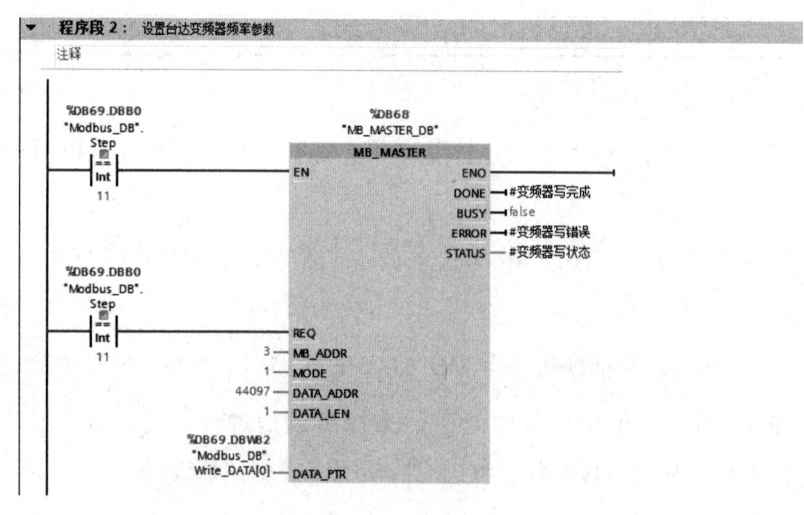

图 2.2.7 程序段 2

使用MB_MASTER指令可使主机与单个从机(变频器)进行通信，从从机#3 的位置 44098 读取 7 个寄存器数据到 DB 数组"Modbus_DB".Read_DATA_moto1 中，如图 2.2.8 所示。44098 对应参数地址的 1002H‘4098’单元。将从"Modbus_DB".Write_DATA[0]开始的 1 个数据写入从机上的 1001H（44097）中。

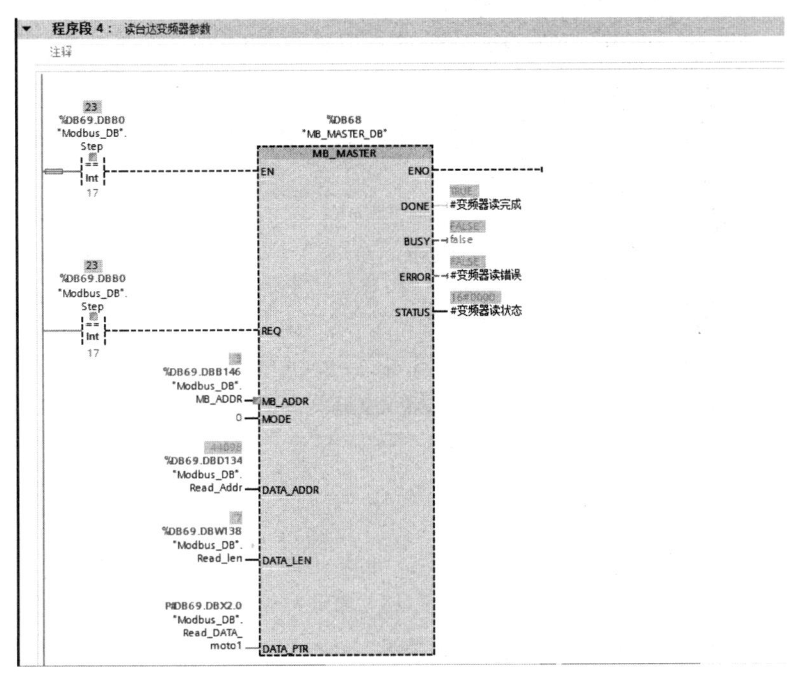

图 2.2.8　程序段 3

5．数据采集结果

变频器的频率数据设置与电动机控制程序如图 2.2.9 所示。HMI 的界面如图 2.2.10 所示。该界面由正向启动按钮、停止按钮、反向启动按钮组成。按下正向启动按钮，电动机正向运行；按下停止按钮，电动机停止运行；按下反向启动按钮，电动机反向运行。同时，HMI 还可以采集到变频器频率的模拟信号与数字信号。

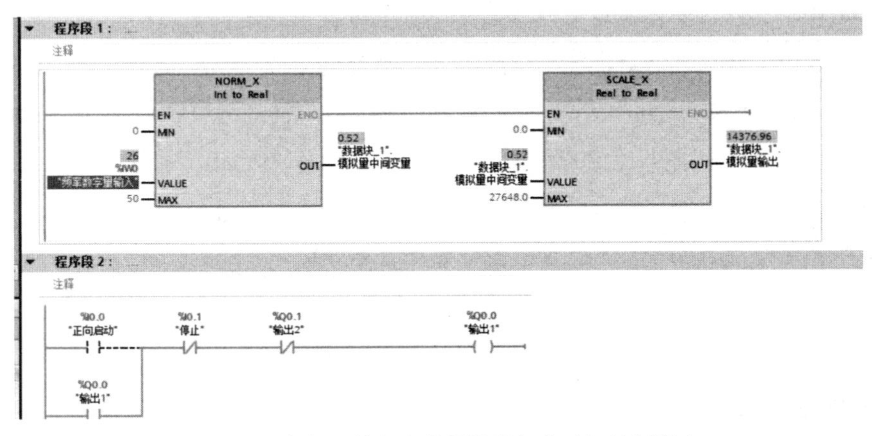

图 2.2.9　变频器的频率数据设置与电动机控制程序

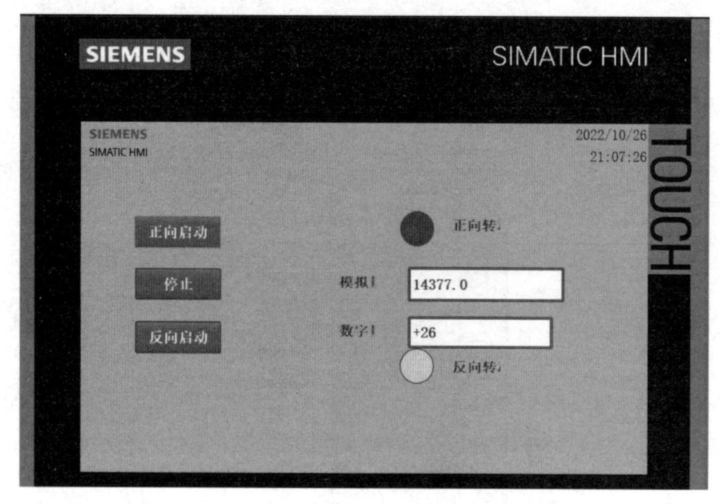

图 2.2.10　HMI 的界面

【提示】

在博途软件编程环境下选中 PLC 的扩展 I/O 模块后右击，选择“属性”中“常规”选项卡的 I/O 地址，即可对该模块的起始地址与结束地址进行设置。

【思考】

CPU 1214C DC/DC/DC 支持多少个信号模块用于 I/O 扩展（可查阅系统手册）？

拓展阅读

稀土永磁同步电动机及永磁变频器的应用

我国研发出了国内首台 5300kW 立磨用高效高压稀土永磁同步电动机及其永磁变频控制系统，并在矿渣磨系统上成功投产。这是我国在稀土永磁同步电动机应用技术领域的重大突破。在工业生产中，电动机耗电量约占工业总耗电量的 75%。研究表明，电动机能效每增加 1%，每年可节约 260 亿千瓦时的电量。据统计，通过推广高效电动机及对电动机系统进行节能改造，可将电动机系统效率提高 5%～8%。永磁驱动系统具有高功率密度、高运行效能、绿色环保等优势，是高效电动机的第一选择。与传统电动机相比，稀土永磁同步电动机不需要额外的电能励磁，因此它比传统的电动机节能 30%左右，可用于新能源汽车、风电及节能家电等领域。

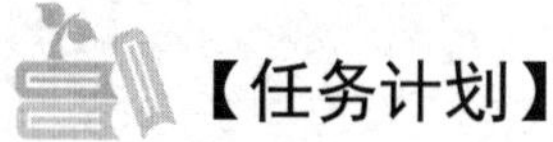
【任务计划】

学生可根据任务资讯及收集整理的资料填写任务计划单。

任务计划单

项　目	通用生产设备变频器的解析与通信连接		
任　务	变频器的通信连接	学　时	4
计划方式	分组讨论、合作实操		
序　号	任　务	时　间	负责人
1			
2			
3			
4			
5			
6			
小组分工			
计划评价			

【任务实施】

学生应了解 TD500 变频器的通信协议和接口，并能够根据任务要求完成变频器与 PLC 的通信。学生可根据任务计划编制任务实施方案、完成任务实施，并填写任务实施工单。

任务实施工单

项　目	通用生产设备变频器的解析与通信连接		
任　务	变频器的通信连接	学　时	
计划方式	分组讨论、合作实操		
序　号	实施情况		
1			
2			
3			
4			
5	验证变频器与 PLC 通信		
6	编制总结报告		

【任务检查与评价】

学生在完成任务实施后，可采用小组互评等方式进行任务检查。任务评价单如下。

任务评价单

<table>
<tr><td colspan="2">项目名称</td><td colspan="4">通用生产设备变频器的解析与通信连接</td></tr>
<tr><td colspan="2">任务名称</td><td colspan="4">变频器的通信连接</td></tr>
<tr><td colspan="2">考核方式</td><td colspan="4">过程评价+结果考核</td></tr>
<tr><td colspan="2">说　明</td><td colspan="4">主要评价学生在任务学习过程中的操作方式、理论知识的掌握程度、学习态度、课堂表现、学习能力、动手能力等</td></tr>
<tr><td colspan="6">评价内容与评价标准</td></tr>
<tr><td rowspan="2">序　号</td><td rowspan="2">评价内容</td><td colspan="3">评价标准</td><td rowspan="2">成绩比例</td></tr>
<tr><td>优</td><td>良</td><td>合格</td></tr>
<tr><td>1</td><td>基本理论掌握</td><td>掌握变频器的通信方式、协议、常用参数，理解控制器的通信功能</td><td>熟悉变频器的通信方式、协议、常用参数，理解控制器的通信功能</td><td>了解变频器的通信方式、协议、常用参数，基本理解控制器的通信功能</td><td>30%</td></tr>
<tr><td>2</td><td>实践操作技能</td><td>熟练使用各种查询工具收集和查阅相关资料，科学合理地进行分工，按规范步骤完成变频器和PLC的通信</td><td>较熟练使用各种查询工具收集和查阅相关资料，分工较合理，能完成变频器和PLC的通信</td><td>会使用各种查询工具收集和查阅相关资料，基本完成变频器和PLC的通信</td><td>30%</td></tr>
<tr><td>3</td><td>职业核心能力</td><td>具有良好的自主学习能力和分析、解决问题的能力</td><td>具有较好的自主学习能力和分析、解决问题的能力</td><td>能够主动学习并收集信息，具有一定的分析、解决问题的能力</td><td>10%</td></tr>
<tr><td>4</td><td>工作作风与职业道德</td><td>具有严谨的科学态度和工匠精神，能够严格遵守“6S”管理制度</td><td>具有良好的科学态度和工匠精神，能够自觉遵守“6S”管理制度</td><td>具有较好的科学态度和工匠精神，能够遵守“6S”管理制度</td><td>10%</td></tr>
<tr><td>5</td><td>小组评价</td><td>具有良好的团队合作精神和与人交流的能力，热心帮助小组其他成员</td><td>具有较好的团队合作精神和与人交流的能力，能帮助小组其他成员</td><td>具有一定的团队合作精神，能配合小组其他成员完成项目任务</td><td>10%</td></tr>
<tr><td>6</td><td>教师评价</td><td>包括以上所有内容</td><td>包括以上所有内容</td><td>包括以上所有内容</td><td>10%</td></tr>
<tr><td colspan="5">合　计</td><td>100%</td></tr>
</table>

【任务练习】

1. 变频器和PLC的通信方式有哪些？

2. 变频器控制字与状态字中0001的含义是否相同？表示什么意思？

【思维导图】

请学生完成本项目思维导图，示例如下。

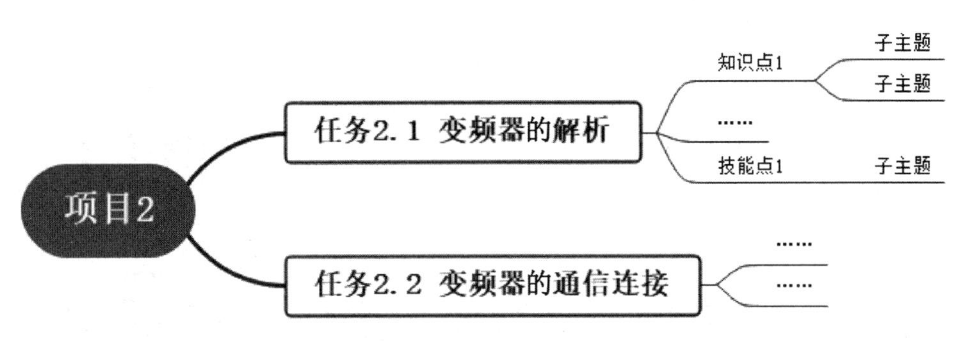

【创新思考】

在交-直-交变频器的应用情境中能否采用交-交变频器进行替换？替换的条件及替换后的区别分别是什么？

项目3

通用生产设备气动控制系统的解析与通信连接

职业能力

- 了解气动控制系统的组成。
- 会识别气动控制系统的产品命名和铭牌标识。
- 会识别压力传感器、流量传感器。
- 能完成压力传感器的接线。
- 能实现PLC上压力传感器的配置和数据读取。
- 培养严谨的科学态度和精益求精的工匠精神。
- 提高信息处理、与人交流、解决问题的能力。

引导案例

2021年，加州大学河滨分校的学者们开发出了一个气动（气压传动）随机存取存储器（RAM），并成功用它操纵软体机器人演奏了一首曲子。用气流阀取代电子晶体管，用气动逻辑取代计算机逻辑，学者们成功让这个机器人摆脱了传统机电元件的控制系统。连接其“手”“脑”的也不再是电线，而变成了透明的气流管道。该管道一端连接气动RAM，另一端连接机器人的手指。人们通过改变管道内的气压，就能控制机器人的手指使其按下琴键。从单个音符、和弦到演奏整首曲子，人们都能通过操纵这个机器人做到。那么，气动控制是什么？其在工业上有什么用途？本项目将对此进行介绍。

任务 3.1　气动控制系统的解析

【任务描述】

在日常生活中，公共汽车上的车门打开、关闭时有“嗤”的一声，你有没有想过，这是什么声音？推动门的力量又是什么呢？了解气动控制系统的人们都知道这是气动门工作时排气的声音，即压缩的空气在瞬间膨胀和释放，推动车门完成打开和闭合的动作。强大的动力可以在短时间内，推动车门从一个位置迅速到达另一个位置。气动是一种常见的机械部件的驱动方式，动力来源于压缩空气。当驱动机械部件运动的开关开启时，压缩空气的压强差能强有力地推动机械部件使其执行动作。

【任务单】

学生可根据任务描述，实现气动控制系统的解析。具体任务要求可参照任务单。

任务单

<table>
<tr><td>项目名称</td><td colspan="2">通用生产设备气动控制系统的解析与通信连接</td></tr>
<tr><td>任务名称</td><td colspan="2">气动控制系统的解析</td></tr>
<tr><td colspan="2">任务要求</td><td>任务准备</td></tr>
<tr><td colspan="2">1. 明确任务要求，组建分组，每组 3～5 人
2. 查询并学习气动控制的基本概念
3. 了解气动控制系统的组成
4. 完成气动控制系统的解析</td><td>1. 自主学习
（1）气动状态的参数
（2）气动状态的方程
（3）气动控制系统的组成
2. 设备工具
（1）硬件：计算机、PDM100 实训装置
（2）软件：办公软件</td></tr>
<tr><td colspan="2">自我总结</td><td>拓展提高</td></tr>
<tr><td colspan="2"></td><td>通过工作过程和总结，提高团队协作、资料查找和总结分析能力</td></tr>
</table>

【任务资讯】

3.1.1　气动状态的参数

1. 密度

密度是对某物体特定体积内质量的度量，单位为 kg/m^3。

2. 压力

压力可用绝对压力、表压力和真空度来衡量。

（1）绝对压力。它是指以绝对真空作为起点的压力值。一般在表示绝对压力符号的右下脚标注“ABS”。

（2）表压力。它是指高出当地大气压的压力值。由压力表测得的压力值为表压力。在工程计算中，常将当地大气压力用标准大气压代替，即令 P_a=101325Pa。

（3）真空度。它是指低于当地大气压的压力值。真空压力等于绝对压力与大气压力之差，真空压力在数值上与真空度相同，但应在其数值前加负号。

3. 理想气体

没有黏性的气体称为理想气体，目的是简化解题。

【思考】

理想气体和实际气体的区别有哪些?

4. 完全气体

完全气体是一种假想的气体，它的分子是一些弹性的、不占有体积的质点，分子间除相互碰撞外，没有相互作用力。

5. 标准状态

标准状态是指温度为 20℃、相对湿度为 65%、压力为 0.1MPa 时的空气状态。在标准状态下，空气的密度 ρ=1.185kg/m^3。

6. 基准状态

基准状态是指温度为 0℃、压力为 101.3kPa 的干空气状态。在基准状态下，空气的密度 ρ=1.293kg/m^3。

3.1.2 气动状态的方程

1. 理想气体状态的方程

理想气体状态的方程可表示为

$$PV = nRT$$

式中，P 为气体压力（Pa）；V 为气体体积（m^3）；n 为气体的物质的量（mol）；T 为体系温度（K）；R 为摩尔气体常数（也叫普适气体恒量），单位为 J/(mol · K)。

若气体是质量为 M、摩尔质量为 μ 的理想气体，其状态方程可表示为 $pV = (M/\mu)RT$ 。

2．法则

（1）波义尔法则（等温）。

若一定质量气体的状态变化是在温度不变的条件下进行的，则称该过程为等温过程。

$$P_1V_1=P_2V_2$$

式中，P_1 和 V_1 为气体初始的压力和体积；P_2 和 V_2 为气体最终的压力和体积。

（2）查理法则（等容，体积不变）。

若一定质量气体的状态变化是在体积不变的条件下进行的，则称该过程为等容过程。

$$P_1/T_1=P_2/T_1$$

式中，P_1 和 T_1 为气体初始的压强和绝对温度（开尔文）；P_2 和 T_2 为气体最终的压强和绝对温度。

（3）盖-吕萨克法则（等压）。

若一定质量气体的状态变化是在压力不变的条件下进行的，则称该过程为等压过程。

$$V_1/V_2=T_1/T_2$$

式中，V_1 和 T_1 为气体初始的体积和绝对温度；V_2 和 T_2 为气体最终的体积和绝对温度。

3．伯努利方程

伯努利方程为

$$P_1+\frac{1}{2}\rho v_1^2=P_2+\frac{1}{2}\rho v_2^2$$

式中，P_1、P_2为第 1 点和第 2 点的压力（Pa）；v_1、v_2为第 1 点和第 2 点的气体流速（m/s），$P_1>P_2$，$v_1<v_2$；ρ 为气体密度（kg/m^3）。

伯努利方程的应用如图 3.1.1 所示。

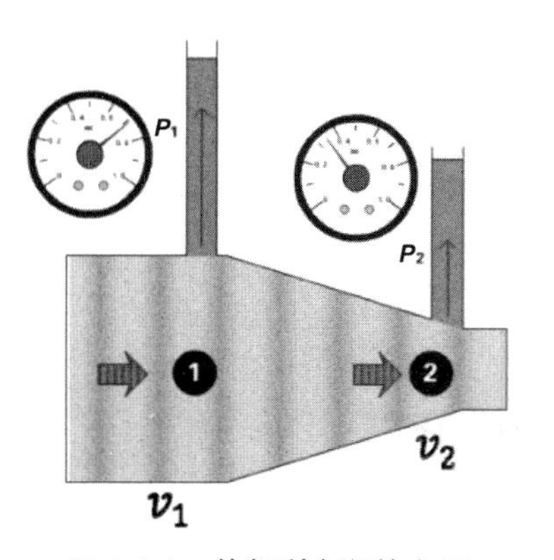

图 3.1.1　伯努利方程的应用

流速高处压力低，流速低处压力高。它表明单位的压力能和动能之和保持不变。

3.1.3 气动控制系统的组成

气动控制系统的结构如图 3.1.2 所示。该系统主要由气源装置、气源处理元件、控制元件、执行元件和机构件组成。

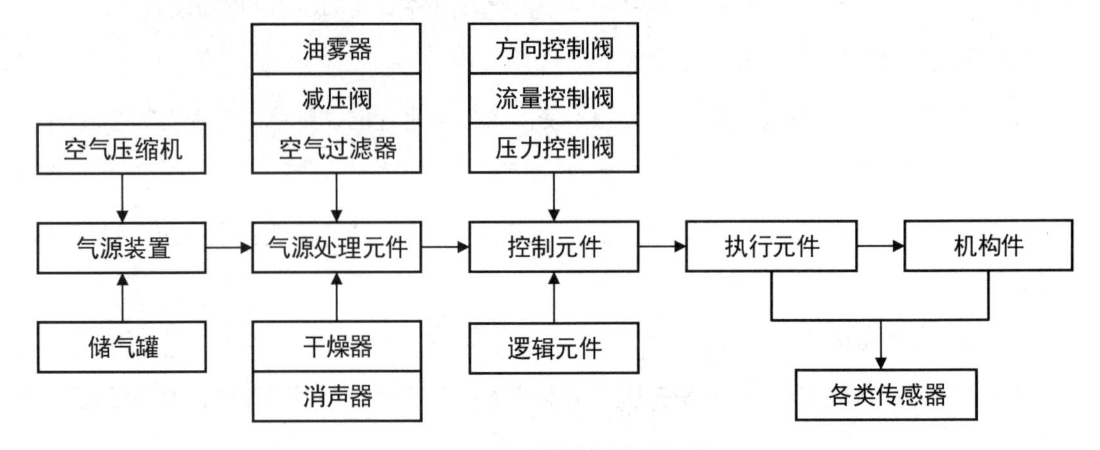

图 3.1.2 气动控制系统的结构

3.1.4 气源装置

1．气源装置的组成

气源装置主要由空气压缩机、储气罐组成。它为气动设备提供洁净、干燥且具有稳定压力和足够流量的压缩空气，其作用是将原动机输出的机械能转换成空气的压力能。

气源装置的主体是空气压缩机。由于空气压缩机产生的压缩空气所含杂质较多，因而其不能直接为设备所用。故通常的气源装置还包括气源净化装置。

2．空气压缩机的定义

空气压缩机是一种用于压缩气体的设备，其作用是为气动设备提供满足要求的动力源——压缩空气。

3．空气压缩机的分类

空气压缩机的种类很多，其分类如下。

（1）空气压缩机按工作原理的不同可分为容积型、动力型（速度型或透平型）、热力型压缩机。

（2）空气压缩机按润滑方式的不同可分为无油空气压缩机和机油润滑空气压缩机。

（3）空气压缩机按性能的不同可分为低噪声、可变频、防爆空气压缩机。

（4）空气压缩机按用途的不同可分为冰箱压缩机，空调压缩机，制冷压缩机，油田用、凿岩机用、车辆制动用、门窗启闭用、纺织机械用、轮胎充气用、塑料机械用、矿用、船用、医用、喷砂喷漆用压缩机。

（5）空气压缩机按型式的不同可分为固定式、移动式、封闭式压缩机。

4．容积型压缩机

容积型压缩机是指直接依靠改变气体容积来提高气体压力的压缩机。活塞式压缩机是容积型压缩机，其压缩元件是一个活塞，在气缸内做往复运动。

5．动力型压缩机

动力型压缩机是指回转式连续气流压缩机，高速旋转的叶片使通过它的气体加速，从而将速度能转换成压力能。这种转换大部分发生在旋转叶片上，部分发生在固定的扩压器或回流器挡板上。离心式、轴流式压缩机均属于动力型压缩机。离心式压缩机由一个或多个旋转叶轮（叶片通常在侧面）使气体加速，主气流是径向的。轴流式压缩机由装有叶片的转子使气体加速，主气流是轴向的。

6．热力型压缩机

热力型压缩机是指利用高速气体或蒸气的喷射携带向内流动的气体，在热力型压缩机的扩压器中，把气体的速度能转换成器件压力能的一种气体输送设备（机器）。热力型压缩机主要的类型为喷射型压缩机，其也被称为喷射器或喷射泵。

实训装置使用的是移动式无油空气压缩机，其外观如图 3.1.3 所示。

图 3.1.3　移动式无油空气压缩机的外观

通常空气压缩机和储气罐为一体式设计，如下方图 3.1.3 所示，储气罐位于空气压缩机的下方，储气罐罐体的下部设有排水口，可按照要求定期排水。

3.1.5　气源处理元件

1．气源处理元件的组成

在气动控制系统中，气源处理元件主要包括空气过滤器、减压阀、油雾器、干燥器、消声器及它们组成的二联件、三联件。

空气过滤器对气源进行清洁，也可过滤压缩空气中的水分，避免水分随气体进入设备。

减压阀可对气源进行稳压，使气源处于恒定状态，也可减小因气源气压突变对阀门或执行器等硬件的损伤。

油雾器可对设备运动部件进行润滑，也可对不方便加润滑油的部件进行润滑，大大延长设备的使用寿命。

干燥器可降低空气中的湿度，防止水分对设备和工艺的影响。常见的干燥器包括冷却式干燥器、吸附式干燥器和膜式干燥器。

消声器可通过阻尼或增加排气面积等方法降低排气的速度和功率，达到降低噪声的目的。消声器一般有吸收型、膨胀干涉型和膨胀干涉吸收型消声器。

2. 气动三联件

空气过滤器、减压阀和油雾器组装在一起的器件称为气动三联件。这三个部件的安装顺序是空气过滤器、减压阀和油雾器。

气动三联件的工作原理：首先压缩空气进入空气过滤器，该空气净化后进入减压阀，减压阀对其进行减压以控制其压力使其满足气动控制系统要求；然后减压阀输出稳压气体进入油雾器，油雾器将润滑油雾化和稳压气体混为一体并将其输送到气源装置。

3. 气动二联件

空气过滤器与减压阀组装在一起的器件称为气动二联件。

气动二联件的工作原理：压缩空气首先进入空气过滤器，并通过减压阀控制其输出压力，然后通过输出口输出。它通常用于无润滑的气动控制系统。

【提示】

减压阀是气动三联件和气动二联件中必配的配件，无论什么功能的气动阀门都必须配置，其作用是给气动阀门一个标准的动力气源压力，标准值为0.4MPa～0.7MPa。

4. 气动联件的示意图

组装气源处理元件的目的是缩小其外形尺寸，节省安装空间，便于安装、维护和集中管理。

在气动二联件中，压缩空气由左侧进入，右侧输出，如图 3.1.4（a）所示。气动三联件如图 3.1.4（b）所示。

空气过滤器的排水方式有压差排水与手动排水。当空气过滤器采用手动排水时要在水位达到铜制滤芯下方之前将水排出。

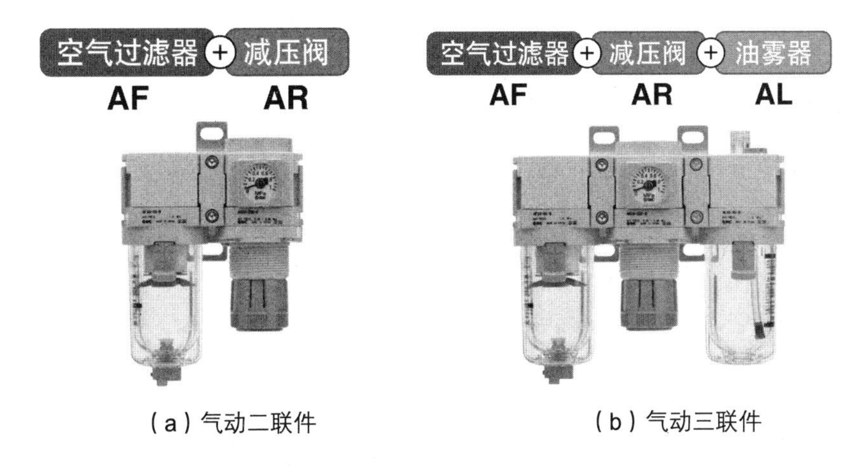

（a）气动二联件　　（b）气动三联件

图 3.1.4　气动联件的示意图

3.1.6　控制元件

扫一扫，看微课

控制元件是控制压缩空气的压力、流量、流向和发送信号的重要元件，它主要包括压力控制阀、流量控制阀、方向控制阀和逻辑元件，其作用是组成各种气动电路，并使执行元件按设计的程序正常运行。

1．控制元件的分类

1）按功能和用途分类

控制元件按功能和用途的不同可分为压力控制阀、流量控制阀、方向控制阀及逻辑元件。

（1）控制和调节压缩空气压力的元件称为压力控制阀。

（2）控制和调节压缩空气流量的元件称为流量控制阀。

（3）改变和控制气流方向的元件称为方向控制阀。

（4）通过改变压缩空气气流方向和气流通断实现各种逻辑功能的元件称为逻辑元件。

2）按控制方式分类

控制元件按控制方式的不同可分为电磁阀、机械阀、气控阀和人控阀。其中，电磁阀可分为单电磁阀和双电磁阀；机械阀可分为球头阀、滚轮阀等多种；气控阀可分为单气控阀和双气控阀；人控阀可分为手动阀和脚踏阀。

3）按工作原理分类

控制元件按工作原理的不同可分为直动阀和先导阀。直动阀就是靠人力或者电磁力、气动力直接实现换向要求的阀；先导阀由先导头和阀主体构成，由先导头活塞驱动阀主体中的阀杆实现换向要求。

常见的控制元件有电磁阀、气控阀、人控阀，其中电磁阀最为常见。

2．电磁阀

电磁阀是用电磁控制的工业设备，是用来控制流体自动化的基础元件，属于执行器。电磁阀的种类很多，可分为单向阀、安全阀、方向控制阀、速度调节阀等。不同的电磁阀在气动控制系统的不同位置发挥不同作用。二位五通电磁阀如图 3.1.5 所示。

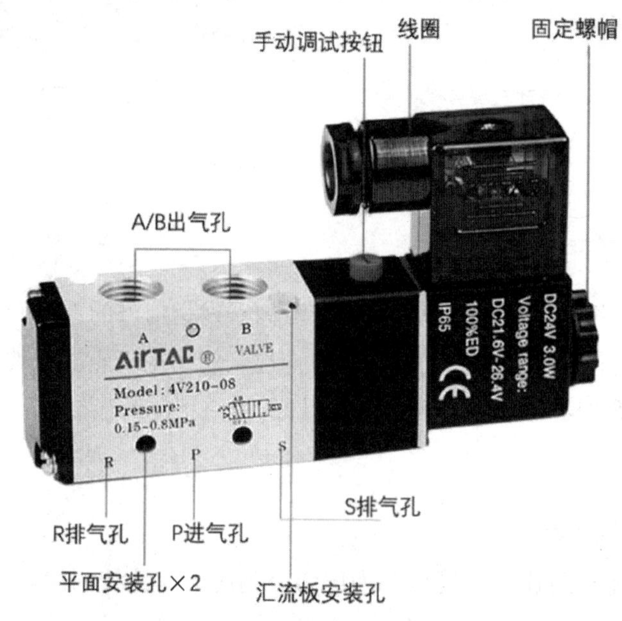

图 3.1.5　二位五通电磁阀

二位五通电磁阀的工作图如图 3.1.6 所示。

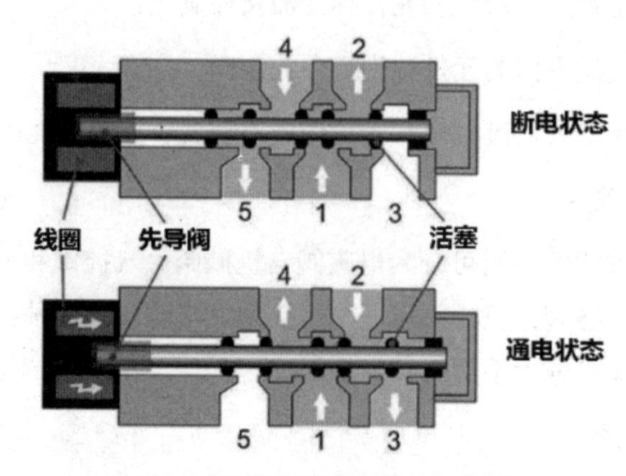

图 3.1.6　二位五通电磁阀的工作图

二位五通电磁阀的工作原理：线圈通电，其产生的电磁力把关闭件从阀座上提起，阀门打开，压缩空气从 1 进入 4，执行元件伸出；线圈断电，电磁力消失，弹簧把关闭件压在阀座上，阀门关闭，压缩空气从 1 进入 2，执行元件缩回。

3．气控阀

借助压缩空气驱动的阀门称为气控阀，它通过气体实现换向。气控阀要和机械阀配合使用。

此外，控制元件的辅助元件有气管、接头、消声器、调速阀、手阀等，如图 3.1.7 所示。

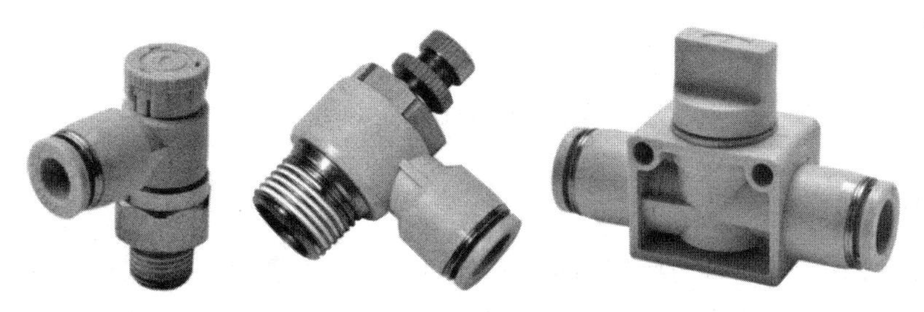

图 3.1.7　辅助元件

3.1.7　执行元件

执行元件是将压缩空气的压力能转换成机械能的装置。执行元件主要包括气缸和气动马达。实现直线运动和做功的是气缸，实现旋转运动和做功的是气动马达。

1．气缸

1）气缸的分类

气缸按结构特征的不同可分为活塞式、薄膜式、柱塞式气缸。其中，活塞式气缸又分单活塞式气缸和双活塞式气缸，单活塞式气缸又分为有活塞杆气缸和无活塞杆气缸。

气缸按压缩空气对活塞作用力方向的不同可分为单作用式气缸和双作用式气缸。前者的压缩空气从一端进入气缸，使活塞向前运动，靠另一端的弹簧力或自重等使活塞回到原来位置，可节约一半压缩空气，主要用在夹紧、退料、阻挡、压入、举起和进给等操作上；后者气缸活塞的往复运动均由压缩空气推动。

气缸按功能的不同可分为普通气缸、薄膜气缸、冲击气缸、气-液阻尼缸、缓冲气缸和摆动气缸。

笔型气缸如图 3.1.8（a）所示，薄型气缸如图 3.1.8（b）所示。

（a）笔型气缸

（b）薄型气缸

图 3.1.8　气缸的外形图

2）气缸的优缺点

与液压缸相比，气缸具有结构简单、成本低、工作可靠的优点，且在有可能发生火灾和爆炸的危险场合使用安全。气缸的运动速度可达到 1～3m/s，在自动化生产线中缩短辅助动作（如传输、压紧等）的时间，提高劳动生产率，具有十分重要的作用。

气缸的缺点主要是由于空气的压缩性使速度和位置控制的精度不高，输出功率小。

3）摆动气缸的概述

摆动气缸是利用压缩空气驱动输出轴在一定角度范围内做往复回转运动的执行元件，用于阀门的开闭及机器人的手臂动作等，其外形图如图 3.1.9 所示。

图 3.1.9　摆动气缸的外形图

4）气动手指的概述

气动手指又名气动夹爪（气爪）或气动夹指，它是以压缩空气为动力，用来夹取或抓取工件的执行元件，是气动机械手的关键部件。

气爪按功能特性的不同可分为平行气爪、摆动气爪、旋转气爪、三点气爪等；按抓取方式的不同可分为平行开闭型气爪、支点开闭型气爪等。平行开闭型气爪的工作原理：气体进入活塞杆，推动摇臂，使气爪张开或者闭合，从而夹紧工件。为了减少摩擦力，气爪与滑道的连接为钢珠滑轨结构。安装磁性开关可以实现自动化的控制。平行开闭型气爪如图 3.1.10 所示。

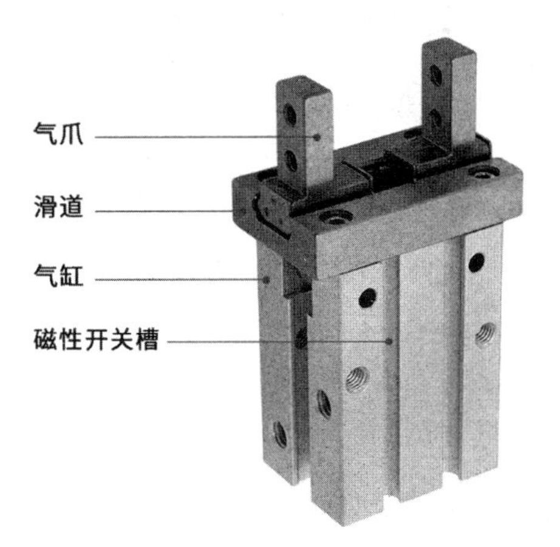

图 3.1.10 平行开闭型气爪

5）磁性开关的概述

磁控开关即磁开关入侵探测器，它是由永久磁铁和干簧管组成的开关。为保障气缸动作的可靠性，通常在气缸上安装 1～2 个磁性开关，它与霍尔元件的功能类似，但原理性质不同，它是利用磁场信号控制电路通断的一种开关元件，无磁断开，可以用来检测电路或机械运动的状态。用于气动控制系统的磁性开关如图 3.1.11 所示。

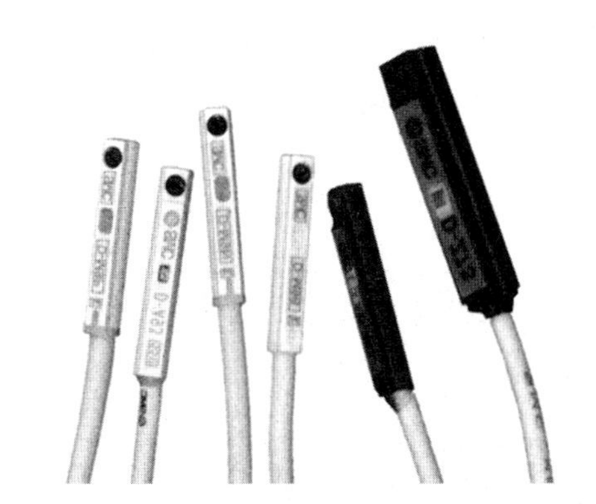

图 3.1.11 用于气动控制系统的磁性开关

2. 气动马达

气动马达用于实现连续回转运动，输出力矩和角位移。气动马达按结构的不同可分为活塞式、叶片式和薄膜式气动马达。活塞式气动马达如图 3.1.12 所示。

图 3.1.12　活塞式气动马达

气动马达的特点如下。

（1）有较大的功率范围和转速范围。

（2）有较高的启动转矩，可直接带负载启动。

（3）在易燃、易爆、高温、潮湿及振动场合工作安全。

（4）有过载保护作用。

（5）换向容易、操纵方便、维修简单。

（6）转速受负载变化的影响大，输出功率小。

3.1.8　控制器

在本任务中，学生使用的控制器是西门子 PLC S7-1215C，通过 PLC 去控制电磁阀，电磁阀驱动执行元件，从而达到控制气动控制系统的目的。

兼具柔顺特性与高承载能力的轻质气动柔性机器人

由于柔性机器人相较传统刚性机器人具有优异的人机交互友好性，因此它成为国际机器人领域的热点研究方向。但如何使柔性机器人在发挥其柔顺特性的同时，具备如同刚性机器人般的承载能力，是当前学界与业界研究的技术瓶颈，也是制约柔性机器人走向工业应用的核心“硬伤”之一。

2023 年，上海交通大学王皓、陈根良团队联合西湖大学工学院姜汉卿团队开发的“基于织物的轻质高强度机器人/机械手”突破了这一技术瓶颈。该机器人发挥织物材料柔软且抗拉伸的独特性能，突破现有基于硅橡胶制作柔性机器人的思维惯性，提出具有运动模式可任意编程的轻质高强度柔性驱动单元。该机器人同时具有结构顺应性、人机交互友好性、承载能力强、重量轻、精度高、工作空间大等优点，将刚性机器人与柔性机器人各自的优点有机结合了起来。

【任务计划】

学生可根据任务资讯及收集整理的资料填写任务计划单。

任务计划单

项　目	通用生产设备气动控制系统的解析与通信连接		
任　务	气动控制系统的解析	学　时	4
计划方式	分组讨论、资料收集、技能学习等		
序　号	任　务	时　间	负责人
1			
2			
3			
4			
5	收集典型的气动控制系统图		
6	阐述典型气动控制系统图，任务成果展示、汇报		
小组分工			
计划评价			

【任务实施】

学生可根据任务计划编制任务实施方案、完成任务实施，并填写任务实施工单。

任务实施工单

项　目	通用生产设备气动控制系统的解析与通信连接		
任　务	气动控制系统的解析	学　时	
计划方式	分组讨论、合作实操		
序　号	实施情况		
1			
2			
3			
4			
5			
6			

【任务检查与评价】

学生在完成任务实施后，可采用小组互评等方式进行任务检查。任务评价单如下。

任务评价单

<table>
<tr><td colspan="2">项目名称</td><td colspan="4">通用生产设备气动控制系统的解析与通信连接</td></tr>
<tr><td colspan="2">任务名称</td><td colspan="4">气动控制系统的解析</td></tr>
<tr><td colspan="2">考核方式</td><td colspan="4">过程评价+结果考核</td></tr>
<tr><td colspan="2">说　明</td><td colspan="4">主要评价学生在任务学习过程中的操作方式、理论知识的掌握程度、学习态度、课堂表现、学习能力、动手能力等</td></tr>
<tr><td colspan="6">评价内容与评价标准</td></tr>
<tr><td rowspan="2">序　号</td><td rowspan="2">评价内容</td><td colspan="3">评价标准</td><td rowspan="2">成绩比例</td></tr>
<tr><td>优</td><td>良</td><td>合格</td></tr>
<tr><td>1</td><td>基本理论掌握</td><td>理解气动状态参数、气动状态方程，掌握气动控制的组成</td><td>熟悉气动状态参数、气动控制方程，理解气动控制系统的组成</td><td>了解气动状态参数、气动控制方程，基本理解气动控制系统的组成</td><td>30%</td></tr>
<tr><td>2</td><td>实践操作技能</td><td>熟练使用各种查询工具收集和查阅相关资料，科学合理地进行分工，根据需要收集典型的气动控制系统图，并阐述其工作流程</td><td>较熟练使用各种查询工具收集和查阅相关资料，分工较合理，能完成典型的气动控制系统图收集，理解其工作流程</td><td>会使用各种查询工具收集和查阅相关资料，基本完成气动控制系统图收集，了解其工作流程</td><td>30%</td></tr>
<tr><td>3</td><td>职业核心能力</td><td>具有良好的自主学习能力和分析、解决问题的能力</td><td>具有较好的自主学习能力和分析、解决问题的能力</td><td>能够主动学习并收集信息，具有一定的分析、解决问题的能力</td><td>10%</td></tr>
<tr><td>4</td><td>工作作风与职业道德</td><td>具有严谨的科学态度和工匠精神，能够严格遵守“6S”管理制度</td><td>具有良好的科学态度和工匠精神，能够自觉遵守“6S”管理制度</td><td>具有较好的科学态度和工匠精神，能够遵守“6S”管理制度</td><td>10%</td></tr>
<tr><td>5</td><td>小组评价</td><td>具有良好的团队合作精神和与人交流的能力，热心帮助小组其他成员</td><td>具有较好的团队合作精神和与人交流的能力，能帮助小组其他成员</td><td>具有一定的团队合作精神，能配合小组其他成员完成项目任务</td><td>10%</td></tr>
<tr><td>6</td><td>教师评价</td><td>包括以上所有内容</td><td>包括以上所有内容</td><td>包括以上所有内容</td><td>10%</td></tr>
<tr><td colspan="5">合　计</td><td>100%</td></tr>
</table>

【任务练习】

1．气爪的工作原理是什么？

2．气动二联件和气动三联件有什么区别？

任务 3.2　气动控制系统的通信连接

【任务描述】

对于任何自动化控制系统，其都是由传感器、控制器、执行器组成的。气动控制常用的传感器有压力传感器、流量传感器、温度传感器等。控制器如何连接相关传感器，并采集其数据，是本任务需要解决的问题。

【任务单】

学生应能根据任务描述，实现气动控制系统的通信连接。具体任务要求可参照任务单。

任务单

<table>
<tr><td>项　目</td><td colspan="2">通用生产设备气动控制系统的解析与通信连接</td></tr>
<tr><td>任　务</td><td colspan="2">气动控制系统的通信连接</td></tr>
<tr><td colspan="2">任务要求</td><td>任务准备</td></tr>
<tr><td colspan="2">1. 明确任务要求，组建分组，每组 3～5 人
2. 查询并学习压力传感器、流量传感器的相关知识
3. 完成压力传感器的通信连接</td><td>1. 自主学习
（1）压力传感器
（2）流量传感器
2. 设备工具
（1）硬件：计算机、PDM100 实训装置
（2）软件：办公软件、博途 V16</td></tr>
<tr><td colspan="2">自我总结</td><td>拓展提高</td></tr>
<tr><td colspan="2"></td><td>通过工作过程和总结，提高团队协作、程序设计和调试、技术迁移能力</td></tr>
</table>

【任务资讯】

扫一扫，看微课

3.2.1　压力传感器

1. 压力传感器的定义

压力传感器一般用于测量流体（如液体、气体、熔体）的压力。通常使用的压力传感器是利用压电效应制造而成的，因此其也被称为压电传感器。

压力传感器一般由弹性敏感元件和位移敏感元件（或应变计）组成。弹性敏感元件将感受到的被测压力转换成位移或应变，然后由位移敏感元件（见位移传感器）或应变计（见电阻应变计、半导体应变计）将其转换成与压力成一定比例的电信号。将这两种元件的功能集于一体的传感器有固态压力传感器。

压力分为表压力和绝对压力。表压力以大气压为基准，绝对压力以绝对真空为基准。绝对压力、表压力和真空度的关系如图 3.2.1 所示。

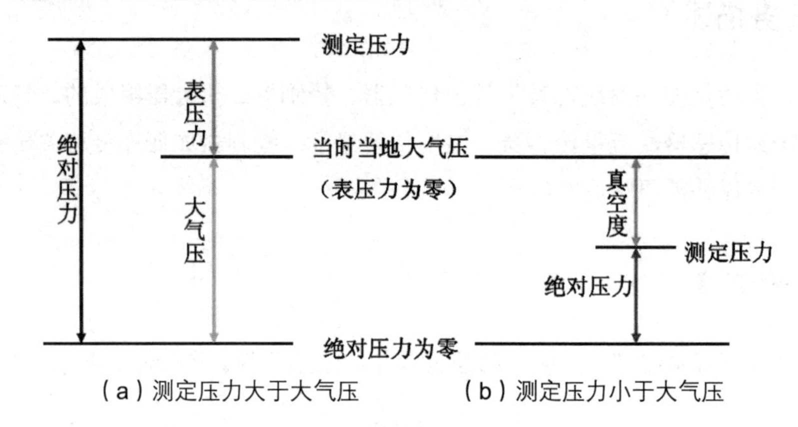

（a）测定压力大于大气压　　（b）测定压力小于大气压

图 3.2.1　绝对压力、表压力和真空度的关系

2．压力传感器的输出信号

压力传感器具有良好的机械加工和热处理性能、较强的抗压强度、受温度影响小等特性。它输出信号的幅值和供电电源电压大小有直接的关系。大多数传感器的输出信号都是 1～2mV/V，即当被测物体的压力达到传感器的标称压力时，若供电电源电压是 1V，则压力传感器的输出信号是 1mV～2mV。同理，若供电源电压是 10V，则压力传感器的输出信号是 10mV～20mV。常用的输出信号有 4mA～20mA、0～20mA、0～5V、1～5V、0.5～4.5V、0～10V、RS485 信号、RS232 信号等。

压力传感器的输出信号都是标准的，输出信号的幅值只和被测物体的压力成正比。在额定的电压范围内，输出信号不会随供电电源电压的变化而变化。常用的变频器、PLC、控制显示仪表等的信号接收模块都能接收上面提到的输出信号。

3．压力传感器的样例

1）小型空气用压力传感器

本任务以 PSE530 为例介绍小型空气用压力传感器。PSE530 适合测量空气、非腐蚀性气体和不燃性气体的压力，其外形图如图 3.2.2 所示。

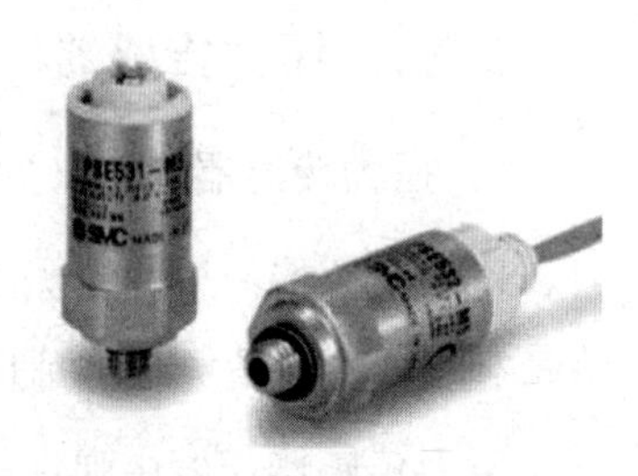

图 3.2.2　PSE530 的外形图

PSE530 采用 1～5V 电压输出，输出阻抗约为 1kΩ，其内部电路和接线图如图 3.2.3 所示。

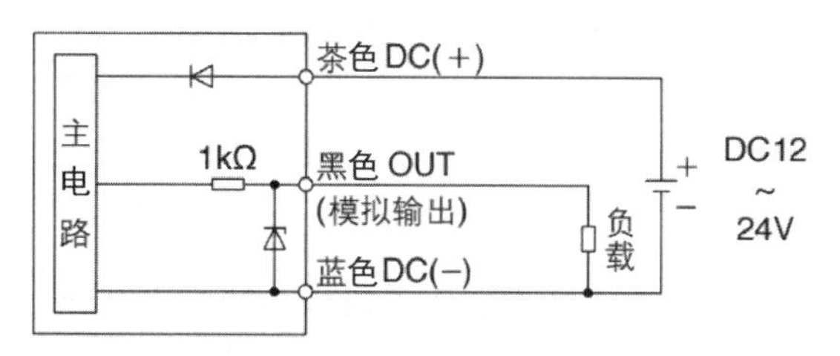

图 3.2.3　PSE530 内部电路和接线图

PSE530 的模拟输出曲线如图 3.2.4 所示。PSE53×的输出范围如表 3.2.1 所示。

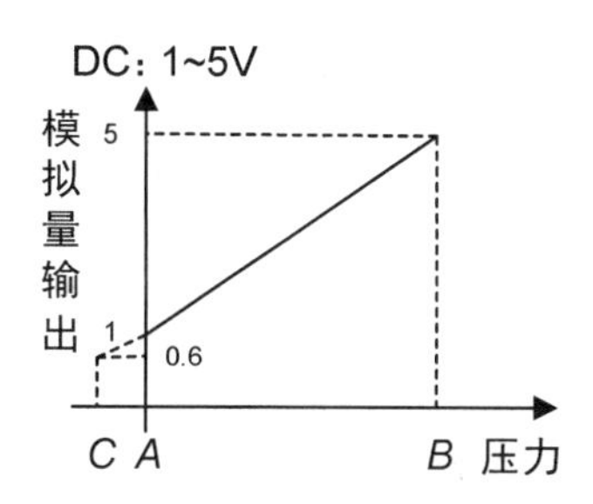

图 3.2.4　PSE530 的模拟输出曲线

表 3.2.1　PSE53×的输出范围

型号	范　围	额定压力范围	A	B	C
PSE531	真空压用	-101kPa～0	0	-101kPa	10.1kPa
PSE533	混合压用	-101kPa～101kPa	-101kPa	101kPa	
PSE532	低压用	0～101kPa	0	101kPa	-10.1kPa
PSE530	正压用	0～1MPa	0	1MPa	-0.1MPa

2）智能压力/差压变送器

本任务以 PDS 智能变送器为例介绍智能压力/差压变送器，如图 3.2.5 所示。

图 3.2.5　PDS 智能变送器

差压变送器是一种典型的自平衡检测仪表，用于防止管道中的介质直接进入变送器中，感压膜片与变送器之间靠注满流体的毛细管连接起来。它用于测量液体、气体或蒸气的液位、流量和压力，并将其转换成DC4mA～20mA信号输出。

PDS智能变送器采用先进的单晶硅复合传感器和模块化设计。PDS智能变送器工作原理：由传感器产生的信号经过放大和高速双A/D转换器转换成数字信号，在十六微处理器中进行线性和温度校正。对于HART电路，由传感器产生的信号经D/A转换器转换成DC4mA～20mA叠加HART信号；对于PROFIBUS-PA（FF）电路，直接输出全数字PROFIBUS-PA（FF）信号。测量单元的数据和变送器的功能参数被分别存储在测量部分、电子部分EEPROM中。PDS智能变送器的工作原理图如图3.2.6所示。

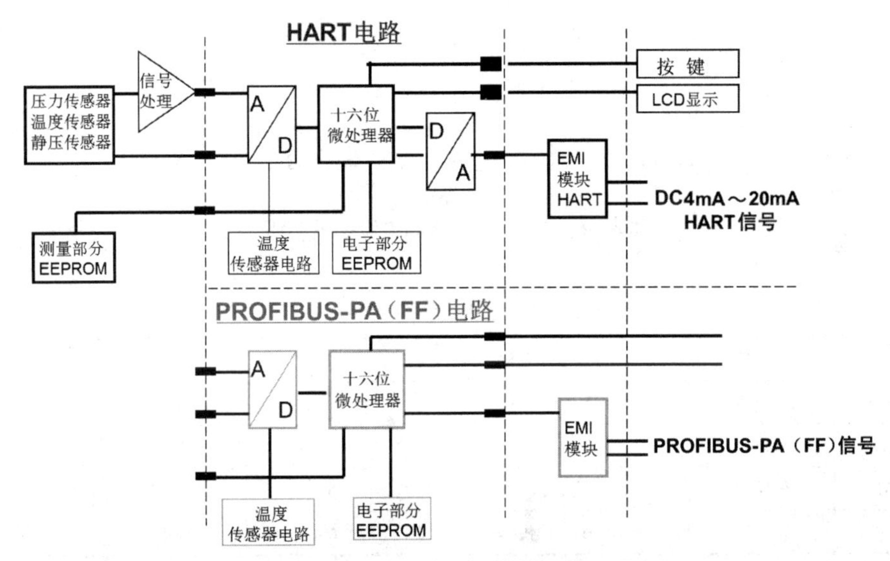

图3.2.6 PDS智能变送器的工作原理图

PDS智能变送器的主要特点如下。

（1）高稳定性。PDS智能变送器的基本精度为0.04%F.S（最高为0.025%F.S）。

（2）智能诊断。PDS智能变送器具有智能诊断功能，可对运行过程及其自身状态进行实时监视，也可通过HART、FF、PROFIBUS-PA等协议通信启动智能诊断功能，报警能以警告或故障保护电流方式表达。

（3）仿真。PDS智能变送器的仿真功能可通过模拟过程状态获取测量数据，也可用于检查变送器回路的连接、输出状态。

（4）强大的本地组态。PDS智能变送器使用三个按钮和高对比度的LCD显示器，可在现场迅速输入所有参数。

（5）HART 或总线通信组态。PDS 智能变送器可以借助 HART、PROFIBUS-PA、FF 通信协议，使用一台 PC、手持通信器或任何兼容的过程控制系统软件调整所有参数。

（6）多种防腐材质。PDS 智能变送器隔离膜片有不锈钢、哈氏合金、钽、蒙乃尔合金、镍材或 316L 镀金等多种选择，变送器与测量介质相接处的容室、排液排气塞、插入筒组件等零部件也可根据测量介质选取相应防腐材料。

3.2.2　流量传感器

气体流量传感器是能测定累积流量、瞬时流量的一种传感器。气体流量传感器的种类比较多，有节流式、容积式、涡街式、电磁式、热式、超声波式等若干种。多数气体流量传感器的工作方式是采集流体的温度、压力等信号，将其换算成流量。但由于流体流动状态不稳定，因此气体流量传感器的流量测量准确性受到影响。

1．流量的基本概念

流量是指单位时间内流过管道横截面的流体数量，也称为瞬时流量。流量又分为体积流量和质量流量。

设流体的密度为 ρ，质量流量（q_m）与体积流量（q_v）之间的关系为 $q_m = q_v \rho$。使用体积流量时，必须同时给出流体的压力和温度。

累计流量是指一段时间内流体的总流量，即瞬时流量对时间的累积。累计流量的单位常用 m^3 或 kg 表示。

流体的密度是指单位体积流体的质量，其数学表达式为 $\rho = M/V$。由于温度、压力对单位质量流体的体积影响很大，因此在表示流体密度时，必须指明流体的工作状态（温度和压力）。

2．流量传感器的原理

1）卡门涡街式流量传感器

在流体中放置棒状物体（旋涡发生体）后，旋涡发生体两侧会交替地产生旋涡，如图 3.2.7 所示。

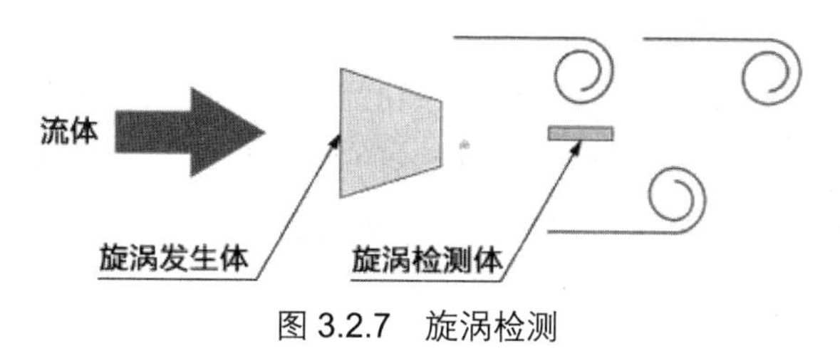

图 3.2.7　旋涡检测

卡门涡街式流量传感器产生的旋涡在一定条件下会保持稳定，其频率与流速成正比，适于测量空气、氮气、氩气、二氧化碳等流体流速，即

$$f=\mathrm{St}v/d$$

式中，f 为旋涡的释放频率（Hz）；St 为斯特劳哈尔数，无量纲，数值范围为 0.14～0.27；v 为流过旋涡发生体的流体平均速度（m/s）；d 为旋涡发生体宽度（m）。因此，人们可先通过测量旋涡频率计算出流过旋涡发生体的流体平均速度，再由式 $q=vA$ 求出流过旋涡发生体的流量，其中 A 为流体流过旋涡发生体的截面积。

2）热式（MEMS 式）流量传感器

以高分子膜上用白金薄膜制作的加热器（Rh）为中心，对称设置的上流测温传感器（Ru）和下流测温传感器（Rd）及用于测量流体温度用的环境温度传感器（Ra）共同构成了 MEMS 式流量传感器芯片。

由于 Ru 和 Rd 的电阻值之差与流体的流速成正比，因此检测 Ru 和 Rd 的电阻值并进行计算后，就可得知流体的流速。MEMS 式流量传感器的原理图如图 3.2.8 所示。

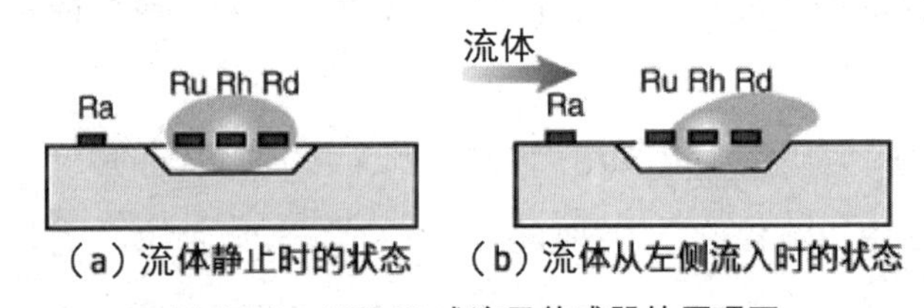

图 3.2.8　MEMS 式流量传感器的原理图

Ra 用于补偿流体温度及环境温度。

MEMS 式流量传感器测量体积流量单位为 L/min，质量流量的测量可以在 0℃/101.3kPa、20℃/101.3kPa 之间进行转换。

MEMS 式流量传感器适于测量空气、氮气、氩气、二氧化碳等流体流速。

3）热式（热敏电阻式）流量传感器

在流路中安装加热后的热敏电阻，流体流过后，它会将热敏电阻的热量带走。

由于热敏电阻的热量被带走，电阻值增加，其增加率和流体的流速具有特定的关系，因而检测热敏电阻的电阻值就可以得到流体的流速。由于热敏电阻式流量传感器的工作环境和温度的变化较大，因此其引起的热输出将会带来较大的测量误差，同时温度的变化也影响零点和灵敏度值的大小，继而影响传感器的静特性。为此，热敏电阻式流量传感器内置了热敏电阻进行温度补偿。热敏电阻的电阻值是随着温度的升高而降低的。热敏电阻式流量传感器的原理图如图 3.2.9 所示。

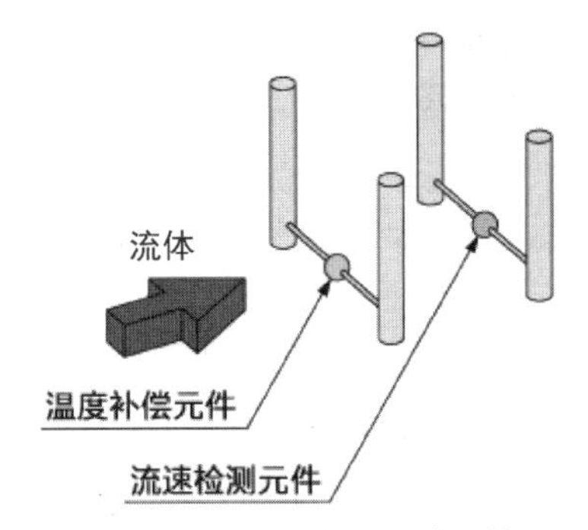

图 3.2.9　热敏电阻式流量传感器的原理图

热电阻式流量传感器测量体积流量单位为 L/min，质量流量的测量可以在 0℃/101.3kPa、20℃/101.3kPa 之间进行转换。

3．空气用流量传感器

因为 PDM100 实训装置的电路为气路，所以这里介绍空气用流量传感器。空气用流量传感器的外形如图 3.2.10 所示。该传感器分为一体式和分离式。

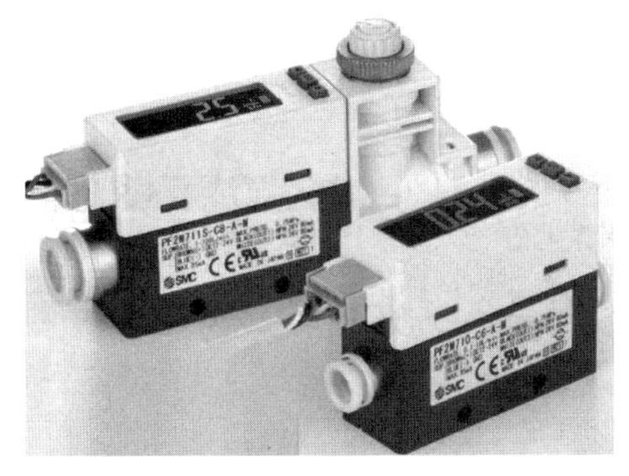

一体式

分离式

图 3.2.10　空气用流量传感器的外形

流量计是流量传感器和表头显示部分的组合。一体式电磁流量计是指传感器与转换器相连，可以在现场显示。分离式电磁流量计是指传感器通过信号电缆与转换器相连，转换器可以放置在任何合适的位置，并能远程显示。一般来说分离式电磁流量计比一体式电磁流量计耐高温。

4．空气用流量传感器的样例

本任务以 PFM5 系列流量传感器为例介绍空气用流量传感器。PFM5 系列流量传感器为分离型两色显示式数字式流量开关，其外形示意图如图 3.2.11 所示。

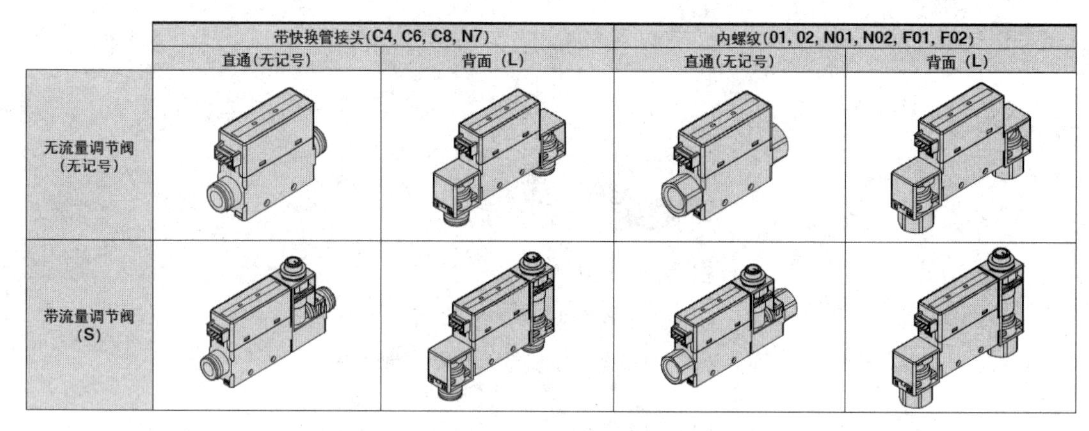

图 3.2.11　PFM5 系列流量传感器的外形示意图

该系列流量传感器分为带流量调节阀和无流量调节阀两类，这两类传感器的区别在于接口形式不同。该系列流量传感器具备模拟输出，额定流量范围为 0.2～100L/min，但每一型号流量传感器的额定流量范围不一样。PFM510-S-C6-1 流量传感器如图 3.2.12 所示。

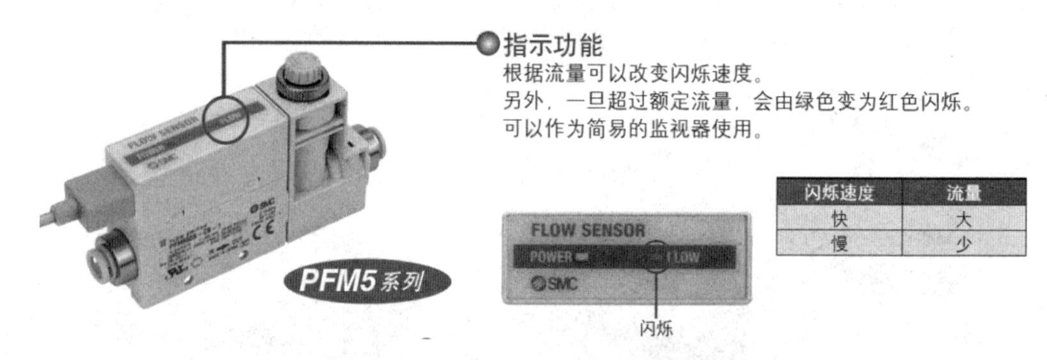

图 3.2.12　PFM510-S-C6-1 流量传感器

PFM510-S-C6-1 流量传感器的额定流量范围为 0.2～10 L/min，具有流量调节阀一体化、空间占用小、快换管接头形式等特点，输出为模拟量 DC1～5V，其内部电路、接线及模拟输出图如图 3.2.13 所示。

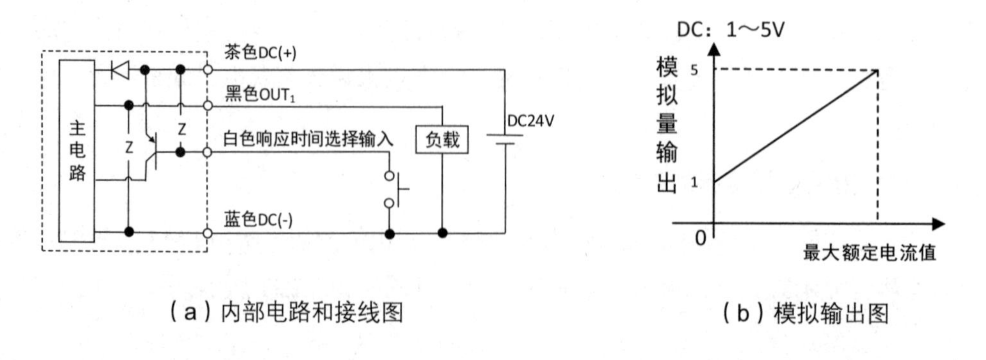

（a）内部电路和接线图　　（b）模拟输出图

图 3.2.13　PFM510-S-C6-1 流量传感器的内部电路、接线及模拟输出图

分离式流量传感器的输出信号可直接供给 PLC 使用。

【思考】

气体流量传感器和液体流量传感器有什么区别？

3.2.3　压力传感器的通信编程

压力传感器与 PLC 通信的步骤如下。

（1）将压力传感器接入气路。

（2）将压力传感器连接到 PLC 上并配置对应 I/O。

（3）将 PLC 连接到网关。

（4）编写程序。

压力传感器读取程序如图 3.2.14 所示。

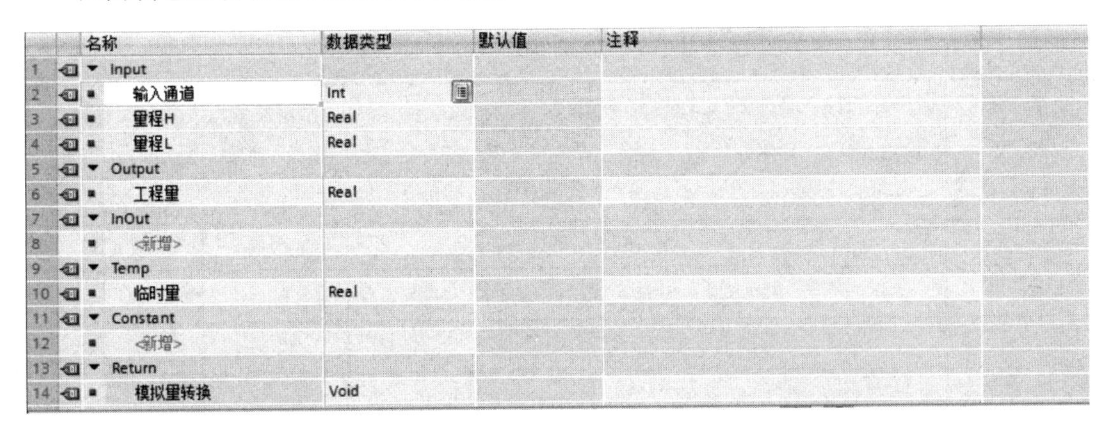

	名称	数据类型	默认值	注释
1	▼ Input			
2	输入通道	Int		
3	量程H	Real		
4	量程L	Real		
5	▼ Output			
6	工程量	Real		
7	▼ InOut			
8	<新增>			
9	▼ Temp			
10	临时量	Real		
11	▼ Constant			
12	<新增>			
13	▼ Return			
14	模拟量转换	Void		

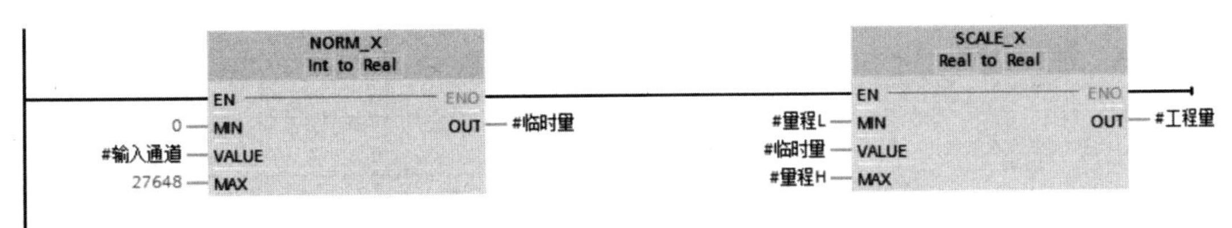

图 3.2.14　压力传感器读取程序

拓展阅读

纳芯微车规级 MEMS 绝压压力传感器晶圆 NSP163x 系列荣获“中国芯”大奖

“中国芯”评选活动是在工业和信息化部电子信息司的指导下实施的全国性集成电路行业年度盛会。2021 年 12 月 20 日—21 日，第十六届“中国芯”优秀产品征集结果正式揭晓，纳芯微车规级 MEMS 绝压压力传感器晶圆 NSP163×系列荣获 2021 年“中国芯”优秀技术创新产品奖。

NSP163×系列是一款MEMS绝压压力传感器晶圆，该晶圆基于高灵敏度的单晶硅压阻效应并采用先进的硅硅键和CSOI MEMS微加工工艺设计而成，其制造平台经过IAFTF16949认证，每片晶圆都通过100% AOI检测及CP测试。该系列产品的典型量程包括0～100kPa、0～200kPa和0～500kPa。该晶圆灵敏度高、非线性度小、温度和压力迟滞低、生命周期内精度和稳定性优于±1%F.S，全系满足AEC-Q103可靠性标准，特别适用于汽车电子、工业控制等领域。该晶圆采用贵金属双焊盘结构设计和稳定性增强的屏蔽层技术的NSP1632，符合汽车级Grade0标准，非常适合为汽车尾气等恶劣环境下的应用提供可靠、可信赖的压力检测。

【任务计划】

学生可根据任务资讯及收集整理的资料填写任务计划单。

任务计划单

项　目	通用生产设备气动控制系统的解析与通信连接		
任　务	气动控制系统的通信连接	学　时	4
计划方式	分组讨论、资料收集、技能学习等		
序　号	任　务	时　间	负责人
1			
2			
3			
4			
5	完成PLC读取压力传感器数据		
6	任务成果展示、汇报		
小组分工			
计划评价			

【任务实施】

学生可根据任务计划编制任务实施方案、完成任务实施，并填写任务实施工单。

任务实施工单

<table>
<tr><td>项　目</td><td colspan="3">通用生产设备气动控制系统的解析与通信连接</td></tr>
<tr><td>任　务</td><td>气动控制系统的通信连接</td><td>学　时</td><td></td></tr>
<tr><td>计划方式</td><td colspan="3">分组讨论、合作实操</td></tr>
<tr><td>序　号</td><td colspan="3">实施情况</td></tr>
<tr><td>1</td><td colspan="3"></td></tr>
<tr><td>2</td><td colspan="3"></td></tr>
<tr><td>3</td><td colspan="3"></td></tr>
<tr><td>4</td><td colspan="3"></td></tr>
<tr><td>5</td><td colspan="3"></td></tr>
<tr><td>6</td><td colspan="3"></td></tr>
</table>

【任务检查与评价】

学生在完成任务实施后，可采用小组互评等方式进行任务检查。任务评价单如下。

任务评价单

<table>
<tr><td colspan="2">项　目</td><td colspan="4">通用生产设备气动控制系统的解析与通信连接</td></tr>
<tr><td colspan="2">任　务</td><td colspan="4">气动控制系统的通信连接</td></tr>
<tr><td colspan="2">考核方式</td><td colspan="4">过程评价+结果考核</td></tr>
<tr><td colspan="2">说　明</td><td colspan="4">主要评价学生在任务学习过程中的操作方式、理论知识的掌握程度、学习态度、课堂表现、学习能力、动手能力等</td></tr>
<tr><td colspan="6">评价内容与评价标准</td></tr>
<tr><td rowspan="2">序　号</td><td rowspan="2">评价内容</td><td colspan="3">评价标准</td><td rowspan="2">成绩比例</td></tr>
<tr><td>优</td><td>良</td><td>合　格</td></tr>
<tr><td>1</td><td>基本理论掌握</td><td>掌握气动传感器的工作原理、适用范围等，理解传感器与控制器的连接方式</td><td>熟悉气动传感器的工作原理、适用范围等，理解传感器与控制器的连接方式</td><td>了解气动传感器的工作原理、适用范围等，基本理解传感器与控制器的连接方式</td><td>30%</td></tr>
<tr><td>2</td><td>实践操作技能</td><td>熟练使用各种查询工具收集和查阅相关资料，科学合理地进行分工，按规范步骤完成气动传感器与控制器的通信</td><td>较熟练使用各种查询工具收集和查阅相关资料，分工较合理，能完成气动传感器与控制器的通信</td><td>会使用各种查询工具收集和查阅相关资料，基本完成气动传感器与控制器的通信</td><td>30%</td></tr>
<tr><td>3</td><td>职业核心能力</td><td>具有良好的自主学习能力和分析、解决问题的能力，能解答任务思考</td><td>具有较好的自主学习能力和分析、解决问题的能力，能部分解答任务思考</td><td>具有分析和解决部分问题的能力</td><td>10%</td></tr>
</table>

续表

序　号	评价内容	评价标准			成绩比例
		优	良	合　格	
4	工作作风与职业道德	具有严谨的科学态度和工匠精神，能够严格遵守“6S”管理制度	具有良好的科学态度和工匠精神，能够自觉遵守“6S”管理制度	具有较好的科学态度和工匠精神，能够遵守“6S”管理制度	10%
5	小组评价	具有良好的团队合作精神和与人交流的能力，热心帮助小组其他成员	具有较好的团队合作精神和与人交流的能力，能帮助小组其他成员	具有一定的团队合作精神，能配合小组其他成员完成项目任务	10%
6	教师评价	包括以上所有内容	包括以上所有内容	包括以上所有内容	10%
合　计					100%

【任务练习】

1. 简述表压力和绝对压力的区别。

2. 热式流量传感器的优缺点有哪些？

【思维导图】

请学生完成本项目的思维导图，示例如下。

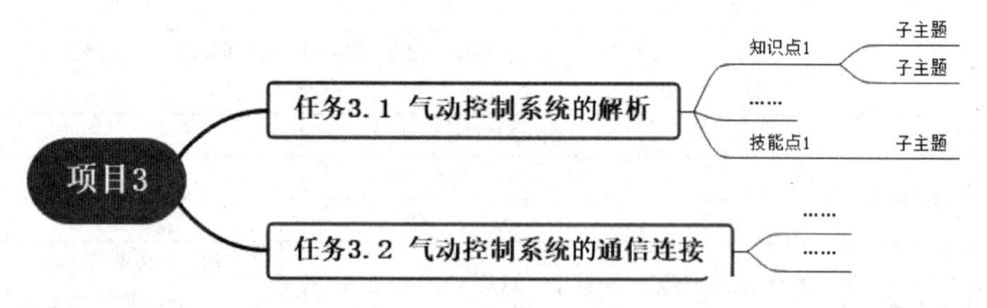

【创新思考】

一体式电磁流量计和分离式电磁流量计有何不同？根据不同任务需要，应该如何选择电磁流量计？

项目 4

通用生产设备的故障状态监测分析

职业能力

- 了解通用生产设备故障状态监测分析的方法模型。
- 能根据实际情况选择合适的数据分析方法。
- 能用严谨的科学态度和精益求精的工匠精神对待工作任务。
- 能与同项目成员合作完成工作任务。

引导案例

随着科学技术的发展，企业生产设备的技术也有了长足的进步，现代设备正向大型自动化、集成化方向发展。因为设备结构越来越复杂，功能越来越强大，所以设备在生产过程中就更容易出现故障，严重时会造成重大的经济损失。因此，在生产过程中，如何有效地避免设备发生故障并保证设备运行的稳定性及精度是设备管理的重点，这对保证企业安全生产和提高企业经济效益具有重要意义。如果能在设备出现故障前进行预警及维护，那么不仅可以降低设备的故障率，还可以保护设备及提高生产水平。因此，在设备的维护过程中，准确地对设备故障状态进行监测分析，做到防患于未然，是非常重要的。通用生产设备故障状态监测分析旨在提供更加完善的数据分析模式和更高精度的预测性数据分析方案，以保证各个设备、各个工业产业群高效、高质量的安全运转。

任务 4.1　基于静态阈值的设备状态监测分析

【任务描述】

基于静态阈值的设备状态监测是指将监测到的设备数据与恒定的阈值相比较，当监测到的设备数据超出恒定的阈值时，意味着设备可能发生故障。静态阈值判别方法包括单一阈值判别、分段阈值判别和事件判别。

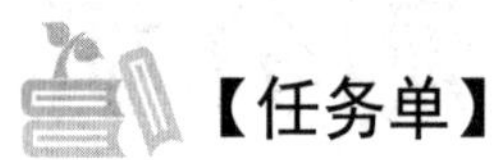

【任务单】

学生应能根据相关知识完成基于静态阈值的设备状态监测分析。具体任务要求可参照任务单。

任务单

<table>
<tr><td>项目名称</td><td colspan="2">通用生产设备的故障状态监测分析</td></tr>
<tr><td>任务名称</td><td colspan="2">基于静态阈值的设备状态监测分析</td></tr>
<tr><td colspan="2">任务要求</td><td>任务准备</td></tr>
<tr><td colspan="2">1．分组进行基于静态阈值的设备状态监测应用情况调查，每组 3～5 人
2．讨论归纳基于静态阈值的设备状态监测分析方法
3．所需资料自行在网上下载
4．完成基于静态阈值的设备状态监测分析</td><td>1．自主学习
（1）了解单一阈值判别
（2）了解分段阈值判别
（3）了解事件判别
2．设备工具
硬件：计算机</td></tr>
<tr><td colspan="2">自我总结</td><td>拓展提高</td></tr>
<tr><td colspan="2"></td><td>通过查阅资料，能根据场景选择合适的静态阈值判别方法，提高知识迁移能力</td></tr>
</table>

【任务资讯】

静态阈值判别适用于监测在一定范围内波动的指标，是指通过设定恒定的阈值，当监测到设备的数据超过恒定的阈值时，意味着某种意外的发生。例如，河流中的水位在一年中由于季节变化会呈现不同的态势，但如无异常状况，其水位峰值和谷值均不会出现显著差异，若某年某时间段内该河流在同一观测点的水位峰值和谷值大于其他年份同一时间段的水位值，则应考虑该观测点在该时间段内是否有洪峰过境或是堤坝决口、河流改道等情况引起的水位值变化。

4.1.1　单一阈值判别

扫一扫，看微课

在工业生产中，监测设备的某一项参数阈值可以预测和推断设备及其质量是否符合标准，并在数据异于历史数据上下限阈值时，提醒和帮助操作人员发现问题，以避免造成更大的损失。

1．基于上限阈值的数据分析

在工业锅炉，民用建筑用水池，水塔，水箱，石油化工、造纸、食品、污水处理等系统中往往会有密闭存储罐或地下池槽，它们的容量是固定的。如果容器中液面高度超过液面高度上限阈值，可能会出现容器所受压力过大等情况，那么需要对容器中的液面高度进行监测，以起到很好的预防作用。基于上限阈值的数据分析示意图如图 4.1.1 所示。在图 4.1.1 中，实线上的点是实时监测到的液面高度，这些点所对应的值都低于液面高度上限阈值，意味着此时容器内运行情况正常，没有发生堵塞等情况。

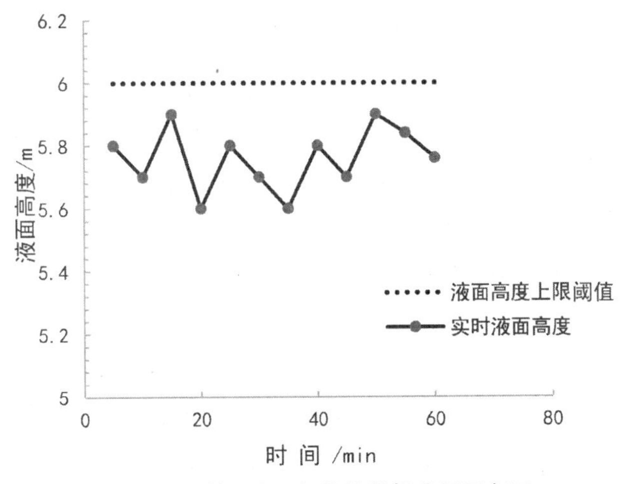

图 4.1.1　基于上限阈值的数据分析示意图

2．基于下限阈值的数据分析

在石油、轻工、化工等生产过程中，常常需要将原料、中间产物或粗产品中的组成部分进行分离，最常见的方法是用精馏塔对其进行分离。精馏塔利用混合物中各组成部分的沸点温度不同，使低沸点组成部分和高沸点组成部分分离。这往往要求精馏塔中的温度保持在一个恒定的值以上，才能保证不同沸点的组成部分分离。通过监测精馏塔中的最低温度，且与温度下限阈值相比较，可以判断分离是否正常。基于下限阈值的数据分析示意图如图 4.1.2 所示。在图 4.1.2 中，实线上的点是实时监测到的精馏塔中的温度，虚线表示温度下限阈值。若实时温度低于温度下限阈值时，这意味着精馏塔中温度过低，可能是受到外界的干扰，如进料速度过快发生故障等。

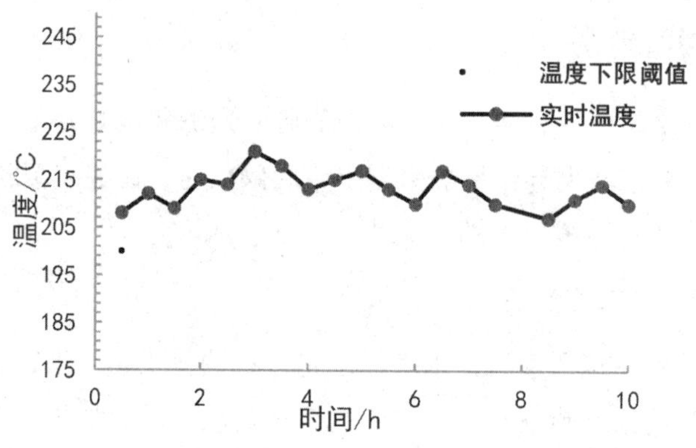

图 4.1.2　基于下限阈值的数据分析示意图

3．基于上下限阈值的数据分析

工厂的设备在工作时会有振动产生，操作人员可以通过采集设备的振幅进而判别其是否存在潜在故障，也可以通过观察传送带马达的振幅判别该传送带运行是否正常。以某工厂的物料传送带为例，电动机传动的振动频率是恒定的，物料的重量和体积会导致振幅的变化。但这些情况所造成的振幅变化应该处于合理范围内。基于上下限阈值的数据监测示意图如图 4.1.3 所示，该图中实线上的圆点在振幅上限和下限阈值内，因此它们都不是预测故障发生的条件。而实线上的三角形点位于振幅上下限阈值之外，这意味着当传送带、传送齿轮或电动机发生故障或出现意外情况时，某一时间段内振幅的峰值和谷值可能会超出正常运转情况下振幅上下限阈值，此时其可作为判别故障出现或预测故障发生的条件。

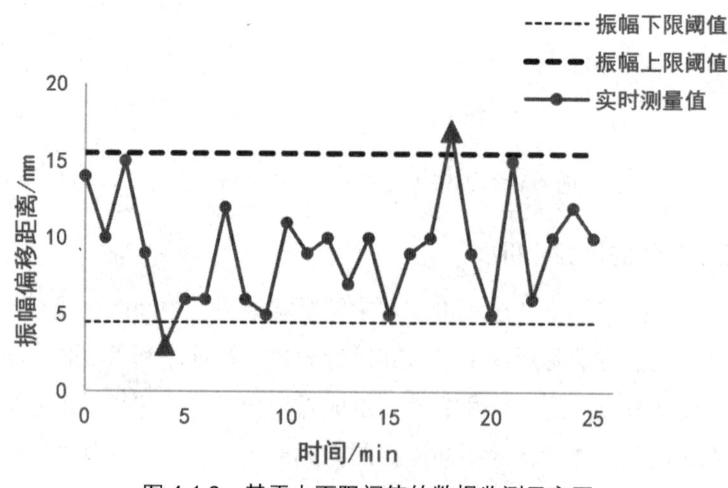

图 4.1.3　基于上下限阈值的数据监测示意图

4.1.2　分段阈值判别

单一阈值判别简单直观且容易理解。由于单一阈值判别主要对检测的数据是否超出正常阈值进行判别，因此当遇到一些工业设备某些参数正常阈值的变化范围相对较大，并不是固定在某一阈值的情况时，如果阈值变化范围设置得过大、过小，出现能对异常情况进行预警或者虚假预警的情况，那么此时可以采用分段阈值判别。分段阈值判别是指将故障判别分为不同的阶段进行，每一阶段有各自的计算规则，即对应不同的阈值。下面以电动调节阀的故障检测为例说明分段阈值判别的使用。

电动调节阀的结构复杂、工况恶劣、故障众多，需要采用分段阈值判别才能准确、及时判别其运行状态从而检测出故障，保障工艺系统安全运行。图4.1.4所示为某电站电动调节阀的故障检测流程图。由图4.1.4可知，在整个故障检测流程中需要检测行程和阀杆推力，并对行程信号进行平滑处理，以计算得到此时的阀杆阀位。由图4.1.4可得，电动调节阀的故障检测流程如下。

（1）判断阀杆阀位是否处于阀门位置5%～95%之间，若是则进行下一步；若不是，则将此时的阀杆推力 F_2 与正常状态下在该阀位的阀杆推力 F_1 比较，若 $F_2 < 0.85\,F_1$ 或者 $F_2 > 1.15\,F_1$，则阀门存在故障，若不是，则进行下一步。

（2）将阀位在正常状态下的阀位幅值 X_1 与实验状态下的阀位幅值 X_2 比较，若 $X_2 > 1+0.3X_1$，则阀门存在故障，若不是，则进行下一步。

（3）将正常状态的阀位信号做FFT变换得到的阀位波动频率 f_1 与实验状态下的阀位波动频率 f_2 比较，若 $f_2 > 1.1f_1$ 或 $f_2 < 0.9f_1$，则阀门存在故障，若不是，则阀门运行正常。

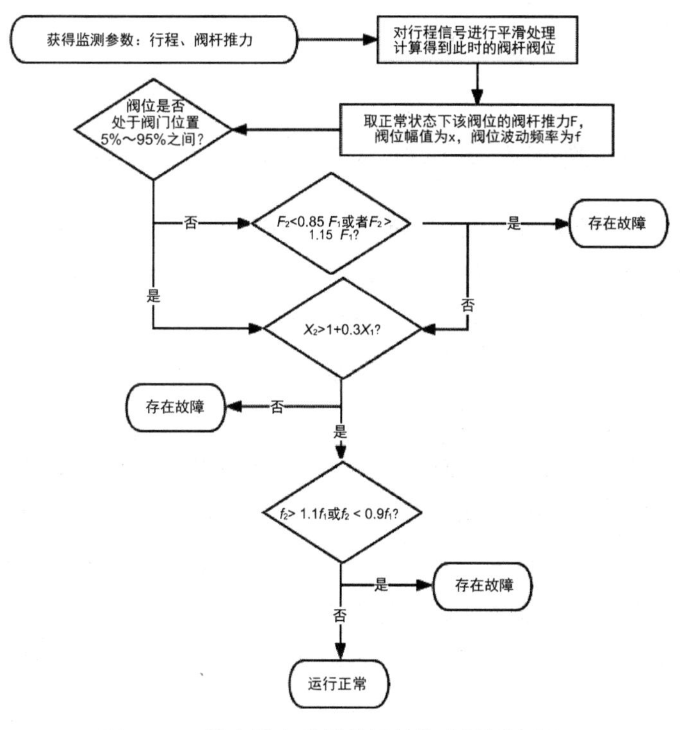

图4.1.4　某电站电动调节阀的故障检测流程图

4.1.3　事件判别

1．事件计数

事件计数就是对一条特定消息的出现进行计数。当设备监测系统接收到某设备消息的次数超过配置的限制时，意味着某种意外发生。

在工业生产过程中，设备有时会生产出废品零件，少量的废品零件是在意料之中的，但是当废品零件达到一定数量时，则可能是设备发生了故障。这种情况常采用事件计数来进行判断。假设某设备配置的限制是在 12h 内最多生产 5 个废品零件。每当设备生产出 1 个废品零件时，设备监测系统就会接收到 1 次消息，当设备在限制的时间内生产了 5 个以上的废品零件时，就意味着某种意外发生，此时设备可能发生了故障。基于事件计数监测分析废品零件示意图如图 4.1.5 所示，在第 12h，设备监测系统已经接收到 6 次消息，这意味着此时设备可能已经发生故障。

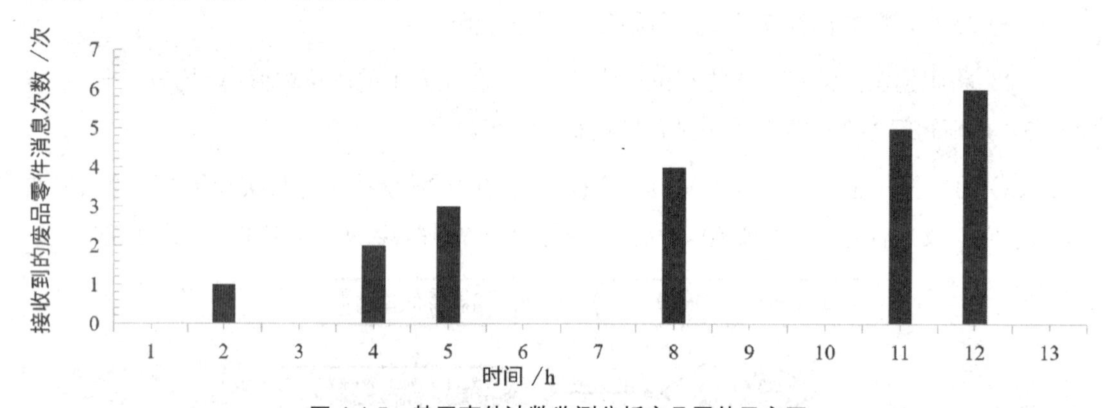

图 4.1.5　基于事件计数监测分析废品零件示意图

事件计数可以应用在降低火灾自动报警系统误报率方面。目前许多火灾自动报警系统均采用探测器探测温度、气体等变化的火灾信号。当火灾自动报警系统探测到火灾信号时，其会立即向控制系统发出报警信号。在这种控制机制下，探测器与控制模块间未对探测到的信号进行有效分析，不能排除各种偶然因素带来的干扰信号，从而产生了误报警。在这种情况下，可以采取事件计数以减少误报警。当探测器实时值大于或等于报警阈值时，自动报警控制器先不产生火警报警，而是先对探测器当前状态进行存储记录，并对探测器进行复位、延时，在下一个巡检周期，一般是 1～2s 后，再读取探测器的状态。如此重复 2～3 次，如果探测器的实时值仍大于或等于报警阈值，这说明发生火灾的可能性较高，自动报警控制器产生火警报警。反之，探测器的实时值恢复正常状态，说明是误报警，该探测器的核实分数加 1。如果核实分数大于 10 就会产生一次故障报警，说明该探测器经常误报警，需要引起注意。

2．有无数据监测

有无数据监测是通过检查测量值是否在给定的时间范围内发送来检测设备是否正常运行，在未收到测量值时意味着某种意外发生。

例如，在某工厂中，操作人员可以通过监测生产线上一条传送带的齿轮转动数据来检查设备是否在正常运行。基于有无数据监测分析废品零件示意图如图4.1.6所示。在图4.1.6中，设备在正常运行时会连续发送测量值（实线）。如果生产有中断，设备不会发送任何值。当操作人员发现测量值发送发生中断时，此时可能是设备发生了故障，应该立即通知维修人员对其进行检修。

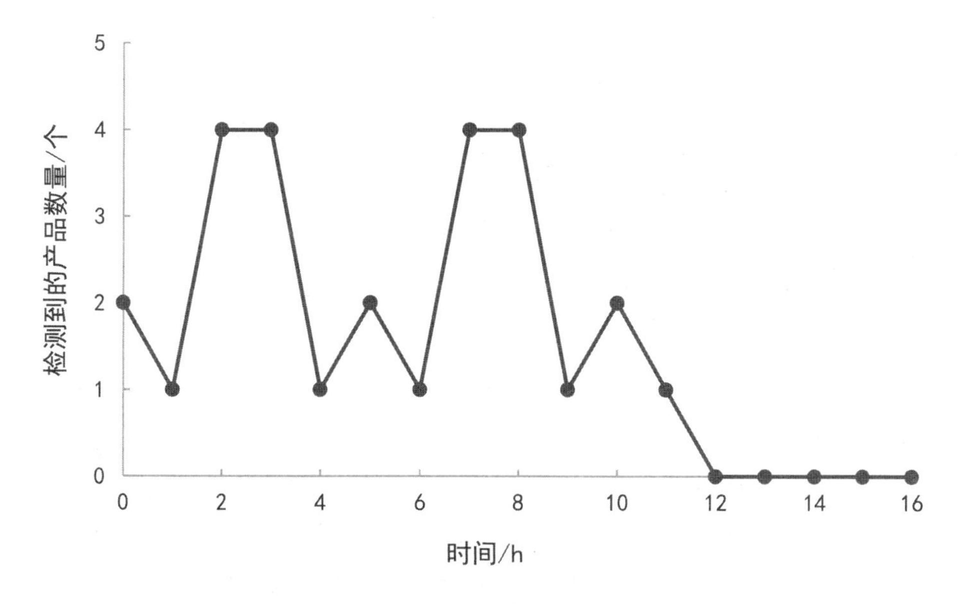

图4.1.6　基于有无数据监测分析废品零件示意图

当代工业控制已经越来越趋于网络化，一台设备往往不是孤立存在的，而是需要跟它的外围系统进行各种各样的通信。例如，某些设备需要跟工厂的管理系统进行通信传送过程数据、跟生产线进行通信获取相关的启停信号或者跟目视管理系统进行通信以收发一些可视化数据等。设备在与外围系统的通信中要发送/接收一种信号，用来判断通信是处于正常状态还是中断状态，这种信号被称为心跳信号。设备通过心跳信号的有无数据可以判断通信处于哪种状态。只要当通信处于正常状态时，心跳信号就会按照某种规律变化；一旦设备在某段时间内检测不到这种规律变化，就认为通信处于中断状态。

处理心跳信号的比较简单的方法是使用脉冲对其进行处理。发送方以一定的频率发送脉冲信号，接收方用该脉冲信号的取反值启动延时接通定时器，并设置一个比脉冲周期长的延时时间。如果脉冲信号处于变化状态，那么延时接通定时器不会到达其设置的时间；

如果脉冲信号停止变化，那么延时接通定时器会开始计时，达到其设置时间后触发通信中断报警。脉冲周期不宜太短或太长，一般为1s。

心跳计数器法也是处理心跳信号的一种方法。它使用整数作为心跳值，从0开始计数，每隔一定时间（通常是1s）加1，当到达最大值后再从0开始重新计数。对于心跳计数器的检测采用定时取样的方法，每隔一定时间（如5s）采集心跳计数器的值，用当前值跟上一次采集的值进行比较，如果不同，说明心跳信号正常。

【思考】

用心跳计数器法处理心跳信号时，每5s采集一次心跳计数器的值，如果两次采集的值相同，此时通信是否正常？

百万奖金寻找工业互联网数据创新应用人才

为了鼓励企业落地工业互联网创新数据应用，2017年起，中国信息通信研究院在工业和信息化部的指导下，举办了“工业大数据创新竞赛”。2021年，“工业大数据创新竞赛”全面升级为“全国工业互联网数据创新应用大赛”。为了进一步壮大以应用实践为导向的大数据算法人才队伍，使更多工业互联网数据创新应用共性需求场景落地，大赛设置了工业大数据算法和创新应用两条赛道，优胜者将分享百万奖金！

算法、赛道、赛题基于“碳达峰”“碳中和”国家战略背景设置。赛题挑战来自氢能产业龙头企业中国东方电气集团的真实课题和真实数据。赛题为“氢燃料电池系统性能均值预测”，要求参赛团队通过分析各变量与系统性能均值之间的动态变化，构建以系统性能均值为核心的算法模型。大赛成果模型可为氢燃料电池系统的性能分析、设计优化和运营改进提供数字孪生模拟手段，为氢燃料电池的设计、制造、运行及维护全生命周期提供助力。

【任务计划】

学生可根据任务资讯及收集整理的资料填写任务计划单。

任务计划单

项　目	通用生产设备的故障状态监测分析		
任　务	基于静态阈值的设备状态监测分析	学　时	2
计划方式	资料收集、分组讨论、合作实操		
序　号	任　务	时　间	负责人
1			

续表

序　号	任　务	时　间	负责人
2			
3			
4			
5	基于静态阈值进行设备状态监测分析		
6	任务成果展示、汇报		
小组分工			
计划评价			

【任务实施】

学生可根据任务计划编制任务实施方案、完成任务实施，并填写任务实施工单。

任务实施工单

项　目	通用生产设备的故障状态监测分析		
任　务	基于静态阈值的设备状态监测分析	学时	
计划方式	项目实施		
序　号	实施情况		
1			
2			
3			
4			
5			
6	基于静态阈值进行设备状态监测分析		

【任务检查与评价】

学生在完成任务实施后，可采用小组互评等方式进行任务检查。任务评价单如下。

任务评价单

项　目	通用生产设备的故障状态监测分析				
任　务	基于静态阈值的设备状态监测分析				
考核方式	过程评价+结果考核				
说 明	主要评价学生在任务学习过程中的操作方式、理论知识的掌握程度、学习态度、课堂表现、学习能力、动手能力等				
评价内容与评价标准					
序　号	评价内容	评价标准			成绩比例
		优	良	合　格	
1	基本理论掌握	掌握静态阈值的判别方法	熟悉静态阈值的判别方法	了解静态阈值的判别方法	30%
2	实践操作技能	熟练使用各种查询工具收集和查阅与静态阈值相关的资料，完成基于静态阈值的设备状态监测分析	较熟练使用各种查询工具收集和查阅与静态阈值相关的资料，完成基于静态阈值的设备状态监测分析	会使用查询工具收集和查阅与静态阈值相关的资料，完成基于静态阈值的设备状态监测分析	30%
3	职业核心能力	具有良好的自主学习能力和分析、解决问题的能力，能解答任务思考	具有较好的自主学习能力和分析、解决问题的能力，能解答部分任务思考	具有分析和解决部分问题的能力	10%
4	工作作风与职业道德	具有严谨的科学态度和工匠精神，能够严格遵守“6S”管理制度	具有良好的科学态度和工匠精神，能够自觉遵守“6S”管理制度	具有较好的科学态度和工匠精神，能够遵守“6S”管理制度	10%
5	小组评价	具有良好的团队合作精神和与人交流的能力，热心帮助小组其他成员	具有较好的团队合作精神和与人交流的能力，能帮助小组其他成员	具有一定的团队合作精神，能配合小组其他成员完成项目任务	10%
6	教师评价	包括以上所有内容	包括以上所有内容	包括以上所有内容	10%
合计					100%

【任务练习】

1. 静态阈值的判别方法为单一阈值判别、分段判别和事件判别，请查阅资料列表比较其异同。

2. 单一阈值判别、分段阈值判别和事件判别分别适用于哪些场景？

任务 4.2　基于动态阈值的设备状态监测分析

【任务描述】

基于静态阈值的设备状态监测适用于所监测的设备数据在一定范围内波动，一旦遇到某些设备数据不具备明显的上下限阈值，并且存在波动比较剧烈的情况，仅仅利用静态阈值监测可能会出现故障误报或漏报的情况。基于动态阈值的设备状态监测分析能够将数据的周期性变化纳入对设备异常状态进行监测的考虑范围。

【任务单】

学生应能根据相关知识完成基于动态阈值的设备状态监测分析。具体任务要求可参照任务单。

任务单

项　目	通用生产设备的故障状态监测分析
任　务	基于动态阈值的设备状态监测分析
任务要求	**任务准备**
1．分组进行基于动态阈值的设备状态监测应用情况调查，每组 3～5 人 2．讨论归纳基于动态阈值的设备状态监测分析方法 3．所需资料自行在网上下载 4．完成基于动态阈值的设备状态监测分析	1．自主学习 （1）了解基于曲线拟合的检测方法 （2）了解基于同期数据的检测方法 （3）了解基于同期振幅的检测方法 2．设备工具 硬件：计算机
自我总结	**拓展提高**
	通过工作过程总结，能根据场景选择合适的动态阈值判别方法，提高知识迁移能力

【任务资讯】

扫一扫，看微课

4.2.1　基于曲线拟合的检测方法

1．回归分析法

回归分析法也可以称为最小二乘法，它是一种数学优化技术，通过最小化误差的平方和寻找数据的最佳函数匹配。该方法可以简便地求得未知的数据，并使得这些求得的数据与实际数据之间误差的平方和最小。回归分析法是一种在误差估计、不确定度、系统辨识及预测、预报等数据处理诸多学科领域得到广泛应用的数学工具。直线拟合的拟合函数为 $y=\phi(x)=ax+b$。

例如，在测定刀具磨损速度的实验中，实验人员每隔 1h 测量此刀具的厚度，得到的测量数据如表 4.2.1 所示。

表 4.2.1　不同时间下的刀具厚度

序　号	0	1	2	3	4	5	6	7
时间 t/h	0	1	2	3	4	5	6	7
刀具厚度 y/mm	27.0	26.8	26.5	26.3	26.1	25.7	25.3	24.8

首先根据测量数据建立刀具厚度与时间的经验公式 $y=f(t)$。然后以 t 为横坐标，y 为纵坐标，在坐标系中描出测量数据的对应点。刀具厚度与时间的关系图如图 4.2.1 所示。

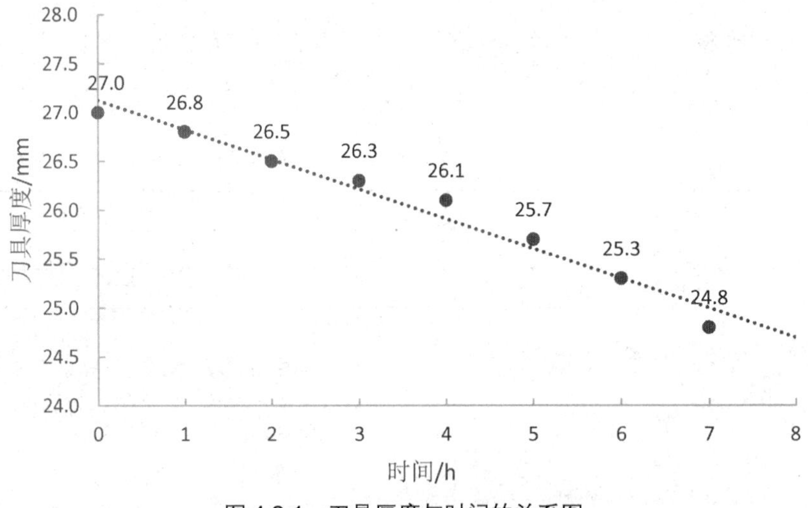

图 4.2.1　刀具厚度与时间的关系图

从图 4.2.1 中可以看出，这些点的连线大致接近于一条直线，于是就可以认为 y 和 t 符合 $y=at+b$ 的关系。通过 Python 拟合得出该公式为 $y=-0.303t+27.12$。由得出的公式可得该刀具在不同时间下的厚度。

【提示】

Python 代码如下。

```
import numpy as np
import matplotlib.pyplot as plt
from scipy import optimize

def f_1(x, A, B):
```

```
return A* x +B
plt.figure( )
#拟合点
x0 = [0, 1, 2, 3, 4,5,6,7,8,9]
y0 = [27.0, 26.8, 26.5, 26.3, 26.1,25.7,25.3,24.8]
#绘制散点
plt.scatter(x0[: ],y0[ :], 3,"red")
#直线拟合与绘制
A1, B1 = optimize.curve_fit(f_1, xo, yo)[0]
x1'= np.arange(0, 9,  0.01)#0和9要对应x0的两个端点，0.01为步长
y1 = A1 * x1 +B1
plt.plot(x1, y1,"blue")
print(A1)
print(B1)
plt.title("")
plt.xlabei( 't')
plt.ylabel  ( ' Mt/g ')
plt.show( )
```

例如，某热力电厂承担着生活垃圾的处理，同时配套具有烟气净化系统、废水处理系统、灰渣处理系统的环保装置，在蓄水池的废水处理系统正常运行期间，蓄水池液面高度持续稳定地下降，初始液面高度为 5m，每小时下降的液面高度为 0.5m，液面高度下降过快或过慢都会影响废水处理系统的正常运行。为保障废水处理系统正常运行，现对某一蓄水池采用水位监测和数据采集。假设在前 3h，每半小时采集到的蓄水池液面实际高度如表 4.2.2 所示。

表 4.2.2　不同时间蓄水池实际液面的高度

时间/h	0	0.5	1	1.5	2	2.5	3
液面实际高度/m	5.0	5.0	4.9	4.8	4.7	4.7	4.6

那如何判断废水处理系统是否正常运行呢？

人们要清楚当废水处理系统正常运行时，不同时间蓄水池液面的目标高度，并能根据“初始液面高度为 5m，每小时下降的液面高度为 0.5m”，得出蓄水池液面目标高度与时间的关系图。关系图可以通过 Python、MATLAB 等软件做出，此处将用 Excel 表格做出关系图。

蓄水池液面的目标高度与时间为线性关系，假设它们的关系为 $f(x)=ax+b$ ，通过回归分析法的思想，根据“初始液面高度为 5m，每小时下降的液面高度为 0.5m”解得 $a=-0.5$，$b=5$。所以，当废水处理系统正常运行时，蓄水池液面目标高度与时间的关系为 $y=-0.5x+5$，用 Excel 表格做出蓄水池液面目标高度与时间的关系图，如图 4.2.2 所示。

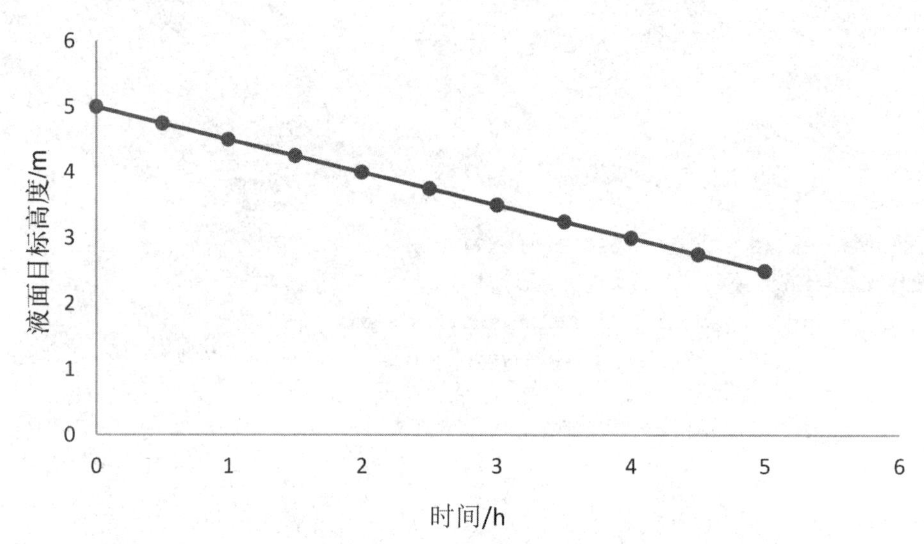

图 4.2.2 废水处理系统正常运行时蓄水池液面目标高度与时间的关系图

人们要了解当废水处理系统实际运行时，不同时间蓄水池液面的实际高度。蓄水池液面的实际高度与时间也为线性关系，假设它们的关系为 $f(x)=a_1x+b_1$，根据每小时采集到的蓄水池液面实际高度数据，解得 $a_1 = -0.4$，$b_1 = 5.1$。所以，当废水处理系统实际运行时，蓄水池液面的实际高度与时间的关系为 $y = -0.4x + 5.1$，用 Excel 表格做出蓄水池液面实际高度与时间的关系图，如图 4.2.3 所示。

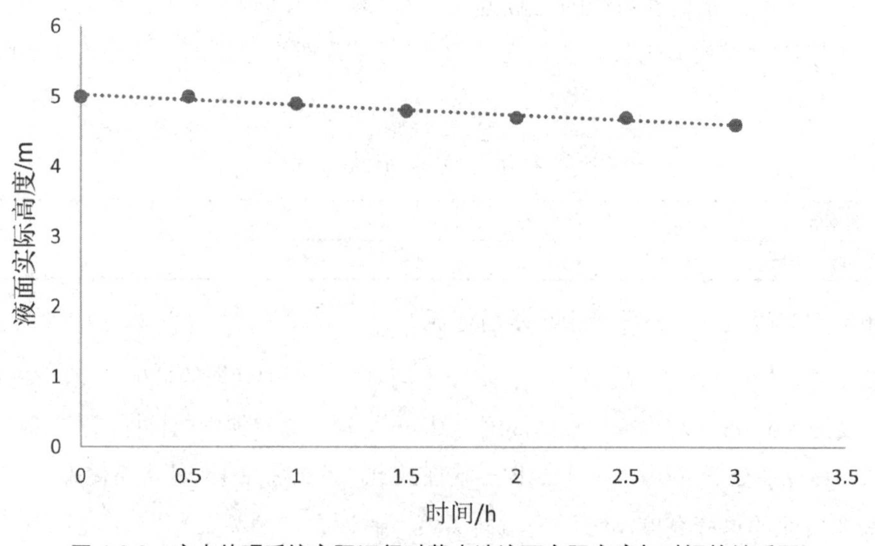

图 4.2.3 废水处理系统实际运行时蓄水池液面实际高度与时间的关系图

比较图 4.2.2 和图 4.2.3 中的直线可得，蓄水池液面的目标高度比实际高度低，直线的斜率更陡，这说明此时蓄水池可能发生了管道堵塞。

2．移动平均法

移动平均法和滑动平均法是应用最广泛的时间序列分析法。时间序列是指同一变量按事件发生的先后顺序排列起来的一组观察数据或记录数据。构成时间序列的要素有时间和与时间相对应的变量水平。实际数据的时间序列能够展示变量在一定时期内的变化趋势，因而人们可以从时间序列中找出变量变化的特征、趋势，从而对变量的未来变化趋势进行有效的预测。

移动平均法是一种基于时间序列的基础算法，它可以消除周期变动、随机波形等因素对变量数据的影响，显示出变量的变化趋势，并依趋势线分析、预测变量的未来变化趋势。它包括一次移动平均法和趋势移动平均法。当变量没有明显的趋势变化时，使用一次移动平均法就能够准确预测变量的未来变化趋势。但当变量有直线趋势变化时，用一次移动平均法预测变量的未来变化趋势就会出现滞后偏差，需要进行修正。修正的方法是在一次移动平均的基础上做二次移动平均，利用移动平均滞后偏差的规律找出变量的未来变化趋势，建立直线趋势的预测模型，这种方法称为趋势移动平均法。

设一次移动平均数为 M_i，则二次移动平均数的计算公式为

$$M_t = \frac{M_t + M_{t-1} + \cdots + M_{t-N+1}}{N} = M_{t-1} = \frac{M_t + M_{t-N}}{N} \tag{4.2.1}$$

式中，t 为当前时期数；N 为移动平均项数。

设时间序列的变量为 Y_i，其从某时期开始具有直线趋势，且未来时期也按直线趋势变化，则可设此直线趋势预测模型为

$$Y_{t+T} = a_t + b_t T \tag{4.2.2}$$

式中，T 为由当前时期数 t 到预测期的时期数；Y_{t+T} 为第 $t+T$ 时期的预测值；a_t 为截距；b_t 为斜率。a_t、b_t 互称平滑系数。

根据移动平均数可得截距和斜率的计算公式为

$$a_t = 2M_t^{(1)} - M_t^{(2)} \tag{4.2.3}$$

$$b_t = \frac{2}{N-1} M_t^{(1)} - M_t^{(2)} \tag{4.2.4}$$

在应用移动平均法时，移动平均项数的选择十分关键，它取决于预测值和实际数据的变化规律。以某工厂的出厂零件数量为例，通过移动平均法对产量进行预测，以此判断设备的运行状态。某工厂 1～12 月的出厂零件数量（图 4.2.4 中实线上的点）受节假日、人口、经济发展、天气等因素影响波动很大，但是从移动平均法预测趋势（图 4.2.4 中的虚线）来看，该工厂全年的出厂零件数量保持平稳。

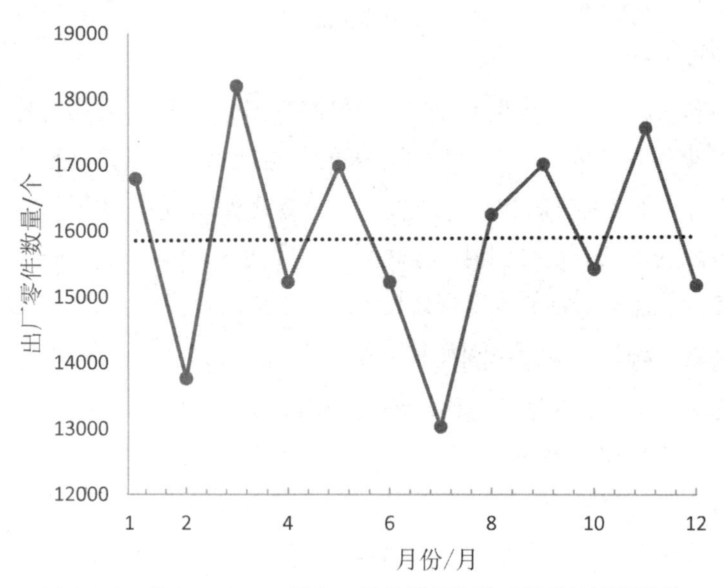

图 4.2.4　某工厂 1～12 月出厂零件数量和移动平均法预测趋势

3. 滑动平均法

移动平均法的预测值实质上是观测值的加权和，且对不同时期的数据给予相同的加权，这往往不符合实际情况。滑动平均法则对此进行了改进，它对不同时期的数据给予不同的加权，若加权适当，则使用滑动平均法得到的预测值将获得更高的精度。根据平滑次数的不同，滑动平均法可分为一次指数平滑法、二次指数平滑法和三次指数平滑法等。当变量没有明显的趋势变化时，使用第 f 周期一次指数平滑就能直接预测第 $t+1$ 时期的值。但当变量出现直线趋势变化时，需要在一次指数平滑的基础上做二次指数平滑，利用滞后偏差的规律找出变量的未来变化趋势，建立直线趋势预测模型，这就是二次指数平滑法。

设一次指数平滑为 S_i，则二次指数平滑的计算公式为

$$S_t = aS_t + (1-a)S_{t-1} \tag{4.2.5}$$

式中，a 为加权系数，且 $0<a<1$。

若变量从某时期开始出现直线趋势变化，且未来时期也按此直线趋势变化，则与移动平均法类似，可用如下的直线趋势模型来预测。

$$Y_{t+T} = a_t + b_t T\ (T=1,2,\cdots,N) \tag{4.2.6}$$

式中，t 为当前时期数；T 为由当前时期数 t 到预测的时期数；Y_{t+T} 为第 $t+T$ 时期的预测值；a_t 为截距；b_t 为斜率。

a_t、b_t 的计算公式为

$$a_t = 2S_t^{(1)} - S_t^{(2)} \tag{4.2.7}$$

$$b_t = \frac{a}{1-a}S_t^{(1)} - S_t^{(2)} \tag{4.2.8}$$

利用移动平均法和滑动平均法可以比较准确地预测故障周期。

4.2.2　基于同期数据的检测方法

在工业生产中，有很多监测的数据都存在一定的周期性。例如，建在江河上的发电站中发电机主轴的转数会随着一年当中江河流量的变化呈现周期性变化，夏季雨水较多，江河流量增加，转数增加，冬季雨水较少，江河流量减少，转数减少。将监测数据的周期性变化考虑进去，选取过去几个周期内的同一时期数据作为参考值，通过比较算术平均值来监测设备状态的方法就是基于同期数据的检测方法。

例如，研究人员需要统计某地区历史洪涝灾害和干旱灾害的情况，并根据灾害发生的周期，预测未来灾害出现的情况，由于该地区洪涝灾害和干旱灾害出现的概率很大程度取决于该地区当月的降雨量，因此研究人员首先统计该地区历史降雨量，并将降雨量标注在统计示意图中，如图 4.2.5 所示。

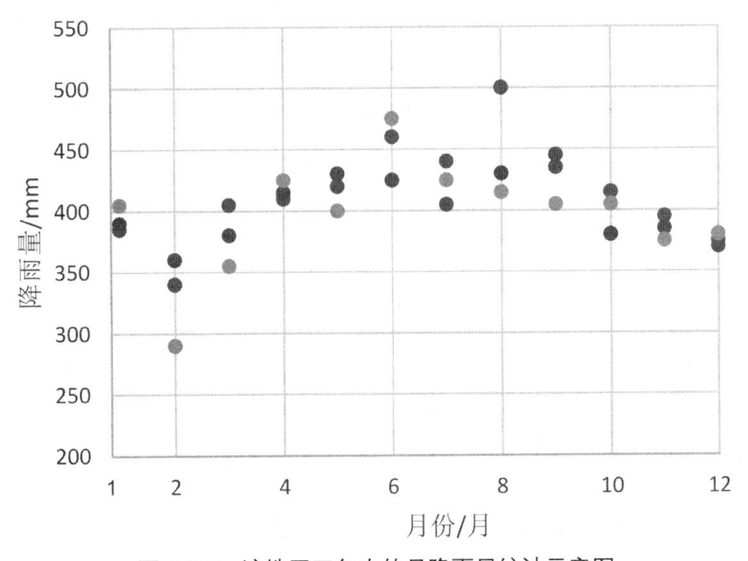

图 4.2.5　该地区三年内的月降雨量统计示意图

将同一时间段的历史降雨量作为一组，用于计算各个时间段降雨量的算术平均值。也就是对同一时间段的降雨量求和，并除以该时间段数的据个数，从而得到各个时间段降雨量的算术平均值。将各相邻时间段降雨量的算术平均值依次连接，则可以体现该地区历史降雨量的平均值趋势。若要判断某一时间段降雨量是否正常，则将其与同一时间段降雨量的算术平均值加上和减去一定阈值进行比较。若该时间段降雨量比同一时间段降雨量的阈值小，则该时间段降雨量为突减异常点。若该时间段降雨量比同一时间段降雨量的阈值大，则该时间段降雨量为突增异常点。该地区三年内的月降雨量与算术平均值对比示意图如图 4.2.6 所示。

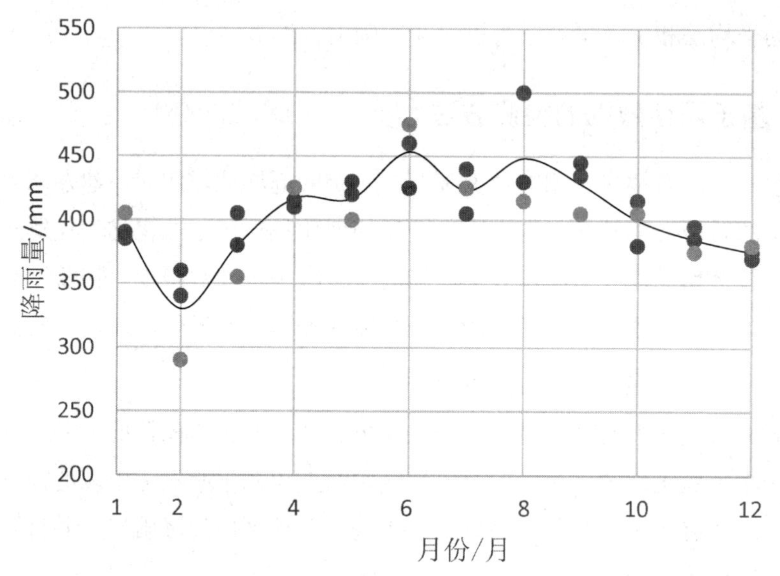

图 4.2.6 该地区三年内的月降雨量与算术平均值对比示意图

同样，在某些工厂生产过程中，需要将某零部件放入烘箱进行加热处理，烘箱温度和动态阈值随每次进料测量而调整。基于同期数据的检测方法示意图如图 4.2.7 所示，在第 38min 时，有单个异常点超出阈值，意味着某种意外发生。

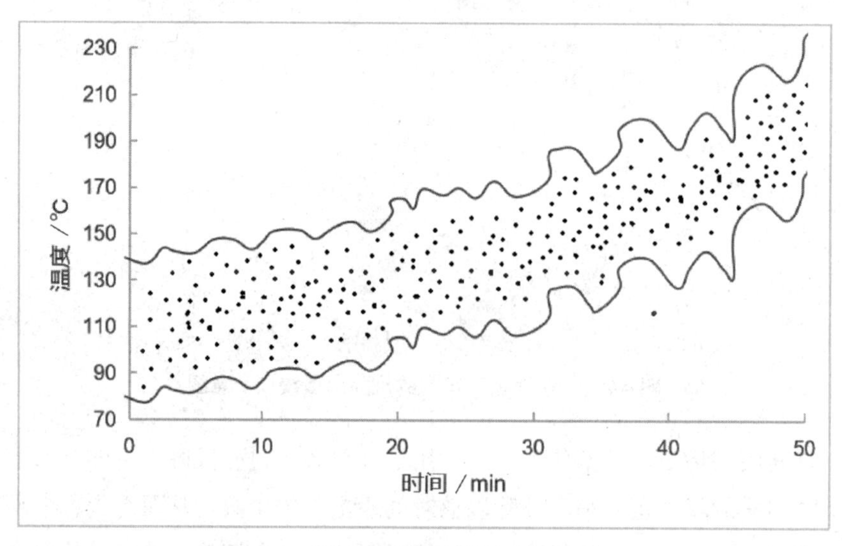

图 4.2.7 基于同期数据的检测方法示意图

基于同期数据的检测方法能够反映出检测数据的周期性，并且可以及时发现重大故障。

但是此方法非常依赖周期性的历史数据，计算量大，并且无法发现小范围的数据波动。

4.2.3　基于同期振幅的检测方法

当检测的数据呈周期性递增时，当前检测到的数据必然比过去周期中的同期数据大。假如这个周期发生了一个小故障，使得数据趋势曲线下降，但是相对于过去周期的数据仍然大很多，使用基于同期数据的检测方法无法对其进行有效检测。此时，可以通过基于同期振幅的检测方法，计算相同时期数据变化趋势来判断是否发生异常情况。

用 $x(t+1)-x(t)$除以 $x(t)$来表示振幅。例如，某平台在线人数在晚上 8 点至 10 点是全天最多的，每天都相较前一天有新增，假设某天 t 时刻该平台的在线人数为 900 人，$t+1$ 时刻的在线人数为 1000 人，那么新增上线人数振幅为 10%，如果参考过去 14 天的数据，那么会得到 14 个振幅，如果 m 时刻的振幅大于 14 个振幅绝对值中的最大值且 m 时刻的振幅大于 0，那么该时刻发生突增；如果 m 时刻的振幅大于 14 个振幅绝对值中的最大值且 m 时刻的振幅小于 0，那么该时刻发生突减。

基于同期振幅的检测方法比计算绝对值更加敏感，因为它利用了时间的周期性并规避了数据自身的周期性陡降。但是使用基于同期振幅的检测方法的要求是：数据曲线是光滑的，周期性陡降的时间点必须重合，否则会产生误判，因为陡降不一定代表故障，由上层服务波动引起的冲高再回落的情况时有发生。

【思考】

利用回归分析法判断管道是否发生堵塞时，如果管道发生损坏，那么关系线与实际测量值的关系线会是怎样的关系？

检测设备突破新高　发力全球化战略推进

状态监测与故障诊断系统依托对设备物理参数的收集和分析，致力于降低紧急维修事件发生的概率，降低其带来的停机、排障、维修损失，同时降低不必要的维修次数和相应成本。与部分发达国家相比，我国状态监测与故障诊断行业起步较晚，但随着各工业门类规模和技术的蓬勃发展，该行业借智能化东风，逐渐进入快速上升通道，PHM（故障预测与健康管理）市场规模于 2021 年达到 70.81 亿元，近五年 CAGR 为 17.2%。

容知日新累计远程监测的重要设备超 110000 台，监测设备的类型超 200 种，成功诊断了多种类型工业设备的严重故障和早期故障，积累各行业故障案例超 14000 例，数据基础助力算法不断精进。容知日新深耕状态监测与故障诊断领域，在工业互联网持续渗透和智能化浪潮下有望加速赋能下游相关产业，以风电、冶金、石化、煤炭、水泥等下游领域为核心向更多细分赛道拓展。

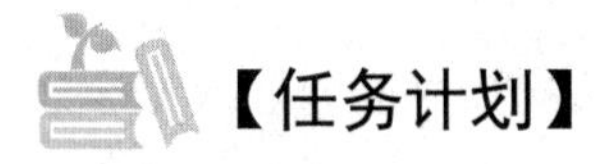

【任务计划】

学生可根据任务资讯及收集整理的资料填写任务计划单。

任务计划单

项　目	通用生产设备的故障状态监测分析		
任　务	基于动态阈值的设备状态监测分析	学　时	2
计划方式	分组讨论、资料收集、技能学习等		
序　号	任　务	时　间	负责人
1			
2			
3			
4			
5	基于动态阈值的设备状态监测分析		
6	任务成果展示、汇报		
小组分工			
计划评价			

【任务实施】

学生可根据任务计划编制任务实施方案、完成任务实施，并填写任务实施工单。

任务实施工单

项　目	通用生产设备的故障状态监测分析		
任　务	基于动态阈值的设备状态监测分析	学时	
计划方式	项目实施		
序　号	实施情况		
1			
2			
3			

续表

序　号	实施情况
4	
5	
6	任务成果展示汇报

【任务检查与评价】

学生在完成任务实施后，可采用小组互评等方式进行任务检查。任务评价单如下。

任务评价单

<table>
<tr><td colspan="2">项　目</td><td colspan="4">通用生产设备的故障状态监测分析</td></tr>
<tr><td colspan="2">任　务</td><td colspan="4">基于动态阈值的设备状态监测分析</td></tr>
<tr><td colspan="2">考核方式</td><td colspan="4">过程评价+结果考核</td></tr>
<tr><td colspan="2">说　明</td><td colspan="4">主要评价学生在任务学习过程中的操作方式、理论知识的掌握程度、学习态度、课堂表现、学习能力、动手能力等</td></tr>
<tr><td colspan="6">评价内容与评价标准</td></tr>
<tr><td rowspan="2">序　号</td><td rowspan="2">评价内容</td><td colspan="3">评价标准</td><td rowspan="2">成绩比例</td></tr>
<tr><td>优</td><td>良</td><td>合　格</td></tr>
<tr><td>1</td><td>基本理论掌握</td><td>掌握回归分析法、移动平均法、滑动平均法、基于同期数据的检测方法和基于同期振幅的检测方法的概念</td><td>熟悉回归分析法、移动平均法、滑动平均法、基于同期数据的检测方法和基于同期振幅的检测方法的概念</td><td>了解回归分析法、移动平均法、滑动平均法、基于同期数据的检测方法和基于同期振幅的检测方法的概念</td><td>30%</td></tr>
<tr><td>2</td><td>实践操作技能</td><td>熟练使用基于曲线拟合、基于同期数据和基于同期振幅的检测方法进行设备状态监测分析</td><td>较熟练使用基于曲线拟合、基于同期数据和基于同期振幅的检测方法进行设备状态监测分析</td><td>会使用基于曲线拟合、基于同期数据和基于同期振幅的检测方法进行设备状态监测分析</td><td>30%</td></tr>
<tr><td>3</td><td>职业核心能力</td><td>具有良好的自主学习能力和分析、解决问题的能力，能解答任务思考</td><td>具有较好的自主学习能力和分析、解决问题的能力，能解答部分任务思考</td><td>具有分析和解决部分问题的能力</td><td>10%</td></tr>
<tr><td>4</td><td>工作作风与职业道德</td><td>具有严谨的科学态度和工匠精神，能够严格遵守“6S”管理制度</td><td>具有良好的科学态度和工匠精神，能够自觉遵守“6S”管理制度</td><td>具有较好的科学态度和工匠精神，能够遵守“6S”管理制度</td><td>10%</td></tr>
<tr><td>5</td><td>小组评价</td><td>具有良好的团队合作精神和与人交流的能力，热心帮助小组其他成员</td><td>具有较好的团队合作精神和与人交流的能力，能帮助小组其他成员</td><td>具有一定的团队合作精神，能配合小组其他成员完成项目任务</td><td>10%</td></tr>
<tr><td>6</td><td>教师评价</td><td>包括以上所有内容</td><td>包括以上所有内容</td><td>包括以上所有内容</td><td>10%</td></tr>
<tr><td colspan="5">合　计</td><td>100%</td></tr>
</table>

【任务练习】

1. 简述移动平均法和滑动平均法的定义。

2. 基于曲线拟合、基于同期数据和基于同期振幅的检测方法在设备状态监测中适用的场景分别有哪些？

任务 4.3　基于质量控制的设备状态监测分析

【任务描述】

基于质量控制的设备状态监测分析能够满足高要求、高标准的工业行业，如风力发电装置所涉及的电动机转速、发电功率、支架振幅等，它不仅需要用统计学的规则对设备进行数据分析，还需要用高精度检测方法对其进行进一步的数据挖掘，以保证对设备预期运行情况的精确分析及设备潜在故障的预测性维护。

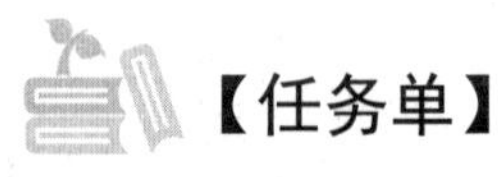

【任务单】

学生应能根据相关知识完成基于质量控制的设备状态监测分析。具体任务要求可参照任务单。

任务单

项　目	通用生产设备的故障状态监测分析
任　务	基于质量控制的设备状态监测分析
任务要求	**任务准备**
1. 明确任务要求，组建分组，每组 3～5 人 2. 讨论归纳基于质量控制的设备状态监测分析方法 3. 所需资料自行在网上下载 4. 完成基于质量控制的设备状态监测分析	1. 自主学习 （1）了解质量控制图 （2）了解离群值检测规则 （3）了解偏差检测规则 （4）了解趋势检测规则 （5）了解摇摆检测规则 2. 设备工具 硬件：计算机
自我总结	**拓展提高**
	通过工作过程和总结，能根据场景选择合适的基于质量控制的设备状态监测分析方法，提高知识迁移能力

【任务资讯】

4.3.1　控制图的基本概念

在多种因素的作用下，每个生产、服务或管理过程观测到的结果并非是不变的。研究过程的变异性有助于了解其特征，为后续采取相应的措施提供依据。控制图是统计过程控制（Statistical Process Control，SPC）的基本工具。

控制图的优点在于易于绘制和使用。为使控制图成为可靠而高效的过程状态指标，人们需要选择合适的控制图类型，并确定正确的抽样方案。

【思考】

控制图的类型有哪些?

控制图的作用如下。

（1）判定过程是否稳定，即过程是否在一个仅有随机因素影响的系统内运行，此时过程发生的变异称为固有变异，也称该过程处于“统计受控状态”。

（2）估计过程固有变异的程度。

（3）将代表过程当前状态的样本信息与反映固有变异的控制限进行比较，以确定固有变异是否一直保持稳定或发生变化。

（4）识别、调查并降低/消除特殊变异因素的影响，这些变异因素可能导致过程达到人们不可接受的水平。

（5）通过识别趋势、流程、周期等各种变异模式，辅助调节过程。

（6）确定过程是否表现为可预测和稳定的，以便评估过程是否满足规范。

（7）确定过程中的被测特性是否满足预期的符合产品或服务需求所需的过程能力。

（8）使用统计模型进行预测时，为过程调整提供依据。

（9）帮助评估测量系统的性能。

4.3.2　质量控制图

1．质量控制图的基本原理

质量控制图又称质量管理图、质量评估图。它是对过程质量加以测定、记录，从而进行控制管理的一种用科学方法设计的图。质量控制图中包括三条线，分别是控制上限（UCL）、中心线（CL）和控制下限（LCL），其示意图如图 4.3.1 所示。

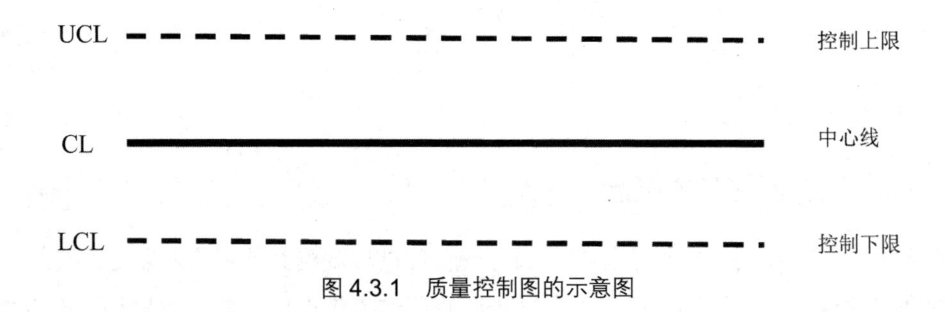

图 4.3.1 质量控制图的示意图

其中，CL 表示该时段被采集数据的均值，以数据的均值为对比的中心位置，可以更直观地体现同一时段各项数据所表现出的情况与均值的关系。以 CL 为对称轴，在质量控制图中分别作 UCL 和 LCL（表示数据有效值的控制上、下限），用于观察数据的合理性，也可以称为数据的合理取值范围。

2. 3σ 准则

3σ 准则又称拉依达准则，由它确定 UCL 和 LCL 的取值范围，其中 σ 是指已知的总体标准差或总体标准差的估计值。先假设一组检测数据只含随机误差，对其进行计算处理得到标准偏差，按一定概率确定一个区间，凡是超过这个区间的误差，就不是随机误差而是粗大误差，含有该误差的数据应予以剔除。3σ 准则是建立在正态分布的等精度重复测量基础上的。

正态分布又称高斯分布。日常生活中的中学男生的身高数据、班级学生的成绩、零件的孔径大小等都是符合正态分布的。

若随机变量 X 服从位置参数为 μ、尺度参数为 σ 的概率分布，且其概率密度函数为

$$f(x)=\frac{1}{\sqrt{2\pi}\sigma}\exp\left[-\frac{(x-\mu)^2}{2\sigma^2}\right] \tag{4.3.1}$$

则称这个随机变量为正态随机变量。正态随机变量服从的分布就称为正态分布，记作 $X\sim N(\mu,\sigma^2)$或 X 服从正态分布。

当 $\mu=0$，$\sigma=1$ 时，正态分布就成为标准正态分布，即

$$f(x)=\frac{1}{\sqrt{2\pi}}\exp\left(-\frac{x^2}{2}\right) \tag{4.3.2}$$

式中，σ 为标准差；μ 为均值（CL，即图像的对称轴）。3σ 准则的分布示意图如图 4.3.2 所示。在 3σ 准则中，数据分布在$(\mu-\sigma, \mu+\sigma)$区间内的概率为 0.6826；数据分布在$(\mu-2\sigma, \mu+2\sigma)$区间内的概率为 0.9544；数据分布在$(\mu-3\sigma, \mu+3\sigma)$区间内的概率为 0.9974，即被采集的数据几乎全部集中在$(\mu-3\sigma, \mu+3\sigma)$区间内，超出这个区间的可能性仅占不到 0.3%。

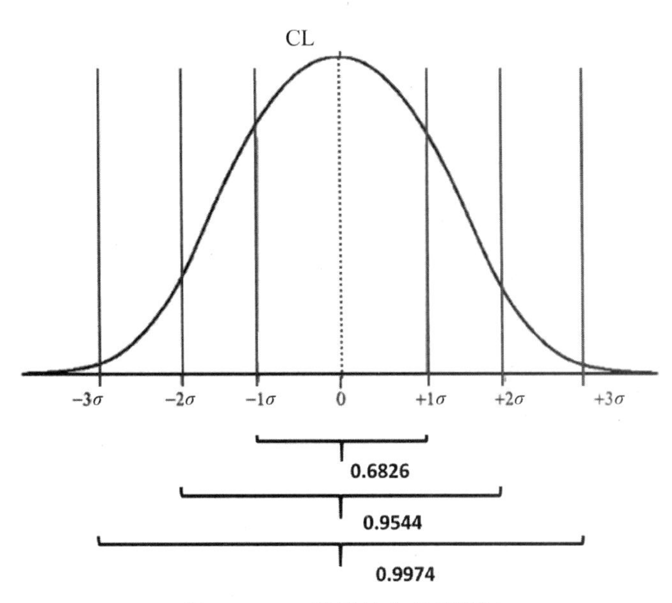

图 4.3.2　3σ 准则的分布示意图

若一组测量数据中某个测量数据残余误差的绝对值大于 3σ，则该测量数据为坏值，应剔除。通常把等于±3σ 的误差作为极限误差。对于正态分布的随机误差，落在±3σ 以外的概率只有 0.26%，它在有限次测量中发生的可能性很小，故存在 3σ 准则。3σ 准则是最常用且最简单的粗大误差判别准则，它一般适用于测量次数充分多（$n \geqslant 30$）或当 $n > 10$ 做粗略判别时的情况。

根据 3σ 准则，以 CL 为对称轴，向上 3σ 个单位作 CL 的平行线，命名为 UCL，表示数据有效值的控制上限；向下 3σ 个单位作 CL 的平行线，命名为 LCL，表示数据有效值的控制下限。UCL 和 LCL 上的各点均关于 CL 对称。UCL、LCL、CL 三条标准线构成了根据当前数据绘制的质量控制图。

4.3.3　控制图的标准

自 2002 年起，我国陆续发布了《带警戒限的均值控制图》《控制图　第 1 部分：通用指南》等相关国家标准。控制图不仅可统计过程控制的情况，还可应用在设备预测性维护上。截至 2023 年 3 月，正式发布的控制图相关标准如表 4.3.1 所示。

表 4.3.1　控制图相关标准

类　型	标准编号	标准名称	实施日期
国家标准	GBT 4886—2002	带警戒限的均值控制图	2002-12-01
国家标准	GB/T 17989.1—2020	控制图　第 1 部分：通用指南	2020-10-01
国家标准	GB/T 17989.2—2020	控制图　第 2 部分：常规控制图	2020-10-01

续表

类　型	标准编号	标准名称	实施日期
国家标准	GB/T 17989.3—2020	控制图 第3部分：验收控制图	2020-10-01
国家标准	GB/T 17989.4—2020	控制图 第4部分：累积和控制图	2020-10-01
国家标准	GB/T 17989.5—2022	生产过程质量控制统计方法 控制图 第5部分：特殊控制图	2022-10-01
国家标准	GB/T 17989.6—2022	生产过程质量控制统计方法 控制图 第6部分：指数加权移动平均控制图	2022-10-01
国家标准	GB/T 17989.7—2022	生产过程质量控制统计方法 控制图 第7部分：多元控制图	2022-10-01
国家标准	GB/T 17989.8—2022	生产过程质量控制统计方法 控制图 第8部分：短周期小批量的控制方法	2022-10-01
国家标准	GB/T 17989.9—2022	生产过程质量控制统计方法 控制图 第9部分：平稳过程控制图	2022-10-01
团体标准	T/CIE 122—2021	工业机器人故障诊断和预测性维护 第2部分：在线监测	2022-02-01
团体标准	T/GITIF 003—2022	基于信息物理系统（CPS）的产线设备故障预测技术规范	2022-01-26
团体标准	T/GITIF 008—2021	面向复杂装备运行维护需求的预测性维护技术规范	2021-12-30

4.3.4 基于质量控制图的设备状态监测分析

1. 基于离群值检测规则的数据分析

在进行设备数据监测时，采集到的数据中有一部分会溢出上下限，也就是测量数据与均值的标准偏差超过 3σ，这部分数据称为离群值。离群值是在 UCL 或 LCL 以外的数据。当离群值出现时，不能直接剔除该值或将该值放入数据检测范围，这可能会造成数据分析的偏差，从而引起误判。

由于工厂中物料运输线电动机中传送带的摩擦系数可能会受传送带的负荷或被传送物品的表体材质影响，因此电动机的转速可能会出现浮动，利用离群值检测规则可以分析电动机的运转状态。物料运输线电动机转速数据的质量控制图如图 4.3.3 所示。由图 4.3.3 可知测量数据有 50 个，其中 2 个数据出现偏离，分别超出上限和下限。这意味着在这段测量时间内，出现 2 个离群值。第 1 个离群值可能因为供电电压不稳，导致电动机转速陡升，第 2 个离群值可能因为货物负载过量，导致此时转速急剧下降。如果离群值的出现不是由电动机自身问题导致的，那么不应将其直接用于数据分析或贸然剔除，而应充分考虑外界干扰之后，再决定是否剔除该离群值。

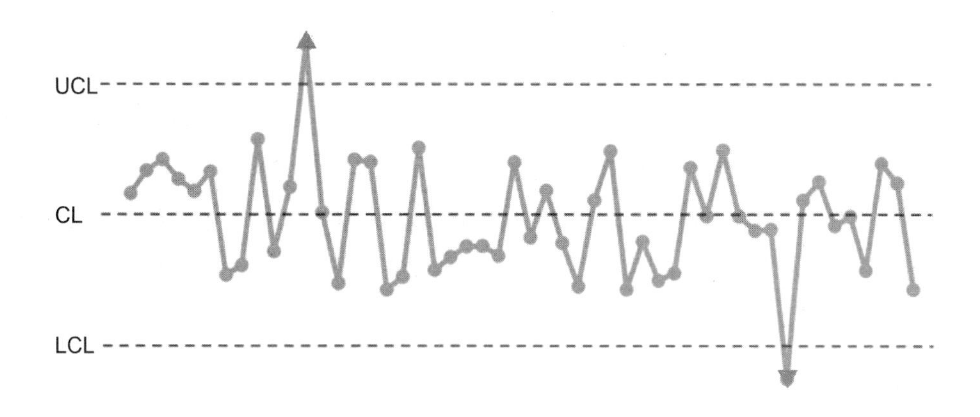

图 4.3.3　物料运输线电动机转速数据的质量控制图

2．基于偏差检测规则的数据分析

基于偏差检测规则的数据分析主要是针对采集到的数据测量间隔是否有偏差来判断设备是否发生故障的。在工业设备中，有些设备的振幅、物流传送带所受压强等都是来回往复的形式，如果设备出现一个方向的运动，可能意味着设备故障。

例如，检测自动分拣机械臂复位情况，机械臂每向外伸出一次，就会根据物品的位置，有效伸缩自身长度以完成定位和分拣，每分拣一个物品，机械臂做功需要的长度不同，导致机械臂伸缩状态不尽相同，并有可能需要二次定位从而出现快速、连续多次的前伸或后缩。因此，机械臂允许出现多次重复相向运动。机械臂复位情况监测图如图 4.3.4 所示。图 4.3.4 中的 CL 表示机械臂原始状态，UCL 表示机械臂允许的最大前伸长度，LCL 表示机械臂允许的最大后缩长度。若机械臂出现连续 9 次及以上的前伸，如图 4.3.4 中的三角形点所示，则应考虑机械臂是否出现机械故障或程序错误。

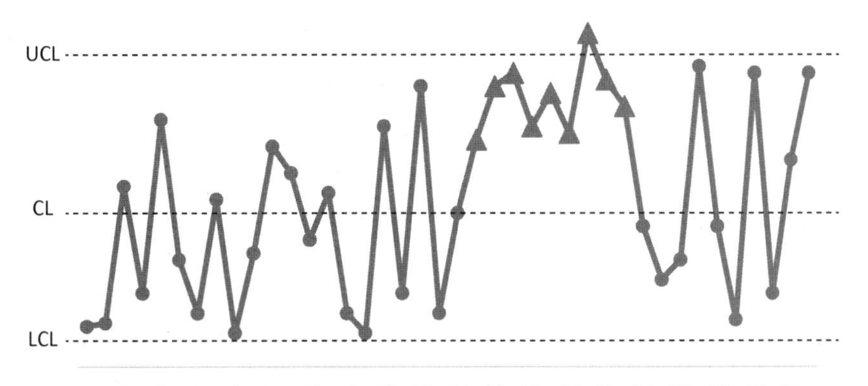

图 4.3.4　机械臂复位情况监测图

3．基于趋势检测规则的数据分析

在工业生产中，某些数据呈连续上升或下降趋势可能预示着危险状态的出现。基于趋势检测规则的数据分析主要检测数据测量间隔是否存在上升或下降趋势。

例如，在工厂生产线上的冷却装置定时定量向机械外壁喷水用于控制机械表面的温度，以免出现机械故障或机械疲劳的情况。用质量控制图表示机械外壁的温度情况，如图 4.3.5 所示。其中，CL 表示机械外壁温度的均值，UCL 表示机械外壁允许的最大温度，LCL 表示机械外壁允许的最小温度。图 4.3.5 中的三角形点表明在该时间段内机械外壁温度持续上升，此时冷却装置并未起到降温作用，表明其可能出现故障，需要操作人员注意。

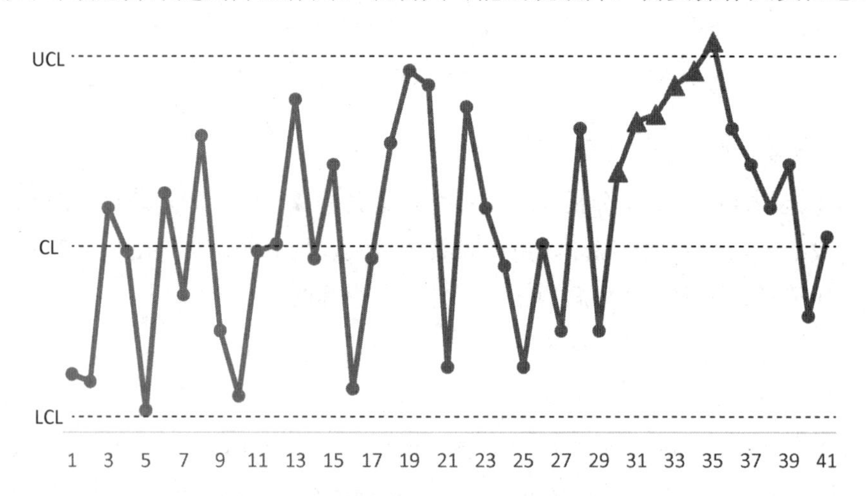

图 4.3.5　机械外壁的温度情况

4．基于摇摆检测规则的数据分析

基于摇摆检测规则的数据分析可以用于检查数据测量间隔内的测量数据是否发生振动，质量控制图中均值或标准偏差等参数的位置无关紧要，因为仅检测测量数据的方向。例如，某工厂生产的轴承预期表面是光滑的，为了检测轴承是否满足质量要求，该工厂使用轮廓分析仪分析其表面，检测的数据是轴承表面与探测器之间的距离，当探测器检测到闪烁的测量数据序列时，可判断轴承表面有划痕或凹槽。

5．基于中等置换规则的数据分析

基于中等置换规则的数据分析通过测量采集数据间隔中的中等偏移（标准偏差大于 2σ）来判断产品质量，反向检测设备的可靠性。例如，精度仪器生产制品工厂为使产品满足质量要求，预计测得的产品尺寸均值应在 4σ 范围内，当 2 个连续的测量数据在此范围外时，可判断该批产品不合格。若连续出现该问题，则应考虑产品原料、车床工艺甚至设备故障等问题。

6. 基于强力置换规则的数据分析

中等置换规则规定了数据测量间隔中出现的中等偏移情况，但在工业生产中，往往会出现各种意想不到的情况，也可能采集到各种特定数据。基于强力置换规则的数据分析通过检测连续 5 个测量数据中的 4 个测量数据在同一方向上的离散值是否均大于 1σ 来判断设备状态。

例如，某精密仪器工厂为使产品满足质量要求，其生产的产品尺寸均值应在 2σ 以内，不同时间下检测的产品尺寸数据图如图 4.3.6 所示。图 4.3.6 中出现了连续 4 个点（三角形点）在 1σ 以上的位置，并处于持续上升趋势。若出现此情况，则意味着这批产品可能存在瑕疵，操作人员应从趋势和数据偏离程度上分析设备是否存在隐患。

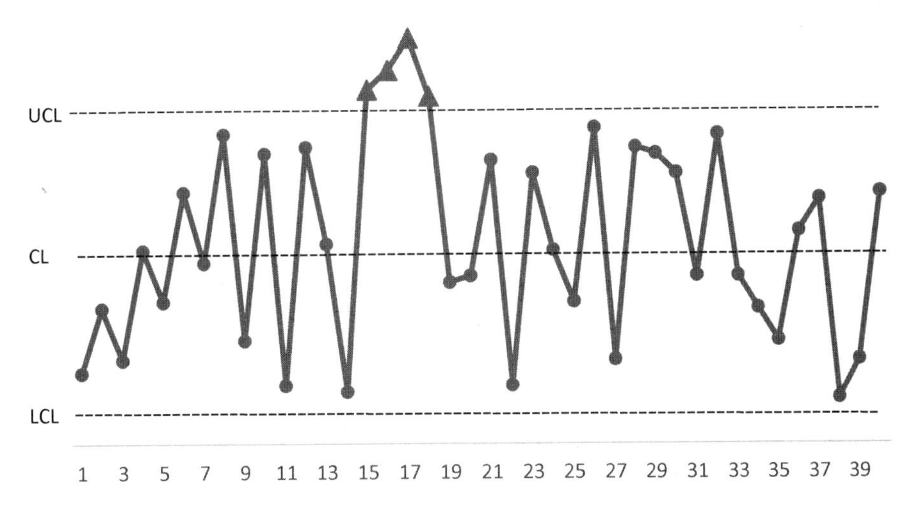

图 4.3.6　不同时间下检测的产品尺寸数据图

7. 基于同层聚集的数据分析

当设备某项检测数据的测量数据在长时间或固定时间内的大部分情况均有较大波动，但在极短时间内始终处于均值的±1σ 以内时，可能有意外发生，这种情况适合用基于同层聚集的数据分析进行判别。当连续时间内 15 个测量数据都在均值的±1σ 以内时，可判断可能有意外发生。例如，在工厂的产品生产过程中，预计某工厂加热器材过程中的温度会剧烈波动（超过一个标准偏差），因为连续 15 个测量数据与均值相差 1σ 以内，所以可判断此时温度相对稳定，但该稳定可能是加热器材故障或器材未及时翻转、更新等引起的。

8. 基于混合模式的数据分析

基于混合模式的数据分析主要用于检测有关均值的测量数据方差。当某些压力装置或高低温装置持续出现连续 8 个测量数据不在均值的±1σ 以内时，可能意味着意外发生。例如，某气压检测机构需要进行压力检测，压力测量数据的均值不得超过 1σ，因为连续 8 个测量数据不在该范围内，所以需要警惕是否存在气压不稳定或泄压阀异常情况，此时气压超高或超低，需要发布预警。

【思考】

如果要检测零件表面光滑度是否达到标准，采用哪种检测方法更合适？

【提示】

质量控制小组又称品管圈，它是指在生产或工作岗位上从事生产活动的人员，围绕企业的经营战略、方针目标和现场存在的问题，以改进质量、降低消耗、提高人员素质和经济效益为目的而组织起来，运用质量管理的理论和方法开展活动的小组。质量控制小组的活动顺序一般为选题、确定目标、调查现状、分析原因、找出主要原因、制定措施、实施措施、检查效果、制定巩固措施、总结成果。

拓展阅读

质量管理的 7 大手法

质量管理的 7 大手法如下。

（1）检查表。它是指先将需要检查的内容或项目一一列出，然后定期或不定期地逐项检查，并将问题点记录下来的方法，又称为查检表或点检表。

（2）层别法。它是指将大量有关某一特定主题的观点、意见或想法按组分类，并将收集到的大量数据或资料按相互关系进行分组，加以层别的方法。

（3）柏拉图。它是指以层别法为前提，将层别法确定的项目按从大到小的顺序进行排列，并加上累积值的图形。

（4）因果图。它又称为特性要因图或鱼骨图，主要用于分析品质特性（结果）与可能影响品质特性的因素（原因）之间的因果关系，通过把握现状、分析原因、寻找措施来促进问题的解决，是一种用于分析品质特性与可能影响特性因素的工具。

（5）散布图。它是指将因果关系对应变化的数据分别描绘在 X、Y 坐标轴上，以掌握 2 个变量之间是否相关及相关的程度如何的方法，也被称为“相关图”。

（6）直方图。它是指针对某产品或过程的特性值，利用正态分布的原理，把 50 个以上的数据进行分组，计算出每组出现的次数，并用类似直方图的形状描绘在横轴上的方法。

（7）控制图。它是指利用现场收集到的质量特征值，绘制成控制图，通过观察图形来判断产品生产过程的质量状况的方法，也被称为管理图。

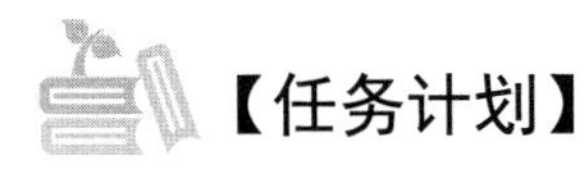

【任务计划】

学生可根据任务资讯及收集整理的资料填写任务计划单。

任务计划单

项　目	通用生产设备的故障状态监测分析		
任　务	基于质量控制的设备状态监测分析	学　时	2
计划方式	分组讨论、资料收集、技能学习等		
序　号	任　务	时　间	负责人
1			
2			
3			
4			
5	基于质量控制的设备状态监测分析		
6	任务成果展示、汇报		
小组分工			
计划评价			

【任务实施】

学生可根据任务计划编制任务实施方案、完成任务实施，并填写任务实施工单。

任务实施工单

项　目	通用生产设备的故障状态监测分析		
任　务	基于质量控制的设备状态监测分析	学　时	
计划方式	项目实施		
序　号	实施情况		
1			
2			
3			
4			
5			
6			

【任务检查与评价】

学生在完成任务实施后，可采用小组互评等方式进行任务检查。任务评价单如下。

任务评价单

<table>
<tr><td colspan="2">项　目</td><td colspan="4">通用生产设备的故障状态监测分析</td></tr>
<tr><td colspan="2">任　务</td><td colspan="4">基于质量控制的设备状态监测分析</td></tr>
<tr><td colspan="2">考核方式</td><td colspan="4">过程评价+结果考核</td></tr>
<tr><td colspan="2">说　明</td><td colspan="4">主要评价学生在任务学习过程中理论知识的掌握程度、学习态度、课堂表现、学习能力、动手能力等</td></tr>
<tr><td colspan="6">评价内容与评价标准</td></tr>
<tr><td rowspan="2">序　号</td><td rowspan="2">评价内容</td><td colspan="3">评价标准</td><td rowspan="2">成绩比例</td></tr>
<tr><td>优</td><td>良</td><td>合　格</td></tr>
<tr><td>1</td><td>基本理论掌握</td><td>掌握质量控制图的概念，离群值检测、偏差检测、趋势检测和摇摆检测的使用条件</td><td>熟悉质量控制图的概念，清楚离群值检测、偏差检测、趋势检测和摇摆检测的使用条件</td><td>了解质量控制图的概念，离群值检测、偏差检测、趋势检测和摇摆检测的使用条件</td><td>30%</td></tr>
<tr><td>2</td><td>实践操作技能</td><td>熟练使用离群值检测、偏差检测、趋势检测和摇摆检测进行设备状态监测分析</td><td>较熟练使用离群值检测、偏差检测、趋势检测和摇摆检测进行设备状态监测分析</td><td>经协助使用离群值检测、偏差检测、趋势检测和摇摆检测进行设备状态监测分析</td><td>30%</td></tr>
<tr><td>3</td><td>职业核心能力</td><td>具有良好的自主学习能力和分析、解决问题的能力，能解答任务思考</td><td>具有较好的自主学习能力和分析、解决问题的能力，能解答部分任务思考</td><td>具有分析和解决部分问题的能力</td><td>10%</td></tr>
<tr><td>4</td><td>工作作风与职业道德</td><td>具有严谨的科学态度和工匠精神，能够严格遵守“6S”管理制度</td><td>具有良好的科学态度和工匠精神，能够自觉遵守“6S”管理制度</td><td>具有较好的科学态度和工匠精神，能够遵守“6S”管理制度</td><td>10%</td></tr>
<tr><td>5</td><td>小组评价</td><td>具有良好的团队合作精神和与人交流的能力，热心帮助小组其他成员</td><td>具有较好的团队合作精神和与人交流的能力，能帮助小组其他成员</td><td>具有一定的团队合作精神，能配合小组其他成员完成项目任务</td><td>10%</td></tr>
<tr><td>6</td><td>教师评价</td><td>包括以上所有内容</td><td>包括以上所有内容</td><td>包括以上所有内容</td><td>10%</td></tr>
<tr><td colspan="5">合　计</td><td>100%</td></tr>
</table>

【任务练习】

1．质量控制图的基本原理是什么？

2．离群值检测、偏差检测、趋势检测和摇摆检测的使用条件分别是什么？

任务 4.4　基于健康度评估的设备状态监测分析

【任务描述】

在实际生产中，设备的健康度等级可以基于经验和专家知识进行判断和评估，这样可以快速了解设备的健康状态，判断其是否需要进行维修和保养，进而提高设备的可靠性和可用性。

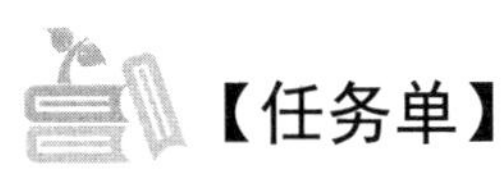

【任务单】

学生应能根据相关知识完成基于健康度评估的设备状态监测分析。具体任务要求可参照任务单。

任务单

<table>
<tr><td>项　目</td><td colspan="2">通用生产设备的故障状态监测分析</td></tr>
<tr><td>任　务</td><td colspan="2">基于健康度评估的设备状态监测分析</td></tr>
<tr><td colspan="2">任务要求</td><td>任务准备</td></tr>
<tr><td colspan="2">1. 明确任务要求，组建分组，每组 3～5 人
2. 讨论归纳基于健康度评估的设备状态监测分析方法
3. 所需资料自行在网上下载
4. 完成基于健康度评估的设备状态监测分析</td><td>1. 自主学习
（1）了解健康度评估的概念
（2）了解健康度评估的方法
（3）了解设备健康状态结果分析
2. 设备工具
硬件：计算机</td></tr>
<tr><td colspan="2">自我总结</td><td>拓展提高</td></tr>
<tr><td colspan="2"></td><td>通过工作过程和总结，能根据场景选择合适的基于健康度评估的设备状态监测分析方法，提高知识迁移能力</td></tr>
</table>

【任务资讯】

4.4.1　健康度评估的认知

故障预测与健康管理是一种新型的维修与管理方式，它通过感知并充分使用状态监测与监控信息，对设备的运行状态、可靠性、寿命和故障进行预测，融合维修、使用和环境信息，结合规范的设备管理方法和业务流程，对设备维修活动进行科学规划和合理优化，对影响设备健康度和剩余寿命的技术、管理和人为因素进行全过程控制。

1. 健康度评估的基本概念

健康度评估通过对传感器监测设备的参数进行处理和分析，综合考虑设备的使用、环境、维修等因素的影响，利用各种评估方法对设备的健康度进行评估，并且给出设备故障原因的分析和维修措施等重要信息。健康度评估从总体上把握设备性能的好坏程度，不仅能定性描述设备当前所处的健康度等级，还能定量了解设备的健康程度。合理利用健康度评估不仅可以正确识别设备的退化状态，避免发生意外故障，还可以为制定维修决策提供技术依据，在一定程度上将维护方式从传统的修复性维护升级为视情况维护的转变。

2. 健康度等级和量化

健康度评估主要包括评估设备的健康度等级和对健康度进行量化。在工程实践中，通常用定性的方法将设备的健康度划分为若干等级，如健康、比较健康、亚健康、轻微病态（轻微故障状态）、病态（故障状态）、严重病态（严重故障状态）。一般的健康度评估是将评估指标经过适当处理，把评估设备的健康度划入相应等级的过程。这样得出的评估结果就是一个定性的描述。当需要比较多个设备的健康度时，特别是当有多个设备处于同一健康度等级时，定性的评估结果就无法对其进行比较了。因此，有必要将设备的健康度量化。设备健康度一般用 0～100 说明设备的健康程度，其中 0 表示严重病态，100 表示健康。

3. 健康度评估的流程

健康度评估的流程一般包括准备阶段、评估实施阶段、评估分析与反馈阶段。

在准备阶段，首先要确定评估的设备，确定可以直接表征其健康度的参数或可间接推理判断设备健康度所需的参数，通过相应的状态监测技术来获取参数。然后对该参数进行各种预处理，通常包括异常数据的剔除、数据的规范化处理、定性指标的量化等。最后确定设备当前的健康度等级，计算得到设备的健康度，根据健康度评估结果来安排维修计划。

雷达发射机健康度评估的流程如图 4.4.1 所示。首先根据主成分分析法，确定需要参与健康度评估的参数。然后按照专家经验，确定参数的最优值、最大范围、最小范围及其静态权重指数、动态权重指数等信息，作为数据分析的依据。获取参数之后，对这些参数进行数据预处理，主要包括参数的平滑处理、归一化处理、参数的合理性检查和剔除异常数据。最后利用各参数的权重系数进行负向函数计算，得到雷达发射机的实时健康度。

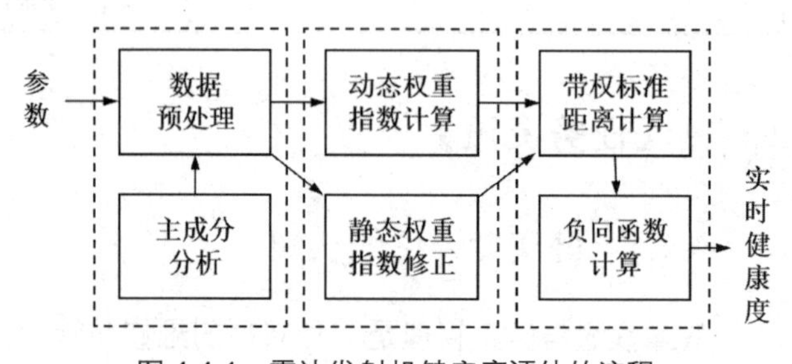

图 4.4.1　雷达发射机健康度评估的流程

4.4.2　健康度评估的方法

1．基于模型的健康度评估方法

基于模型的健康度评估方法主要通过建立数学模型来描述设备的运行和退化过程，从而确定其健康状态。建立的数学模型主要有物理模型和统计模型。

物理模型主要是根据设备及其部件的物理结构抽象出的数学模型。基于物理模型的健康度评估方法的优势在于它不仅明确考虑了材料和操作特性，还可以在系统构建和运行之前进行开发和评估。此外，它还可用于理解广泛的操作和物质条件下的行为。例如，通过转速波动对机械动态信号的影响确定故障特征随设备转速的演化规律，从而进行设备健康度评估。

基于统计模型的健康度评估方法主要是基于历史失效数据建立失效概率模型，典型应用方法包括贝叶斯理论、马尔可夫模型、粗糙集和隶属云模型等。该方法的结果最为精确，解释性最强，但其只能对某类甚至某型号的设备和部件进行诊断，通用性一般。

2．基于知识的健康度评估方法

基于知识（又称为基于经验或基于规则）的健康度评估方法完全建立在专家知识之上，这种方法不依赖系统的物理模型。它的实现相对简单，但是仅适用于在使用专家系统或模糊逻辑的算法中来模仿人类表示和推理的情况。

3．基于智能算法的健康度评估方法

基于智能算法的健康度评估方法从数据出发，应用智能算法进行数据挖掘，进而通过对数据的处理、分析、融合来确定设备的健康状态。

4.4.3　健康度评估模型的构建

1．评价指标

评价指标是健康度评估的主要依据。一般情况下，因为设备的工作环境等复杂因素，单一指标无法全面有效地反映设备的特征，所以需要对能够反映设备特征的多个指标进行综合，以得到一个综合指标。

评价指标反映了所评价设备的不同特征，是确定评价结果的重要因素。因此，评价指标体系的建立是评价过程的基础。评价指标的选取对评价结果影响很大。评价指标的选取一般应遵循以下原则。

（1）评价指标数量合理。若评价指标数量过少，则不能全面地反映所评价设备的特征；若评价指标数量过多，则评价过程过于烦琐。评价指标的选取要以对评价过程起重要作用为原则。

（2）评价指标应具有独立性。各评价指标间应保证不相互重叠，且不存在因果关系。

（3）评价指标应能够较好地反映设备单一方面的特征。评价指标以较好地反映设备某一方面的特征为准则，应具有代表性、可比性。

（4）评价指标的操作可行性。选取的评价指标应符合客观实际，易于操作、测量。

2．评价指标阈值的确定

在实际的工业生产中，评价指标的特征参数允许在一定范围内变动，当特征参数超过设定的阈值时，设备将从一种运行状态演变为另一种运行状态。

设备运行状态随特征参数变化的示意图如图 4.4.2 所示。从图 4.4.2 中可以看出，当特征参数超过劣化阈值时，设备运行已经偏离正常区，进入劣化区，此时，应密切监测设备的运行状态；当特征参数超过警告阈值时，设备可能会出现功能性故障；当特征参数超过危险阈值时，设备应立即停止运行，以避免恶性事故的发生，并采取相应的维修措施。因此，评价指标阈值应当合理设置，若阈值设置过低，则容易出现谎报、误报现象，并且外界的微小干扰将对设备运行状态产生较大影响；若阈值设置过高，则容易出现漏报现象。

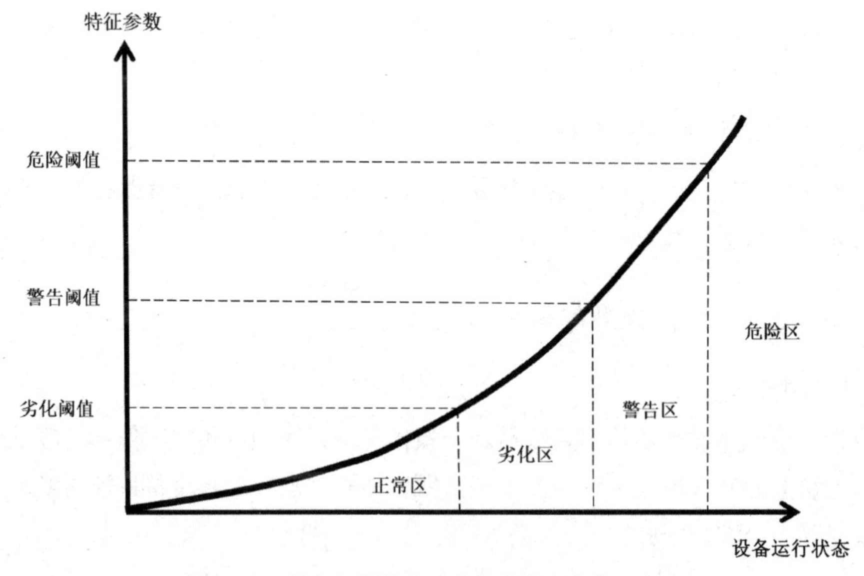

图 4.4.2　设备运行状态随特征参数变化的示意图

在设备的运行状态监测中，往往将测得的特征参数与判断标准进行对比，从而分析判定设备运行状态的好坏，这种为绝对标准。国内外使用的绝对标准包括 ISO 标准、德国工程师协会标准及 ASNT 设备状态分类标准等。在 ISO2372 中，设备运行状态被划分为 4 个等级，分别为 A（良好状态）、B（一般状态）、C（注意状态）及 D（危险状态）。相对标准是根据相同类型设备在正常运行状态下的特征参数来确定报警和停机阈值的，常用的方法有数理统计法、冲击系数法、参考同类设备确定法等。

3．权重确定

在评价指标体系中，各评价指标的重要程度并不相同。在确定评价指标体系后，需要给各评价指标确定不同的权重系数，以表明其在评价指标体系中的重要程度。评价指标权重分配的合理性会直接影响评价结果的准确性。权重系数的确定方法有经验加权法（主要由专家直接评估）、数学加权法（有一定的数学理论背景，具有较强的科学性）。

4.4.4　健康度评估的实现

设备是否正常运行是根据设备系统是否能够实现其特定的性能要求判断的。因此，设备运行状态可按照满足其特定性能要求的程度进行等级划分。一般设备运行状态可划分为良好状态、一般状态、注意状态和危险状态。

当设备处于不同的运行状态时，对设备采取的维修决策也不相同。对不同设备运行状态的描述及处理方法如下。

（1）良好状态表明设备不存在相关故障，设备运行状态良好，使用户对设备运行状态有一个基本了解。

（2）一般状态表明此时设备运行状态有所劣化，但仍在用户可接受的范围内。应加强对设备运行状态的监测。

（3）注意状态表明设备已经存在异常征兆，可能有潜在的故障发生。用户应对设备所处的运行状态引起注意，并立即采取纠正措施。

（4）危险状态表明设备由于振动过于剧烈可能导致潜在的失效。用户应对设备采取全部或部分停止运行措施，立即进行紧急抢修，避免事故的发生。

健康度定量指标（HV）可表示设备运行状态。HV 的取值范围为 0～1。当 HV = 0 时，表示设备运行状态极差，设备存在严重故障。当 HV = 1 时，表示设备运行状态正常，设备不存在故障。

当设备从一种运行状态演变为另一种运行状态时，假设良好状态阈值为 V_{A}，一般状态阈值为 V_{B}，注意状态阈值为 V_{C}，危险状态阈值为 V_{D}，则可以根据以下公式对设备运行状态等级进行量化处理为健康度。

$$
HV=\begin{cases}0.8+0.2\left|\dfrac{v-V_A}{V_A}\right|, v\leqslant V_A\\ 0.6+0.2\left|\dfrac{v-V_B}{V_B-V_A}\right|, V_A<v\leqslant V_B\\ 0.4+0.2\left|\dfrac{v-V_C}{V_C-V_B}\right|, V_B<v\leqslant V_C\\ 0.4\left|\dfrac{(v-V_D)}{V_D-V_C}\right|, V_C<v\leqslant V_D\\ 0, v>V_D\end{cases} \tag{4.4.1}
$$

式中，v 为阈值。由式（4.4.1）可以建立健康度与设备运行状态等级的映射关系，如表 4.1.1 所示。

表 4.4.1　健康度与设备运行状态等级的映射关系

HV 的取值范围	运行状态等级	设备运行状态描述
$0.8 \leqslant HV \leqslant 1$	良好	表明设备不存在相关故障，设备运行状态良好
$0.6 \leqslant HV < 0.8$	一般	表明此时设备的运行状态有所劣化，但仍在用户可接受的范围内
$0.4 \leqslant HV < 0.6$	注意	表明用户应对设备所处的运行状态引起注意，并立即采取纠正措施
$0 \leqslant HV < 0.4$	危险	表明设备由于振动过于剧烈可能导致潜在的失效,用户应对设备采取全部或部分停止运行措施

【思考】

当采用健康度评估检测设备运行状态，HV 的值为 0.19 时，设备的运行状态等级是什么？此时应对设备采取什么样的措施？

拓展阅读

国网山东电力上线、配网主设备健康状态评估模块

目前，国网山东电力已经上线运行配网主设备健康状态评估模块。该模块基于电网资源业务中台研发，汇聚配网主设备运行状态等信息，具有主动告警、设备评价和健康档案等功能，在 PMS3.0 系统中与变电、输电设备健康状态评估模块共同组成电网设备健康状态评估系统。

为了进一步提高配网主设备状态检修水平，国网山东电力充分利用配网智能化、数字化成果，完善和丰富设备状态信息，着力构建适合配网主设备健康状态评估的技术体系，建立单指标阈值告警、多指标联合分析、综合状态评估、图像图谱解析等算法模型，开发了融合多源异构信息的配网主设备健康状态评估模块。

国网山东电力结合山东配电网的实际情况，以需求大、经济优、实用好为原则，制订了状态监测的典型配置方案。按照“标准先行、动态拓展、单元评价”的工作原则，山东电力科学研究院配电技术中心牵头开展了12项相关标准规范制订，建立了5类主设备和20项主动告警诊断模型，提出了110个告警阈值，并以配网主设备为单元开展评价。配网主设备健康状态评估模块的告警和评估结果与现有供服“i配网”中工单驱动缺陷处置流程贯通。

【任务计划】

学生可根据任务资讯及收集整理的资料填写任务计划单。

任务计划单

项　目	通用生产设备的故障状态监测分析		
任　务	基于健康度评估的设备状态监测分析	学　时	2
计划方式	分组讨论、资料收集、技能学习等		
序　号	任　务	时　间	负责人
1			
2			
3			
4			
5			
6	任务成果展示、汇报		
小组分工			
计划评价			

【任务实施】

学生可根据任务计划编制任务实施方案、完成任务实施，并填写任务实施工单。

任务实施工单

项　目	通用生产设备的故障状态监测分析		
任　务	基于健康度评估的设备状态监测分析	学　时	
计划方式	任务实施		
序　号	实施情况		
1			
2			
3			

续表

序　号	实施情况
4	
5	
6	

【任务检查与评价】

学生在完成任务实施后，可采用小组互评等方式进行任务检查。任务评价单如下。

任务评价单

<table>
<tr><td colspan="2">项　目</td><td colspan="4">通用生产设备的故障状态监测分析</td></tr>
<tr><td colspan="2">任　务</td><td colspan="4">基于健康度评估的设备状态监测分析</td></tr>
<tr><td colspan="2">考核方式</td><td colspan="4">过程评价+结果考核</td></tr>
<tr><td colspan="2">说　明</td><td colspan="4">主要评价学生在任务学习过程中理论知识的掌握程度、学习态度、课堂表现、学习能力、动手能力等</td></tr>
<tr><td colspan="6">评价内容与评价标准</td></tr>
<tr><td rowspan="2">序　号</td><td rowspan="2">评价内容</td><td colspan="3">评价标准</td><td rowspan="2">成绩比例</td></tr>
<tr><td>优</td><td>良</td><td>合格</td></tr>
<tr><td>1</td><td>基本理论掌握</td><td>掌握健康度评估的概念、流程和方法</td><td>熟悉健康度评估的概念、流程和方法</td><td>了解健康度评估的概念、流程和方法</td><td>30%</td></tr>
<tr><td>2</td><td>实践操作技能</td><td>熟练掌握使用基于健康度评估进行设备状态监测分析，能够通过设备健康度确定设备运行状态</td><td>较熟练使用基于健康度评估进行设备状态监测分析，能够通过设备健康度确定设备运行状态</td><td>经协助使用基于健康度评估进行设备状态监测分析，能够通过设备健康度确定设备运行状态</td><td>30%</td></tr>
<tr><td>3</td><td>职业核心能力</td><td>具有良好的自主学习能力和分析、解决问题的能力，能解答任务思考</td><td>具有较好的自主学习能力和分析、解决问题的能力，能解答部分任务思考</td><td>具有分析和解决部分问题的能力</td><td>10%</td></tr>
<tr><td>4</td><td>工作作风与职业道德</td><td>具有严谨的科学态度和工匠精神，能够严格遵守“6S”管理制度</td><td>具有良好的科学态度和工匠精神，能够自觉遵守“6S”管理制度</td><td>具有较好的科学态度和工匠精神，能够遵守“6S”管理制度</td><td>10%</td></tr>
<tr><td>5</td><td>小组评价</td><td>具有良好的团队合作精神和与人交流的能力，热心帮助小组其他成员</td><td>具有较好的团队合作精神和与人交流的能力，能帮助小组其他成员</td><td>具有一定的团队合作精神，能配合小组其他成员完成项目任务</td><td>10%</td></tr>
<tr><td>6</td><td>教师评价</td><td>包括以上所有内容</td><td>包括以上所有内容</td><td>包括以上所有内容</td><td>10%</td></tr>
<tr><td colspan="5">合　计</td><td>100%</td></tr>
</table>

【任务练习】

1．健康度评估的流程有哪几个阶段？

2．健康度评估适用哪些场景下的设备状态监测分析？

【思维导图】

请学生完成本项目思维导图，示例如下。

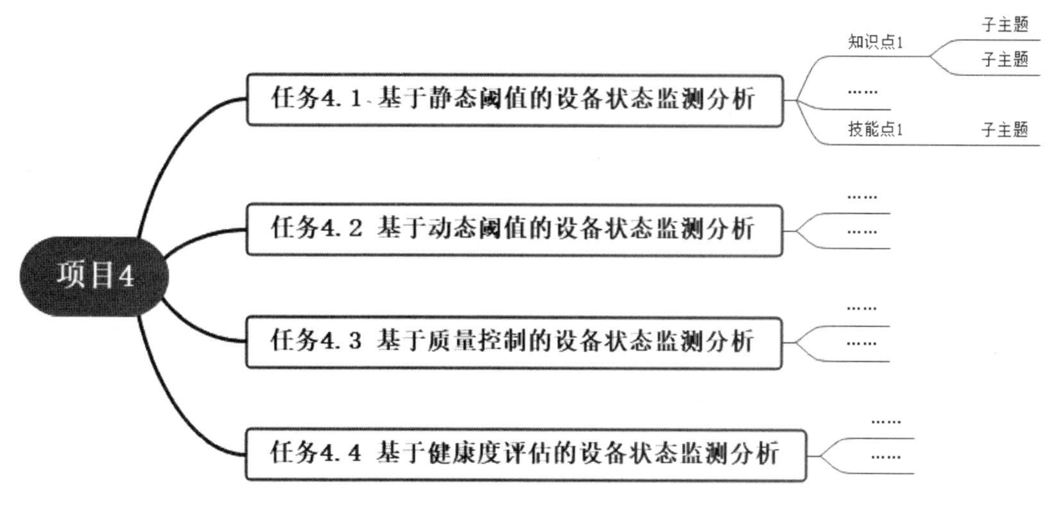

【创新思考】

某设备压力均值不得超过 1σ，在对其进行压力检测时，当连续 8 个测量数据不在该范围时，意味着什么？适合使用哪种规则来进行数据分析？

项目 5

基于专家系统的故障诊断

职业能力

- 能阐述专家系统的算法组成、特点、运行逻辑。
- 能根据知识库的知识，绘制故障诊断推理树。
- 能通过 Python 构建知识库。
- 能设计专家系统的正向推理机。
- 能对实现的基于 Python 的专家系统进行调试和使用。

引导案例

在工业生产领域，如何保证生产设备的正常运行，不影响正常的加工任务，是现代企业设备管理中最重要的任务之一。提高设备的可靠性和降低设备维护、维修成本不仅影响企业当前的生产运营，还关系企业的未来发展。绝大部分工业生产设备的使用厂家都会配备相应维修人员，但由于设备的复杂性，厂家需要花费很长时间才能培养出一个合格的维修人员。专家系统通过特定的算法，模拟专家的逻辑思维方式，从而指导一般的维修人员去处理那些只有专家才能解决的问题。因此，设计一套具有故障诊断功能的专家系统协助维修人员维修设备故障是非常有必要的，这样也能提高设备维修的效率和成功率。

任务 5.1　知识库的构建

【任务描述】

知识库是专家系统最重要的组成部分，它的主要功能是存储和管理专家系统中的知识（主要包括来自书本上的知识和各领域专家在长期的工作实践中所获得的经验知识）。知识库的质量好坏直接影响专家系统的质量好坏。本任务主要介绍知识的类型及其表示方法。本任务的要求为使用 Python 构建知识库。

【任务单】

学生应能根据相关知识对故障诊断推理树进行分析，并能使用 Python 构建知识库。具体任务要求可参照任务单。

任务单

<table>
<tr><td>项目名称</td><td colspan="2">基于专家系统的故障诊断</td></tr>
<tr><td>任务名称</td><td colspan="2">知识库的构建</td></tr>
<tr><td colspan="2">任务要求</td><td>任务准备</td></tr>
<tr><td colspan="2">1. 了解知识的分类
2. 学习知识的表示方法
3. 绘制故障诊断推理树
4. 使用 Python 构建知识库</td><td>1. 自主学习
（1）了解 PyCharm 开发环境
（2）了解 PyCharm 开发环境的主要功能
（3）了解 Visio 软件
（4）了解专家系统的基本概念及算法思路
2. 设备工具
（1）硬件：计算机
（2）软件：Visio、PyCharm</td></tr>
<tr><td colspan="2">自我总结</td><td>拓展提高</td></tr>
<tr><td colspan="2"></td><td>通过学习和总结，深入了解一阶谓词逻辑表示法与产生式表示法的优点和缺点，熟练使用 Python 构建知识库</td></tr>
</table>

【任务资讯】

扫一扫，看微课

5.1.1　知识的概念与分类

1. 知识的概念

专家系统是一种解决特定领域问题的智能计算机软件系统。专家系统内部含有大量某个领域专家的知识与经验，能运用专家的知识和解决问题的逻辑思维方式对特定领域问题进行推理和判断，并能模拟专家的决策过程解决该领域的复杂问题。

专家系统的智能计算机程序中往往包含知识库和推理机。推理机的运行过程主要是获得知识并运用知识的过程，知识库是专家系统的重要组成部分。为了使专家系统更加智能及通过模拟专家的决策过程解决问题，它必须具有专家水平的专业知识。专家系统的基本组成框图如图 5.1.1 所示。

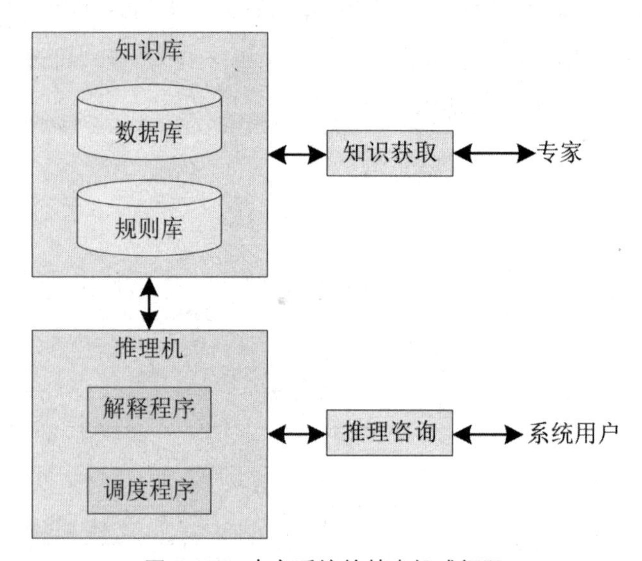

图 5.1.1　专家系统的基本组成框图

从广义上来说，知识是人们在改造客观世界的实践中形成的对客观事物（包括自然的和人造的）及其规律的认识（包括对事物的现象、本质、状态、关系、联系和运动等的认识），通过把有关的信息关联在一起，形成关于客观世界某种规律性认识的动态信息结构。

经过人们的思维整理过的信息、形象、意象、价值标准及社会的其他符号产物不仅包括科学技术知识（知识中最重要的部分），还包括人文社会科学的知识，商业活动、日常生活和工作中的经验和知识，人们获取、运用和创造知识的知识，面临问题做出判断和提出解决方法的知识。因此，知识的定义可以为

知识=事实+规则+概念

式中，事实为人们对客观世界，客观事物的状态、属性、特征，事物之间关系的描述；规则为能表达前提和结论之间因果关系的一种形式；概念为事实的含义、规则、语义、说明等。

专家系统中的知识狭义地指解决某一类问题的专家知识，知识库则是这一类专家知识的集合。

2．知识的分类

知识库是专家知识的存储器。专家知识包括理论知识、实际知识、实验知识和规则等。为了解实际生产过程中哪些信息为可用的知识，人们需要对知识进行分类。

按知识作用范围、知识作用及表示、知识确定性、人类思维及认识方法、知识获取方式的不同，知识可分为以下几类。

1）按知识的作用范围分类

（1）常识性知识。它是通用性知识，适用于所有领域。例如，一年有365天、4个季节。

（2）领域性知识。它是面向某个具体专业领域的知识，是专业性知识，如工业零件的故障判断方法、疾病诊断的知识。

2）按知识的作用及表示分类

（1）事实性知识。它是用于描述领域内的有关概念、事实、事物属性及状态的知识，如太阳东升西落、月亮围绕地球旋转。

（2）过程性知识。它是与领域相关的、用于指出如何处理与问题相关的信息及求得问题解的知识。例如，如果信道畅通，那么请发绿色信号；若设备运行正常，则工件完好。

（3）控制性知识。它是关于如何运用已有的知识进行问题求解的知识，又称为关于知识的知识、深层知识及元知识，如问题求解过程中的处理方法、控制策略、结构设计方法。

3）按知识的确定性分类

（1）确定性知识。它是逻辑值为真或假的知识，是精确性知识。例如，他的性别是男；苹果是一种水果。

（2）不确定性知识。它是不精确、不完全、模糊性知识的总称。例如，今天是阴天，可能要下雨。

4）按人类的思维及认识方法分类

（1）逻辑性知识。它是反映人类逻辑思维过程的知识，一般具有因果关系或难以精确描述的特点，是人类的经验性知识和直观感觉，如人的为人处世和待人接物的方式。

（2）形象性知识。它是通过事物的形象建立起来的知识。例如，什么是猫、狗？

5）按知识的获取方式分类

（1）显性知识。它是可通过文字、图形、声音等形式编码记录和传播的知识，如教材，光盘、硬盘等存储设备中的内容。

（2）隐性知识。它是人们在长期实践中积累获得的知识，不易用显性知识表达的知识。例如，每个人具有不同的世界观、价值观、人生观。

知识的分类如图 5.1.2 所示。

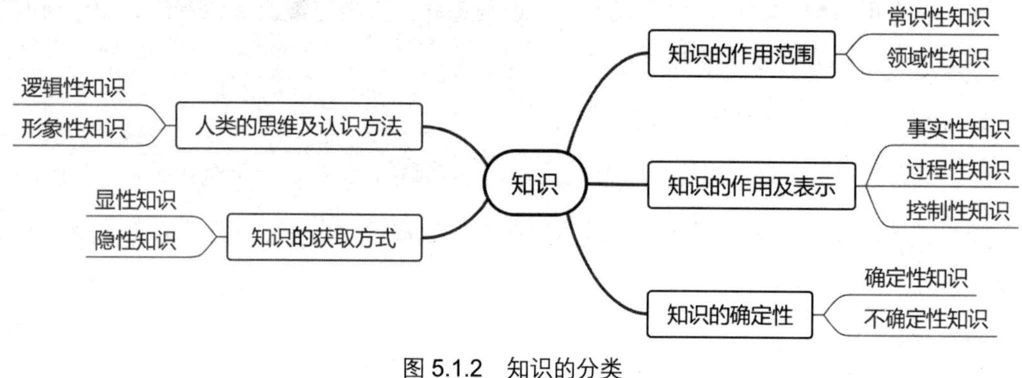

图 5.1.2　知识的分类

5.1.2　知识的表示方法

不管按什么方法对知识进行分类，若需要用计算机对知识进行处理，则必须以适当的形式对知识进行表示，这就是知识的表示方法。对知识进行表示是对知识的描述或约定，是把知识表示成计算机可以存储和利用的用于描述知识的数据结构。在对知识进行表示时，应考虑以下几种因素。

（1）是否能充分表示相关领域的知识。

（2）是否有利于对知识的利用。

（3）是否便于知识的组织和管理。

（4）是否便于理解和实现。

因为人们在对知识进行表示时考虑了以上因素，所以目前使用较多的知识的表示方法有一阶谓词逻辑表示法、产生式表示法、框架表示法、状态空间表示法等。本任务将对一阶谓词逻辑表示法和产生式表示法进行详细介绍。

1．一阶谓词逻辑表示法

一阶谓词逻辑表示法是一种以数理逻辑为基础的知识表示方法，可用于表示事物的状态、属性等事实性知识，也可用于表示事物间的因果关系。

1）命题与命题逻辑

命题是具有真假意义的语句，表示人们进行思维时的一种判断。若命题意义为真，则其真值为真，记为 T；若命题意义为假，则其真值为假，记为 F。一个命题的意义不能同时为真和假，但其可以在一种条件下为真，另一种条件下为假。

在实际生活中，部分陈述语句在特定情况下都具有真或假的意义，在逻辑上称这些语句为命题。例如，今天下雨；今晚很冷；这周我们在线上教学。其中，表达单一意义的命题为原子命题。而原子命题可通过连词构成复合命题，连词有以下五种。

（1）¬表示否定，复合命题“¬P”表示“非 P”。

（2）∧表示与，复合命题“P∧Q”表示“P 与 Q”。

（3）∨表示或，复合命题“P∨Q”表示“P 或 Q”。

（4）→表示条件，复合命题“P→Q”表示“如果 P，那么 Q”。

（5）↔ 表示双条件，复合命题“P↔Q”表示“P 当且仅当 Q”。

谓词逻辑真值表如表 5.1.1 所示。

表 5.1.1　谓词逻辑真值表

命题	P	Q	¬P	P∧Q	P∨Q	P→Q
命题逻辑	T	T	F	T	T	T
	T	F	F	T	F	F
	F	T	T	T	F	T
	F	F	T	F	F	T

2）谓词与谓词逻辑

在谓词逻辑中，谓词用于刻画个体的性质、状态或个体间的关系。例如，命题“鼓式制动器是一种制动器”用谓词可表示为Brakes(Drum Brake)，其中Brakes为谓词，Drum Brake是个体，Brakes 与 Drum Brake 是一种包含关系。一阶谓词的一般形式为

$$P\left(x_1, x_2, \cdots, x_n\right)$$

其中，P 为谓词名；x_1、x_2、…、x_n 为个体，个体数目为谓词的元数，即 $n = 1$，谓词为一元谓词，$n = 2$，谓词为二元谓词。在谓词中，个体可以为常数、变量和函数。若谓词中的个体都为常数、变量或函数，则称该谓词为一阶谓词；若个体本身为谓词，则称该谓词为二阶谓词，以此类推。

3）量词

谓词逻辑的量词表示个体与个体域之间的包含关系。量词包括全称量词（∀）和存在量词（∃）。全称量词要求个体域中所有个体都要遵从约定的谓词关系。示例如下。

所有碟式制动器的价格都很昂贵，即

$$(\forall x)\text{DISC BRAKES}(x) \rightarrow \text{COST}(x, \text{EXPENSIVE})$$

存在量词要求某个个体遵从约定的谓词关系，如仓库中有一台鼓式制动器，即

$$(\exists x)\text{DEPOT}(x, \text{Drum Brake})$$

用谓词公式表示知识的步骤如下。

（1）定义谓词，给出每个谓词的确切含义。

（2）将有关的谓词组合起来表示一个更复杂的含义。

（3）根据知识表示的需要，把需要约束的个体用相应的量词予以约束。

根据以上步骤，将以下知识用谓词公式进行表示。

（1）自然数是大于 0 的整数。

① 定义谓词，令 $GZ(x)$表示 x 大于 0，$I(x)$表示 x 为整数，$N(x)$表示 x 为自然数。

② 用谓词公式表示上述知识，即$(\forall x)N(x) \rightarrow GZ(x) \wedge I(x)$。

（2）所有整数不是偶数就是奇数。

① 定义谓词，令 $I(x)$表示 x 为整数，$O(x)$表示 x 为奇数，$E(x)$表示 x 为偶数。

② 用谓词公式表示上述知识，即$(\forall x)I(x) \rightarrow O(x) \vee E(x)$。

（3）偶数除以 2 为整数。

① 定义谓词，令 $I(x)$表示 x 为整数，$E(x)$表示 x 为偶数。

② 用谓词公式表示上述知识，即$(\forall x)E(x) \rightarrow I(f(x))$，其中 $f(x)=x/2$。

4）一阶谓词逻辑表示法的优缺点

一阶谓词逻辑表示法是一种形式语言，它用逻辑方法研究推理问题的规律，即前提与结论之间蕴含的关系。一阶谓词逻辑表示法的优缺点如下。

（1）优点。

① 严密性。它可以保证在使用知识验证问题时演绎推理结果的正确性，也可以比较精确的表示知识。

② 自然性。该表示方法和人类自然语言非常接近。

③ 通用性。它拥有通用的逻辑演算方法和推理规则。

④ 知识易于表示。它对逻辑的某些外延进行扩展后，可以把大部分精确性的知识表示成一阶谓词的形式。

⑤ 易于实现。用它表示的知识易于模块化，便于知识的增删及修改，便于在计算机上实现。

（2）缺点。

① 推理效率低。它的推理过程太冗长，降低了推理效率。谓词表示越细，表达越清楚，推理过程越长，推理效率越低。

② 灵活性差。它不便于表达和加入启发式知识和控制性知识，不便于表示不确定性知识。

③ 可能会出现组合爆炸问题。在问题的推理过程中，随着事实数目的增大及盲目地使用推理规则，有可能会出现组合爆炸问题。

2．产生式表示法

1）产生式的基本形式

（1）确定性规则的产生式表示。

产生式表示法又称为产生式规则表示法，通常用来表示具有因果关系的知识，它的基本形式为

$$\text{if}\quad P\quad \text{then}\quad Q$$

或

$$P \rightarrow Q$$

其中，P 为产生式的前提，是用于指出该产生式是否可用的条件；Q 为一组结论或 Q 规定的操作，即当前提 P 得到满足时，应该得出的结论或执行 Q 规定的操作。整个产生式的含义：若前提 P 得到满足，则结论 Q 成立或执行 Q 规定的操作。示例如下。

r1：　if　直行的红绿灯为绿　then　直行

以上示例为一个产生式，r1 为该产生式的编号，“直行的红绿灯为绿”为前提 P，“直行”为 Q 规定的操作。

（2）不确定性规则的产生式表示。

不确定性规则的产生式表示的基本形式为

if　P　then　Q　（置信度）

或

$P \rightarrow Q$　（置信度）

示例如下。

r1：　if　齿轮振动峰值大　then　基频振动　（0.3）

以上示例表示当前提“齿轮振动峰值大”得到满足时，结论“基频振动”可以相信的程度为0.3，这里的“0.3”表示知识的强度。

2）知识库

把一组产生式放在一起，且它们互有关联，就形成了一个用于描述相应领域内知识的产生式集合，这样的集合称为知识库。

知识库是产生式系统求解问题的基础。因此，人们需要对知识库中的知识进行合理组织和管理，检测并排除冗余及矛盾的知识，保持知识的一致性。一般情况下，在建立知识库时需要注意以下问题。

（1）有效地表示领域知识。

为了使产生式系统具有较强求解问题的能力，知识库除了需要获得足够数量的知识，还需要有效地表示领域知识。为此，人们需要考虑如何把领域中的知识表示出来，即为了求解领域内的各种问题，需要建立哪些产生式知识；如何表示知识的不确定性；构建的知识库能否对领域内的不同求解问题形成不同的推理链，即知识库中的知识是否完整。

（2）对知识进行合理组织和管理。

对知识库中的知识进行合理组织和管理，采用合理的结构形式，可使推理问题时避免访问那些与当前问题求解无关的知识，从而提高求解问题的效率。

以鼓式制动器制动力矩不足为例，建立一个鼓式制动器故障诊断专家系统的知识库，如下所示。

r1：if 闸瓦磨损 then 制动弹簧压缩量减小

r2：if 制动弹簧预紧力偏小 then 制动弹簧压缩量减小

r3：if 制动弹簧疲劳 then 制动弹簧弹簧力减小

r4：if 制动弹簧压缩量减小 then 制动弹簧弹簧力减小

r5：if 闸瓦磨损 then 制动接触面摩擦系数减小

r6：if 制动接触面有杂质 then 制动接触面摩擦系数减小

r7：if 制动弹簧弹簧力减小 then 制动力矩不足

r8：if 制动接触面摩擦系数减小 then 制动力矩不足

根据知识库中的知识，人们可以画出故障诊断推理树。鼓式制动器故障诊断推理树如图5.1.3所示。

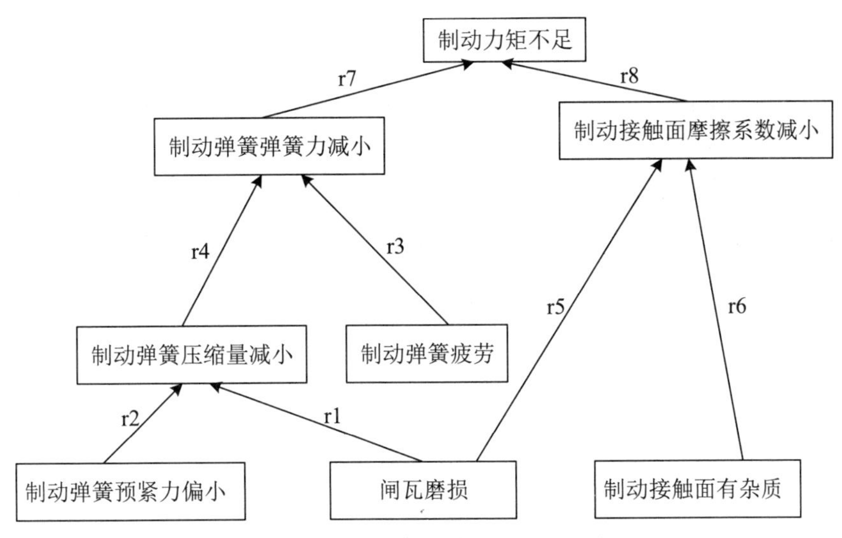

图 5.1.3　鼓式制动器故障诊断推理树

由上述故障诊断推理树可以看出，虽然该知识库仅包含判断制动力矩不足故障下的专家知识，但在实际场景中，不能仅仅用一条规则直接判断故障情况。故障诊断推理树设计的基本思想：首先对引发故障的直接现象进行细分，如制动弹簧弹簧力减小、制动接触面摩擦系数减小；然后对引发故障直接现象的产生原因进行细分，建立若干条知识。在需要增加对其他故障的诊断时，知识库中只需要增加关于新增故障诊断的知识，而知识库中已有的分类知识可直接使用。

3）产生式表示法的优缺点

（1）优点。

① 自然性好。产生式表示法用“if…then…”的形式表示知识，直观、自然、便于推理，这是一种人们常用的表达因果关系的知识表示方法。

② 模块性好。产生式规则是规则中最基本的知识单元，各规则之间只能通过全局数据库发生联系，不能互相调用，增加了规则的模块性，有利于对知识的增加、删除和修改。

③ 有效性好。产生式表示法既可以表示确定性知识，又可以表示不确定性知识；既可以表示启发式知识，又可以方便地表示过程性知识；既可以表示领域性知识，又可以表示控制性知识。

④ 清晰性好。产生式表示法的表示形式固定，规则间相互独立，整个过程只是前件匹配，后件动作。匹配提供的信息只有成功与失败，匹配一般无递归，没有复杂的计算，所以产生式系统容易建立。

（2）缺点。

① 推理效率低。由于知识库中的知识都有统一格式，并且规则之间的联系以全局数据库为媒介，推理过程是一种反复进行的“匹配—冲突消除—执行”过程。在每个推理周期，产生式表示法需要不断地对全部知识的前提进行搜索和模式匹配。从原理上讲，这种方法必然会降低推理效率，而且随着规模数量的增加，推理效率低的缺点会越来越突出，甚至会出现组合爆炸问题。

② 不直观。知识库中存放的是一条条相互独立的知识，它们之间的联系很难通过直观的方式查看。

③ 缺乏灵活性。产生式表示法表示的知识有一定的形式，知识之间不能直接调用，因此其较难表示那些具有结构关系或层次关系的知识，也不能提供灵活的解释。

5.1.3 知识库管理系统设计

Python 作为一个跨平台的开源解释型脚本编程语言，受到了广泛的运用。PyCharm 作为一种 Python IDE（Integrated Development Environment，集成开发环境），它有一整套可以帮助用户在使用 Python 开发专家系统时提高效率的工具，如调试、语法高亮、项目管理、代码跳转、智能提示、自动完成、单元测试、版本控制。Anaconda 是为了方便使用 Python 进行数据科学研究而建立的一组软件包，涵盖了数据科学领域常见的 Python 库，并且自带用来解决软件环境依赖问题的 conda 包管理系统，它主要提供包管理与环境管理的功能，可以很方便地解决多版本 Python 并存、切换及各种第三方包安装问题。

本书将以文本的形式记录专家知识，以 PyCharm Community Edition 2022.2.2 为开发环境，使用 Anaconda 3 对 Python 库进行管理，以 Python 3.6 为开发语言读取文本，构建知识库。

例：根据图 5.1.3 所示的鼓式制动器故障诊断推理树，使用 Python 构建知识库。

解：由题意可得，知识库如下所示。

r1：if 闸瓦磨损 then 制动弹簧压缩量减小

r2：if 制动弹簧预紧力偏小 then 制动弹簧压缩量减小

r3：if 制动弹簧疲劳 then 制动弹簧弹簧力减小

r4：if 制动弹簧压缩量减小 then 制动弹簧弹簧力减小

r5：if 闸瓦磨损 then 制动接触面摩擦系数减小

r6：if 制动接触面有杂质 then 制动接触面摩擦系数减小

r7：if 制动弹簧弹簧力减小 then 制动力矩不足

r8：if 制动接触面摩擦系数减小 then 制动力矩不足

首先建立文本文档，将知识库按照固定的“if…then…”格式保存在文本文档中，如图 5.1.4 所示。

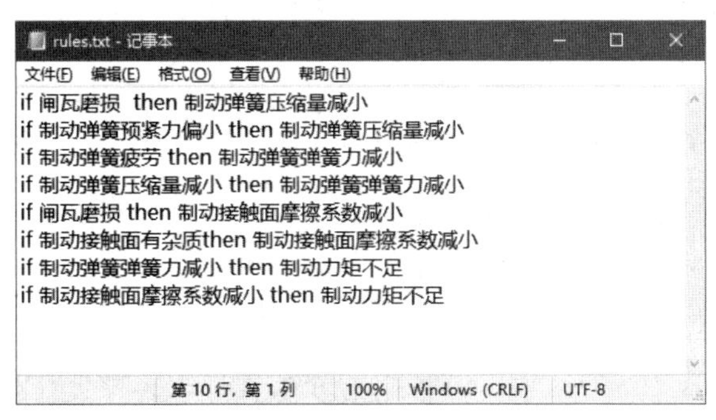

图 5.1.4　文本文档

使用 Python 对文本文档进行读取，并根据 if、then 等关键词对文本文档内容进行分割，以字典的形式存储知识，字典的键为知识的前提，字典的值为知识的结论，最终形成可以使用的专家知识。相应程序如下所示。

```
def readRules(filePath):
    global rules
    for line in open(filePath, mode='r', encoding='utf-8'):
        line = line.replace('if', '').strip()
        temp = line.split(' then ')
        premise = temp[0]
        conclusion = temp[1]
        rules[premise] = conclusion
```

程序运行后，得到存储对应知识的字典，如图 5.1.5 所示。

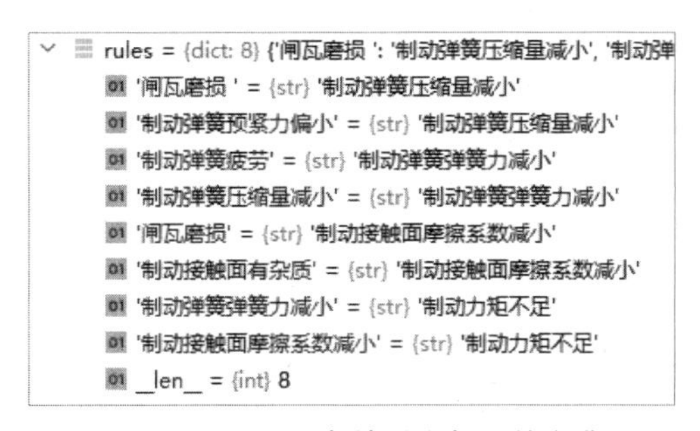

图 5.1.5　存储对应知识的字典

拓展阅读

机器学习是人工智能的核心，专家系统是最重要、最活跃的应用领域

机器学习是一门多领域交叉学科，涉及概率论、统计学、逼近论、凸分析、算法复杂度理论等多门学科。它专门研究计算机怎样模拟或实现人类的学习行为，以获取新的知识或技能，重新组织已有的知识结构以不断改善自身的性能。机器学习是人工智能的核心，是使计算机智能化的根本途径，其应用遍及人工智能的各个领域，它主要使用归纳、综合，而不是演绎。

专家系统是人工智能中最重要也最活跃的一个应用领域，它实现了人工智能从理论研究走向实际应用、从一般推理策略探讨转向运用专门知识的重大突破。专家系统是早期人工智能的一个重要分支，它可以看作一类具有专门知识和经验的计算机智能程序系统，一般采用人工智能中的知识表示和知识推理技术来模拟专家的决策过程以解决该领域的复杂问题。由于专家具有丰富的知识，因此其才有优异的解决问题的能力。如果专家系统能体现和应用这些知识，也应该能解决专家所解决的问题，而且能帮助专家发现推理过程中出现的差错，现在这一点已被证实。在矿物勘测、化学分析、规划和医学诊断方面，专家系统已经达到了专家的水平。

【任务计划】

学生可根据任务资讯及收集整理的资料填写任务计划单。

任务计划单

项　目	基于专家系统的故障诊断		
任　务	知识库的构建	学　时	4
计划方式	资料收集、技能学习等		
序　号	任　务	时　间	负责人
1	分析任务，绘制故障诊断推理树		
2	配置 PyCharm 开发环境		
3	使用 Python 构建知识库		
4	任务成果展示、汇报		
小组分工	讨论构建知识库所涉及的环节及其主要任务，充分细化，并落实到具体的同学，在规定的时间点进行检查		
计划评价			

【任务实施】

学生可根据任务计划编制任务实施方案、完成任务实施，并填写任务实施工单。

任务实施工单

项 目	基于专家系统的故障诊断		
任 务	知识库的构建	学 时	
计划方式	任务实施		
序 号	实施情况		
1			
2			
3			
4			
5			
6			

【任务检查与评价】

学生在完成任务实施后，可采用小组互评等方式进行任务检查。任务评价单如下。

任务评价单

项 目		基于专家系统的故障诊断			
任 务		知识库的构建			
考核方式		过程评价+结果考核			
说 明		主要评价学生在任务学习过程中的操作方式、理论知识的掌握程度、学习态度、课堂表现、学习能力、动手能力等			
评价内容与评价标准					
序 号	评价内容	评价标准			成绩比例
		优	良	合 格	
1	基本理论掌握	掌握知识的概念、知识的分类、知识的表示方法、谓词逻辑的知识表示方法	熟悉知识的概念、知识的分类、知识的表示方法、谓词逻辑的知识表示方法	了解知识的概念、谓词逻辑的知识表示方法	30%
2	实践操作技能	熟练使用 PyCharm 开发环境，根据任务要求能准确分析故障内容，根据故障结果分析故障诊断推理树。熟练使用 Visio 软件，完成故障诊断推理树的绘制。熟练使用 Python 构建知识库	较熟练使用 PyCharm 开发环境，根据任务要求能分析大部分故障内容，根据故障结果分析部分故障诊断推理树。较熟练使用 Visio 软件，完成故障诊断推理树的绘制。较熟练使用 Python 构建知识库	会使用 PyCharm 开发环境，借助故障诊断推理树能使用 Python 构建知识库	30%
3	职业核心能力	具有良好的自主学习能力和分析、解决问题的能力，能解答任务思考	具有较好的自主学习能力和分析、解决问题的能力，能解答部分任务思考	具有分析和解决部分问题的能力	10%

续表

序　号	评价内容	评价标准			成绩比例
		优	良	合　格	
4	工作作风与职业道德	具有严谨的科学态度和工匠精神，能够严格遵守“6S”管理制度	具有良好的科学态度和工匠精神，能够自觉遵守“6S”管理制度	具有较好的科学态度和工匠精神，能够遵守“6S”管理制度	10%
5	小组评价	具有良好的团队合作精神和与人交流的能力，热心帮助小组其他成员	具有较好的团队合作精神和与人交流的能力，能帮助小组其他成员	具有一定的团队合作精神，能配合小组其他成员完成项目任务	10%
6	教师评价	包括以上所有内容	包括以上所有内容	包括以上所有内容	10%
合　计					100%

【任务练习】

1．试比较一阶谓词逻辑表示法对于产生式表示法、框架表示法、状态空间表示法的优势和劣势。

2．本任务以鼓式制动器为例绘制了故障诊断推理树，请查阅资料，列出碟式制动器的故障现象，并绘制其故障诊断推理树。

任务 5.2　推理机的构建

【任务描述】

在专家系统中，推理机根据专家系统知识库中存储的规则，从知识库中获得给定问题的初始数据，在知识库中进行规则的匹配，不断修改、综合数据库中的事实，不断推理得到问题的结论。推理机是专家系统最核心的模块。本任务将带领大家学习推理机的分类及其构建。

【任务单】

学生应能根据相关知识完成推理机的构建。具体任务要求可参照任务单。

任务单

项　目	基于专家系统的故障诊断
任　务	推理机的构建
任务要求	**任务准备**
1．认识推理的定义 2．根据推理方向的不同区分推理方法 3．学习冲突消解策略的概念 4．学习专家系统推理机的设计流程	1．自主学习 （1）了解推理方法的分类 （2）了解使用 Visio 软件绘制推理机的推理流程图的步骤 2）设备工具 （1）硬件：计算机 （2）软件：Visio
自我总结	**拓展提高**
	通过学习和总结，深入了解如何使用 Visio 软件，能针对某一具体问题熟练绘制推理机的推理流程图

【任务资讯】

扫一扫，看微课

5.2.1　推理的定义和方法

1．推理的定义

专家系统往往存储了大量的、一定领域的相关知识，而推理机将这些知识运用到知识的解决和升级中。推理的策略是一个知识选择和整合的过程，推理的具体方法确定了知识是如何应用的。推理机是为了专家系统更科学地使用知识库中的信息而进行判断的部分，即系统根据输入的问题推出某种结论，并提供解释这个结论的规则。知识库与推理机是完全独立的，这样便于专家系统功能的完善。

推理机的功能是模拟领域专家的决策过程，控制并执行对问题的求解。它能根据当前已知的事实，利用知识库中的知识，将输入的问题和知识库中的知识加以协调，按一定的推理方法和控制策略进行推理，直到得出相应的结论为止。它能够对知识库中的知识加以更新和扩充，不断地完善知识库。推理机的性能与构造一般与知识的表示方法有关，但与知识的内容无关，这有利于保证推理机与知识库的独立性，提高专家系统的灵活性。

2．推理的方法

1）按知识确定性分类

推理的方法按知识确定性的不同可分为确定性推理和不确定性推理。

确定性推理假设所求解问题的条件和结论之间存在确定的因果关系，即推理的前提和推理的结论是真是假，没有第三种可能性。在推理时，当知识的前提是真时，该知识才能被激活。

不确定性推理是充分考虑知识的特征，知识并不总是只有真或假，还可能存在其他一些特征，如概念的模糊性、知识的置信度等。因此，使用不确定性推理时所用的知识和推理的条件是不确定的。不确定性推理是指依据不确定的初始条件，运用不确定性知识，最终推断出具有不确定性但却近似合理或基本合理的结论的思维过程。常用的不确定性推理有基于主观贝叶斯理论的概率推理、基于信任测度函数的证据理论和基于模糊集理论的模糊推理。

确定性推理不考虑知识和推理条件的不确定性，因而推理的结论不可能完全符合实际情况。由于其没有考虑知识的定量关系，因此易于实现知识的获取。而不确定性推理所引用的概率信息和模糊信息都与知识的量化有密切关系，这样虽然推断比较精确而且更符合实际情况，但推理比较复杂，反而降低了推理效率，推理也不容易实现。

2）按推理方式分类

推理的方法按推理方式的不同可分为演绎推理、归纳推理和模型推理。

（1）演绎推理是指由一般性知识推断出适合某一特殊情况的结论，即由一般到个别的推理。它常用的推理方式是三段论式，包括一般性已知知识的大前提、具体事实判断的前提和由此推出的结论。

（2）归纳推理是指由个别到一般的推理。

（3）模型推理实质上是基于知识的推理，即依据已知事实，运用知识进行推理。

3）按知识层次分类

推理的方法按知识层次的不同可分为领域级推理和非领域级推理。领域级推理的知识层属于领域层次知识，该推理主要有经验推理、因果推理和功能推理等。非领域级推理的知识层属于策略层次知识和规则层次知识。

5.2.2 推理方向

推理方向用于确定推理的驱动方式。根据推理方向的不同，常见的推理方法可分为正向推理、反向推理、正反向混合推理。

1. 正向推理

正向推理又称为数据驱动控制或前向推理，它是指从已知的事实出发，向结论方向推导，直到推出正确的结论。其基本思想是：先从用户提供的已知事实出发，在知识库中找出当前可调用的规则，构成可适用的规则集，然后根据某种冲突消解策略从规则集中找到与已知事实匹配的最佳规则，从而推出某种结论，将该结论作为中间数据加入数据库，并将其作为下一步推理的已知事实，继续在知识库中寻找最佳的规则与之匹配，如此循环，直到得出最终结论或不再有新的结论加入数据库为止。正向推理的流程图如图 5.2.1 所示。

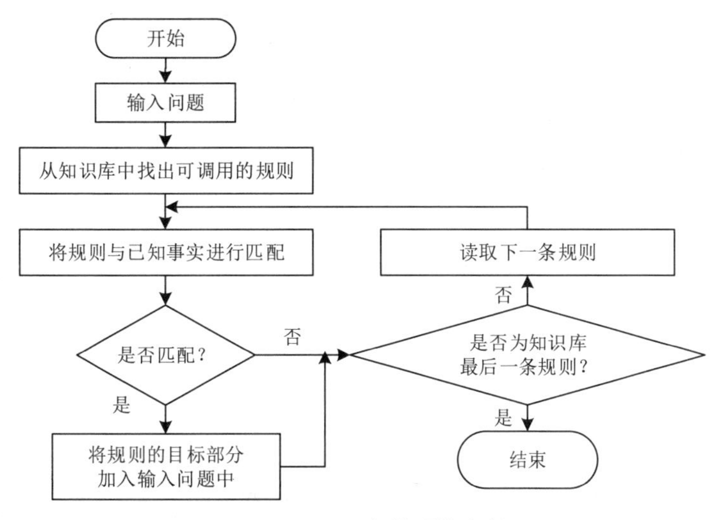

图 5.2.1　正向推理的流程图

2. 反向推理

反向推理又称为目标驱动控制或后向推理，其基本思想是：先选择一个目标作为假设，然后在知识库中寻找支持该假设的规则。若找到所需要的规则，则说明原假设是成立的，推理成功；若找不到所需要的规则，则说明原假设不成立，推理不成功，需要做新的假设。反向推理的流程图如图 5.2.2 所示。

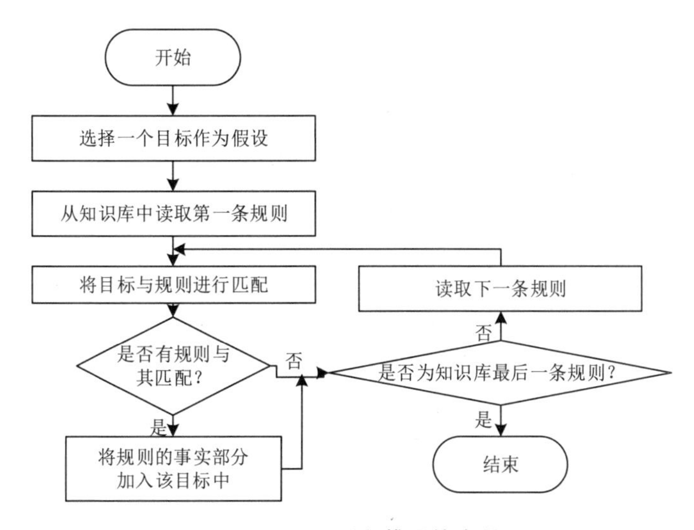

图 5.2.2　反向推理的流程图

3. 正反向混合推理

正反向混合推理是为了综合利用正向推理和反向推理的优点，克服各自的缺点而提出的。正反向混合推理的基本思想是：根据已知的事实进行正向推理，得到可能成立的结论，并将其作为假设，进行反向推理，寻找支持这些假设的规则，这是先进行正向推理后进行反向推理；先选择一个目标作为假设进行反向推理，然后利用在反向推理中取得的证据或事实进行正向推理，最后推出更多的结论。这种推理类似于人们日常进行决策时的思维方式，问题求解的过程也能被人理解，但控制策略较单独推理更为复杂。正反向混合推理的流程图如图 5.2.3 所示。

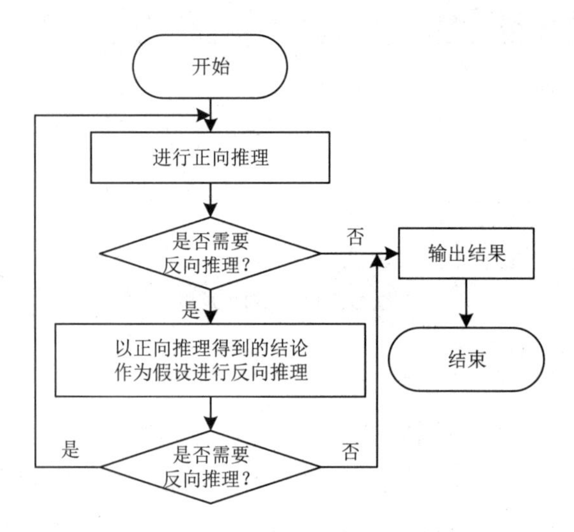

图 5.2.3　正反向混合推理的流程图

5.2.3　冲突消解策略

扫一扫，看微课

1．冲突消解原则

冲突消解原则是在多条匹配成功的规则中选择最为合理的一条执行，这是最基本的冲突消解策略。在专家系统的推理过程中，很容易出现的一种情况是，在该过程的某一个环节，满足与已知事实匹配条件的规则可能有很多，这样各规则之间就会发生冲突，此时就需要根据各种推理机制来确定选择哪一条规则，最简单的方法是选择其中一条规则去试，如此循环，但这种方法效率很低。因此，目前的专家系统大多采用一些优先级顺序来选择规则，具体内容如下。

（1）按照匹配性的强弱来选择，即先选择与已知事实匹配性更强的规则。

（2）按照优先级的顺序来选择。因为有的专家系统是按照优先级的顺序编写规则的，所以这些系统也可以按照优先级的顺序选择规则。

（3）按照规则使用频率来选择，即先选择求解某个问题使用最多的规则。

（4）按照被使用的时间来选择，即先选择最近被使用的规则。

（5）按照规则解决问题的效率来选择，因为有的规则在解决问题的同时又产生了其他事实，这样这条规则的优先级就下降了。

2. 常见的冲突消解策略

目前常见的冲突消解策略的基本思想是以不同的标准和侧重对规则进行排序。常见的冲突消解策略如下。

1）按规则的针对性

当多条规则满足与已知事实的匹配条件时，优先选择条件更多的规则。条件更多的规则，具有更强的针对性，更接近真实目标，能缩短推理过程。

例如，假设规则 r1 和规则 r2 同时满足与某个事实的匹配条件，然而规则 r1 包含规则 r2 中的所有条件，且规则 r1 包含更多的其他条件，此时称规则 r1 具有更大的针对性，相比之下规则 r2 具有更大的通用性，故此时应选择规则 r1 作为匹配结果。

2）按已知事实的新鲜性

在问题的推理过程中，每应用一条规则，就会得到一个或多个结论，或者执行一个或多个操作，数据库就会生成新的事实。数据库中新生成的事实称为新鲜的事实，后生成的事实比先生成的事实具有更大的新鲜性。

例如，假设规则 r1 可与事实组 A 匹配成功，规则 r2 可与事实组 B 匹配成功，则事实组 A 与事实组 B 中哪一组事实新鲜，与它匹配的规则就先被应用。

3）按规则的匹配度

在不确定性推理中，如果有多条规则与某个事实的匹配度都达到了阈值，那么就选择与该事实匹配度最大的规则作为匹配结果。示例如下。

r1： if 释放响应时间超时 then 电磁装置吸合触动时间延时 （0.6）

r2： if 释放响应时间超时 then 电磁装置吸合运动时间延时 （0.4）

针对以上示例，规则 r1 和规则 r2 同时满足与某个事实的匹配条件，但规则 r1 与该事实的匹配度为 0.6，高于规则 r2，因此在实际推理中应选择与该事实匹配度更大的规则 r1 作为匹配结果。

5.2.4　专家系统推理机的设计

专家系统在诊断上的效率主要由推理机的实现机制决定，知识库的构建也是为专家系统最后的推理服务的。所以，推理机的设计是专家系统诊断的核心。本节以鼓式制动器故障诊断为例，进行专家系统的正向推理机设计。

根据鼓式制动器的基本功能和相关标准规定，当鼓式制动器断电后，其不能在 0.5s 内达到规定的制动力矩即可判断为故障，因此在整个故障诊断系统运行时，需要实时采集鼓式制动器的关键运行数据。

在采集到数据后，将每个数据与知识库中的规则进行逐一比对匹配。在匹配的过程中，如果出现匹配冲突，那么冲突消解策略选择与新鲜事实匹配的规则。规则的编码数字越大表示与其匹配的事实越新鲜，在出现匹配冲突时选择编码最大的规则作为匹配结果。

将成功匹配的规则作为新的问题，再重复以上步骤，将相关数据与知识库中的规则进行逐一匹配、冲突消解、确定匹配结果，直到无法在知识库中匹配到对应的规则，即推理结束。正向推理机的推理流程图如图 5.2.4 所示。

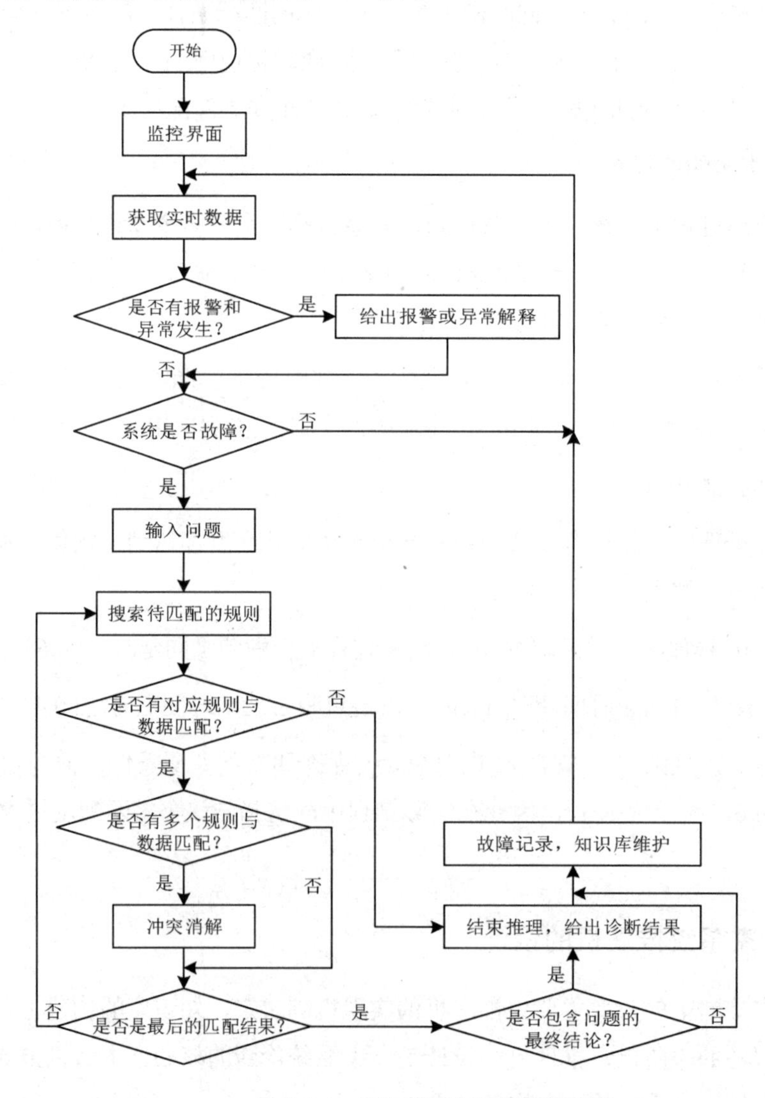

图 5.2.4　正向推理机的推理流程图

拓展阅读

中国科学院陆汝钤获吴文俊人工智能最高成就奖

中国科学院院士、中国科学院数学与系统科学研究院研究员陆汝钤成为首位“吴文俊人工智能最高成就奖”的获得者。

陆汝钤院士是我国人工智能领域的开拓者和先驱之一，他在知识工程方面取得了系统性的创新成就，特别是在全过程动画自动生成、专家系统开发环境、软件自动生成、少儿图灵测试、知件、大知识特征刻画等方面，他的多项成果为国际所公认。他设计并主持研制了知识工程语言 TUILI 和大型专家系统开发环境“天马”，首次把异构型 DAI 和机器辩论引进人工智能领域，发表了国际上第一篇异构型分布式人工智能文章，研究出了基于“类自然语言理解”的知识自动获取方法，并开发出了基于知识的应用软件自动生成技术，在艺术创造领域发展了人工智能技术。1999 年，他当选为中国科学院院士。2003 年，他获得了中国数学界的终身成就奖——华罗庚奖。进入 21 世纪后，他提出把软件中所含知识从软件中分离出来，形成可商品化的知件，使硬件、软件、知件三足鼎立，并提出一套相应的技术和方法。

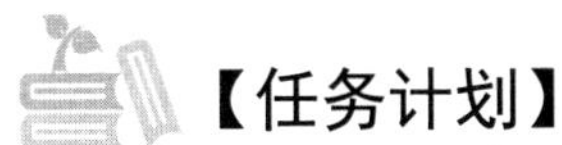

【任务计划】

学生可根据任务资讯及收集整理的资料填写任务计划单。

任务计划单

项　目	基于专家系统的故障诊断		
任　务	推理机的构建	学　时	4
计划方式	资料收集、分组讨论、合作实操		
序　号	任　务	时　间	负责人
1	根据推理方向的不同区分推理方法		
2	设计冲突消解策略		
3	使用 Visio 软件绘制推理机的推理流程图		
4	完成推理机的设计		
5			
6	任务成果展示、汇报		
小组分工	讨论设计推理机所涉及的环节及其主要任务，充分细化，并落实到具体的学生，在规定的时间点进行检查		
计划评价			

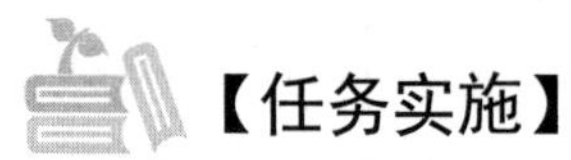

【任务实施】

学生可根据任务计划编制任务实施方案、完成任务实施，并填写任务实施工单。

任务实施工单

项　目	基于专家系统的故障诊断		
任　务	推理机的构建	学　时	
计划方式	任务实施		
序　号	实施情况		
1			
2			
3			
4			
5			
6			

【任务检查与评价】

学生在完成任务实施后，可采用小组互评等方式进行任务检查。任务评价单如下。

任务评价单

项　目		基于专家系统的故障诊断			
任　务		推理机的构建			
考核方式		过程评价+结果考核			
说　明		主要评价学生在任务学习过程中的操作方式、理论知识的掌握程度、学习态度、课堂表现、学习能力、动手能力等			
评价内容与评价标准					
序　号	评价内容	评价标准			成绩比例
		优	良	合　格	
1	基本理论掌握	掌握推理的定义；掌握推理方法的分类；熟悉正向推理和反向推理的过程及彼此之间的异同	了解推理的定义；了解推理方法的分类；熟悉正向推理和反向推理的过程	了解推理的定义和分类；熟悉正向推理和反向推理的过程	30%
2	实践操作技能	熟练使用 Visio 软件，能自行设计推理机的推理流程，并能绘制其推理流程图	较熟练使用 Visio 软件，能按照已有的推理机推理流程，绘制其推理流程图	会使用 Visio 软件，能在协助下按照已有的推理机推理流程，较完整绘制其推理流程图	30%

续表

序　号	评价内容	评价标准			成绩比例
		优	良	合　格	
3	职业核心能力	具有良好的自主学习能力和分析、解决问题的能力，能解答任务思考	具有较好的自主学习能力和分析、解决问题的能力，能解答部分任务思考	具有分析和解决部分问题的能力	10%
4	工作作风与职业道德	具有严谨的科学态度和工匠精神，能够严格遵守“6S”管理制度	具有良好的科学态度和工匠精神，能够自觉遵守“6S”管理制度	具有较好的科学态度和工匠精神，能够遵守“6S”管理制度	10%
5	小组评价	具有良好的团队合作精神和与人交流的能力，热心帮助小组其他成员	具有较好的团队合作精神和与人交流的能力，能帮助小组其他成员	具有一定的团队合作精神，能配合小组其他成员完成项目任务	10%
6	教师评价	包括以上所有内容	包括以上所有内容	包括以上所有内容	10%
合　计					100%

【任务练习】

1．正向推理与反向推理的异同有哪些？

2．请列举两种推理过程中的冲突消解策略。

任务 5.3　基于 Python 的专家系统实现

【任务描述】

Python 作为一种开源的解释型脚本编程语言，具有简单易用、拥有大量第三方库等优点。因此，本任务不再用传统的专家系统语言 CLIPS，而用 Python 作为开发语言，降低了专家系统的实现难度。通过 Python 分别实现知识库和推理机构建，完成整个专家系统的实现。

【任务单】

本任务以鼓式制动器的故障诊断为背景，以 Python 为开发语言，在 PyCharm 开发环境中实现故障诊断的专家系统。具体任务要求可参照任务单。

任务单

<table>
<tr><td>项目名称</td><td colspan="2">基于专家系统的故障诊断</td></tr>
<tr><td>任务名称</td><td colspan="2">基于 Python 的专家系统实现</td></tr>
<tr><td colspan="2">任务要求</td><td>任务准备</td></tr>
<tr><td colspan="2">1. 根据鼓式制动器故障表，绘制故障诊断推理树，并用 Python 构建知识库
2. 使用 Python 实现知识库的读取
3. 使用 Python 实现正向推理
4. 构建完整的专家系统</td><td>1. 自主学习
（1）进一步学习 PyCharm 开发环境
（2）使用 PyCharm 完成基于 Python 的正向推理机设计
（3）了解 Visio 软件
2. 设备工具
（1）硬件：计算机
（2）软件：Visio、PyCharm</td></tr>
<tr><td colspan="2">自我总结</td><td>拓展提高</td></tr>
<tr><td colspan="2"></td><td>通过学习和总结，深入学习 PyCharm 开发环境的使用，熟练使用 Python 进行编程，完成正向推理机的构建和专家系统的实现</td></tr>
</table>

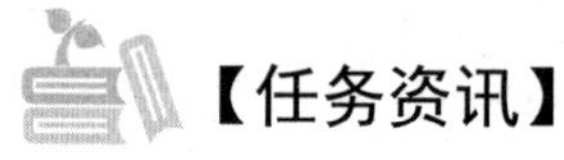

【任务资讯】

扫一扫，看微课

5.3.1 构建知识库

制动器常用于电梯，它是电梯的第一道安全线，更是电梯内乘客的第一条生命线，直接关系到整台电梯的运行安全。制动器作为机电组合产品，其故障模式复杂多样，较难建立精确的数学解析模型，同时其运行过程的数据很难获得，因此较难用定量分析方法对其进行故障诊断。为此，本任务以专家系统为工具对制动器进行故障诊断。其中，制动器分为鼓式制动器、块式制动器、碟式制动器。本任务以鼓式制动器故障诊断为例，运用专家系统的知识，构建知识库和推理机，从而完成对鼓式制动器的故障诊断。

首先根据鼓式制动器故障表，分析并绘制故障诊断推理树。已知鼓式制动器在制动响应时间超时的故障表如表 5.3.1 所示。

表 5.3.1 鼓式制动器在制动响应时间超时的故障表

序　号	if	then
1	被短接或安装电阻值偏小	续流电阻值减小
2	环境温度较低	续流电阻值减小
3	匝键黏连短路	励磁线圈内阻减小
4	闸瓦磨损	制动弹簧压缩量减小
5	制动弹簧预紧力偏小	制动弹簧压缩量减小
6	制动弹簧疲劳	制动弹簧弹簧力减小

续表

序 号	if	then
7	制动弹簧压缩量减小	制动弹簧弹簧力减小
8	制动弹簧弹簧力减小	动铁芯所受反力减小
9	动铁芯卡阻	动铁芯所受反力减小
10	制动臂轴销卡阻	动铁芯所受反力减小
11	续流电阻值减小	等效电阻值减小
12	励磁线圈内阻减小	等效电阻值减小
13	电源电压偏高	稳定电流增大

根据以上故障表信息，可得出知识库如下。

if 被短接或安装电阻值偏小 then 续流电阻值减小

if 环境温度较低 then 续流电阻值减小

if 匝键黏连短路 then 励磁线圈内阻减小

if 闸瓦磨损 then 制动弹簧压缩量减小

if 制动弹簧预紧力偏小 then 制动弹簧压缩量减小

if 制动弹簧疲劳 then 制动弹簧弹簧力减小

if 制动弹簧压缩量减小 then 制动弹簧弹簧力减小

if 制动弹簧弹簧力减小 then 动铁芯所受反力减小

if 动铁芯卡阻 then 动铁芯所受反力减小

if 制动臂轴销卡阻 then 动铁芯所受反力减小

if 续流电阻值减小 then 等效电阻值减小

if 励磁线圈内阻减小 then 等效电阻值减小

if 电源电压偏高 then 稳定电流增大

为了更清晰地表述专家系统的推理过程，将上述知识库转换为故障诊断推理树，如图 5.3.1 所示。

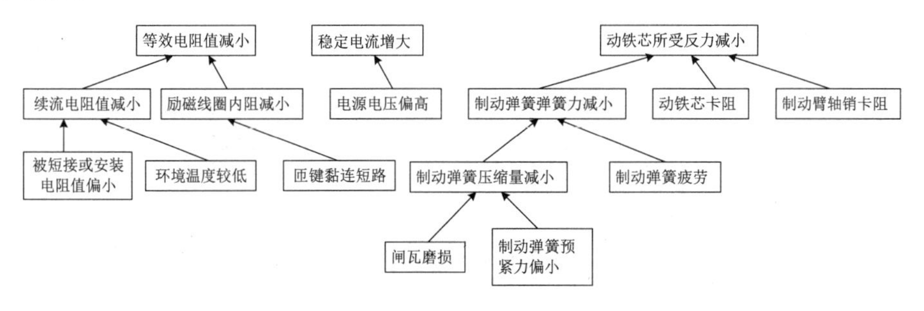

图 5.3.1 鼓式制动器制动响应时间超时故障推诊断理树

根据以上内容，新建一个.txt 文档，将上述知识库复制至文档中，方便后续使用 Python 进行分析处理，如图 5.3.2 所示。在复制过程中，请注意 if、then 关键词与知识的前提和结论需要用空格隔开。

图 5.3.2　以文档存储知识库

5.3.2　使用 Python 实现专家系统

本文使用 Anaconda 创建并管理 Python，使用 PyCharm 开发环境进行专家系统开发。

在保存文档的目录下使用 PyCharm，单击“New Project”按钮新建工程。在“Location”下拉列表中选择创建工程的目录，该工程的名称为“ESForTroubleshooting”。在“Python Interpreter”选区选择“Previously configured interpreter”单选按钮，在“Interpreter”下拉列表中选择对应的 Python 地址，单击“Create”按钮完成工程创建，如图 5.3.3 所示。

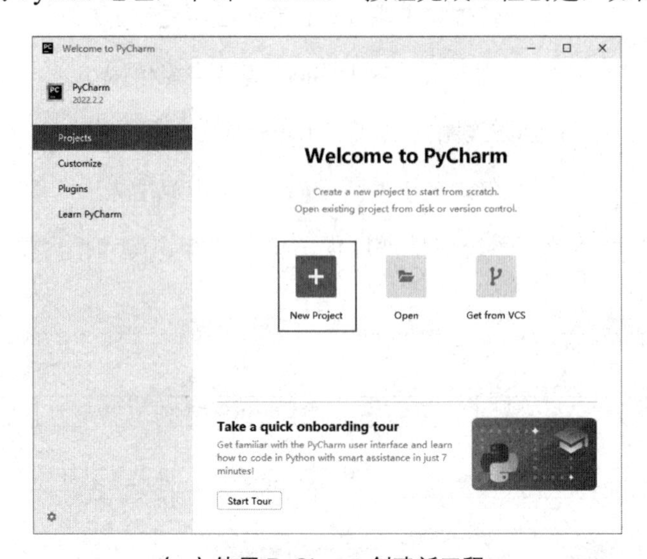

（a）使用 PyCharm 创建新工程

图 5.3.3　创建工程

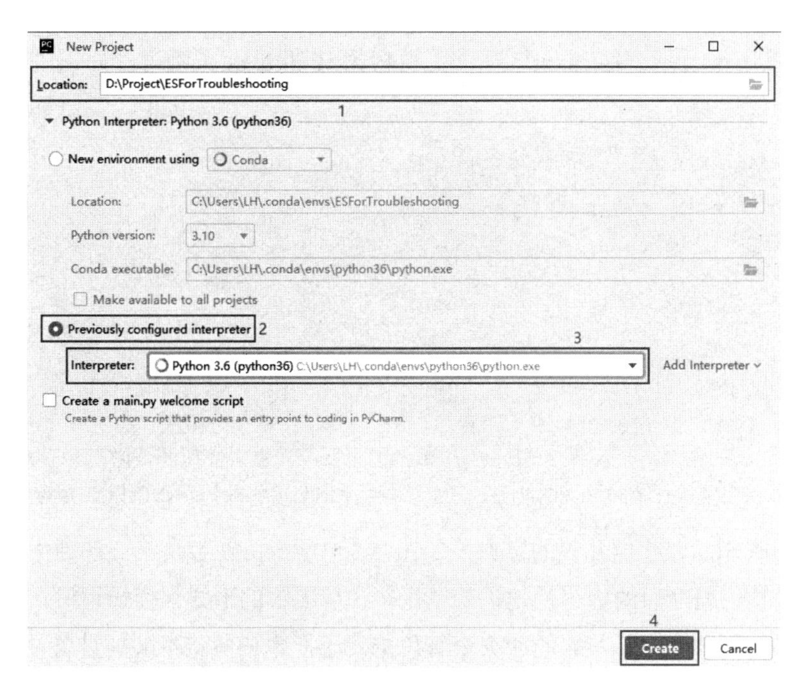

（b）工程的相关设置

图 5.3.3　创建工程（续）

创建好的工程页面如图 5.3.4 所示。其中“main.py”为代码文件，“rules.txt”为知识库文件。

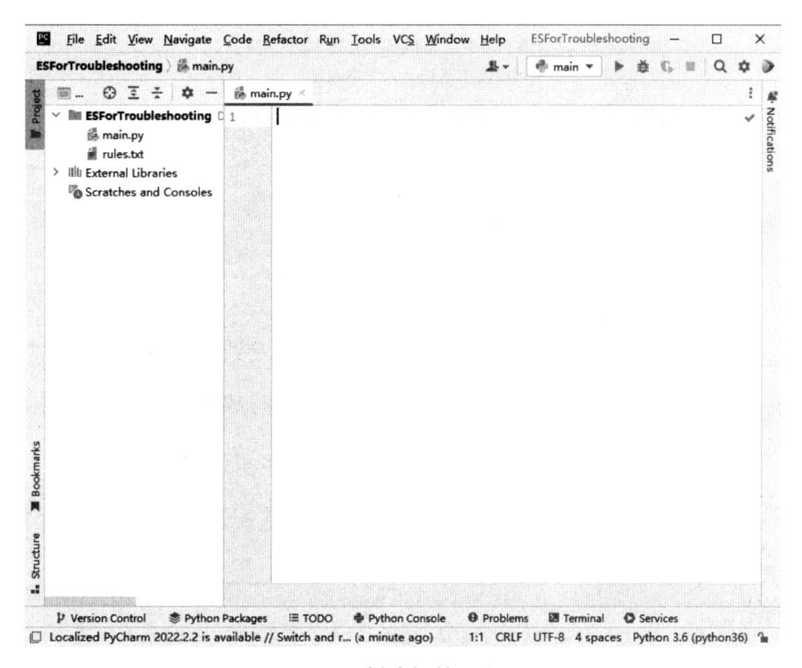

图 5.3.4　创建好的工程页面

先使用 Python 读取"rules.txt"文件，再根据 if 和 then 关键词对知识进行分割存储，代码如下。

```
1 rules = {}  #以字典形式存储知识
2 def readRules(filePath):
3     global rules
4     for line in open(filePath, mode='r', encoding='utf-8'):  #以"只读"模式和utf-8格式读取文件中的每一行
5         line = line.replace('if', '').strip()
6         temp = line.split(' then ')  #将知识的前提和结论分开，存入temp数组
7         premise = temp[0]  #数组的第一个数据为知识的前提
8         conclusion = temp[1]  #数组的第二个数据为知识的结论
9         rules[premise] = conclusion  #将知识的前提和结论以字典的形式存储起来
```

运行以上代码后，存储知识的字典，如图 5.3.5 所示，在字典某一句话中，冒号前的内容为知识的前提，冒号后的内容为知识的结论。在以字典的形式保存知识时，新知识会自动覆盖旧知识，契合冲突消解策略的冲突消解思想，因此本任务将不额外设置冲突消解策略。

```
Connected to pydev debugger (build 222.4167.33)
1: 被短接或安装电阻值偏小: 续流电阻值减小
2: 环境温度较低: 续流电阻值减小
3: 匝键黏连短路: 励磁线圈内阻减小
4: 闸瓦磨损: 制动弹簧压缩量减小
5: 制动弹簧预紧力偏小: 制动弹簧压缩量减小
6: 制动弹簧疲劳: 制动弹簧弹簧力减小
7: 制动弹簧压缩量减小: 制动弹簧弹簧力减小
8: 制动弹簧弹簧力减小: 动铁芯所受反力减小
9: 动铁芯卡阻: 动铁芯所受反力减小
10: 制动臂轴销卡阻: 动铁芯所受反力减小
11: 续流电阻值减小: 等效电阻值减小
12: 励磁线圈内阻减小: 等效电阻值减小
13: 电源电压偏高: 稳定电流增大
>>>
```

图 5.3.5　存储知识的字典

根据正向推理的基本思想，推理机使用 for 循环，对输入的故障现象依次与知识库中的知识前提进行匹配，匹配成功的知识的结论将作为新的故障现象存储，用更新过的事实再与其他规则匹配，直到不再有可匹配的规则为止。代码实现如下。

```
1 def matchRules(facts):
2     print()
3     #循环匹配
4      isEnd = False
5     def loop():                #进行循环匹配
6         global rules               #定义规则变量
```

```
7        nonlocal facts, isEnd      #定义事实变量和结束标志
8        rules_copy = rules.copy() #复制知识库读取的规则
9        i = 0
10       for premise in rules:      #循环匹配
11           flag = True
12           #print(premise+ ':' + rules[premise])
13           pre = premise.split(' and ')   #分解有并列条件的事实
14           for p in pre:
15               if p in facts:
16                   pass     #若匹配成功，匹配中止
17               else:
18                   flag = False
19           if (flag):
       #打印推理步骤
20               print('推理过程: ' + premise + ' -> ' + rules[premise])
22               for p in pre:
23                   facts = facts.replace(p, ' ')
24               facts = facts + rules[premise] #将匹配成功的知识的结论作为新
的故障现象
25               rules_copy.pop(premise)
26           else:
27               i += 1            #匹配规则
28       if i == len(rules):         #循环匹配完所有的规则时，退出循环
29           isEnd = True
30       rules = rules_copy
31   #是否推导出最终结论
32   while (not isEnd):              #是否推导出最终结论
33       loop()
```

使用“print”语句设计一个简单的引导界面，引导用户如何使用该程序。引导界面代码实现如下。

```
def ui():
    print('————————鼓式制动器故障诊断专家系统————————')
    print('| 注意：请严格按照知识库中知识的前提来输入故障现象  |')
    print('——————————————————————————————————', end='\n\n')
    facts = input('请输入故障现象: ')
    matchRules(facts)
```

在 main()主函数中调用以上子程序，实现基于 Python 的专家系统，代码如下。

```
def main():
    filePath = r'rules.txt'  #规则的相对路径
    readRules(filePath)
    ui()
```

运行 main()主函数，结果如图 5.3.6 所示。

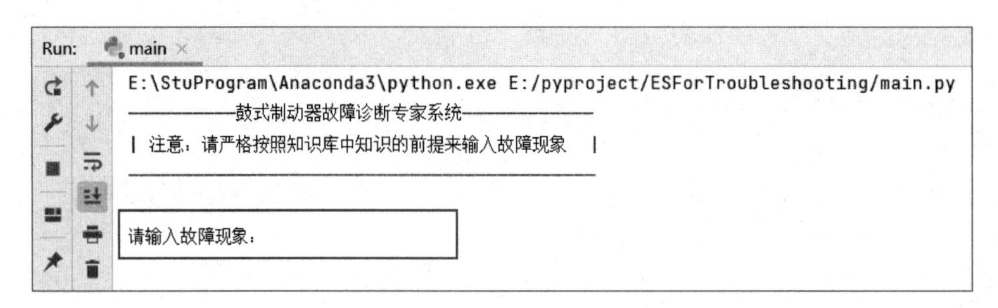

图 5.3.6　main()主函数的运行结果

在图 5.3.6 的“请输入故障现象”处输入故障现象，如输入“制动弹簧预紧力偏小”，根据故障诊断推理树可得正向推理示意图如图 5.3.7 所示。

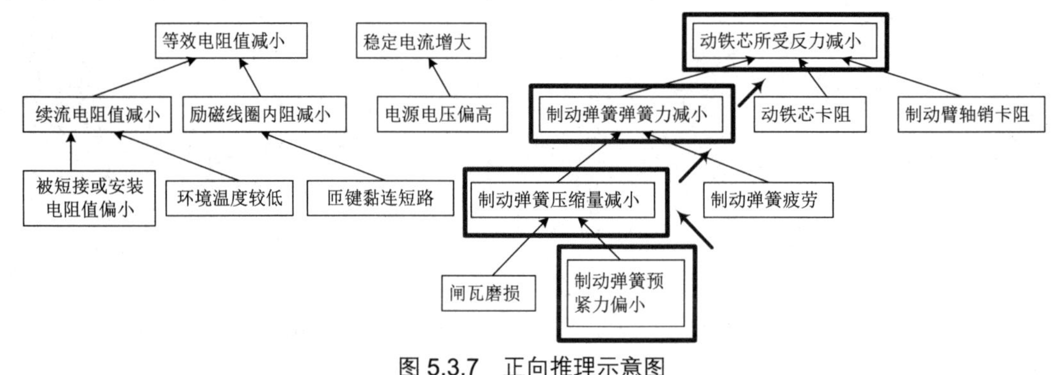

图 5.3.7　正向推理示意图

根据图 5.3.7 可知，专家系统应该进行三次推理。程序运行结果如图 5.3.8 所示。

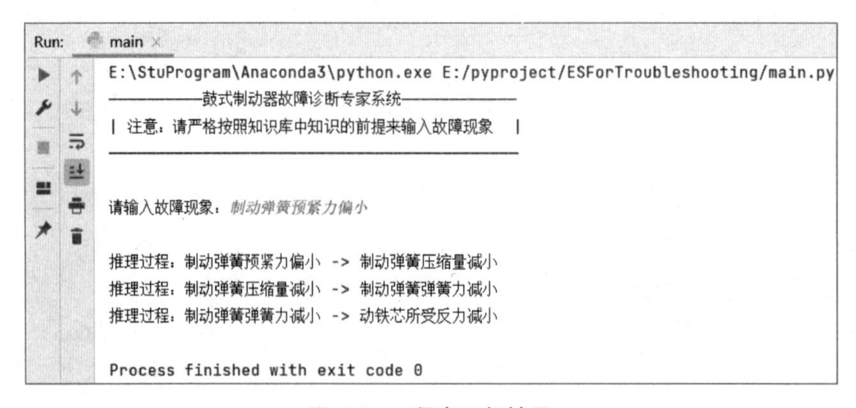

图 5.3.8　程序运行结果

程序运行结果显示，推理过程有三次，与故障诊断推理树所得示意图相符，系统运行完毕。

拓展阅读

人工智能+工业互联网成趋势，云智一体加速多点落地

知名智库机构赛迪在对人工智能+工业互联网平台市场的研究中指出，人工智能和工业互联网的融合应用是制造业数字化、网络化、智能化发展的必由之路，是数字经济时代建设制造强国、网络强国和数字中国的扣合点。按照赛迪给出的定义，人工智能+工业互联网是指在工业互联网的架构基础上融合人工智能技术，特点是以大量数据采集为算料基础、以机器学习或深度学习算法为核心、以用户需求为导向，面向工业场景提供智能解决方案，帮助工业企业更好地实现数据价值及提升效能，实现数据驱动的业务转型和创新，出现了云仿真设计、设备预测性维护、产品质量追溯、网络协同制造、智能产品运维等新模式、新业态。

以人工智能为主的前沿技术正在赋予工业互联网新的内涵：既是企业转型的智能底座，贯穿工业企业产品研发设计、生产、运营管理、销售、供应链等数字化转型的全生命周期，也是区域产业升级的智慧引擎，某种程度上也是中国智造抓住机遇深化转型的可行路径。随着数据质量、技术手段的提升，以人工智能+工业互联网为特色的产业园区将成为工业企业新的发展趋势，区域的数字化转型成效和产值也将迎来新的增长点。

【任务计划】

学生可根据任务资讯及收集整理的资料填写任务计划单。

任务计划单

项　目	基于专家系统的故障诊断		
任　务	基于 Python 的专家系统实现	学　时	2
计划方式	资料收集、技能学习等		
序　号	任　务	时　间	负责人
1	根据鼓式制动器故障表，绘制故障诊断推理树并构建知识库		
2	使用 Python 读取知识库		
3	使用 Python 构建正向推理机		
4	构建一个完整的专家系统，并完成调试		
5	任务成果展示、汇报		
小组分工	讨论完成专家系统实现过程中所涉及的环节及其主要任务，充分细化，并落实到具体的学生，在规定的时间点进行检查		
计划评价			

【任务实施】

学生可根据任务计划编制任务实施方案、完成任务实施，并填写任务实施工单。

任务实施工单

<table>
<tr><td>项　目</td><td colspan="3">基于专家系统的故障诊断</td></tr>
<tr><td>任　务</td><td>基于 Python 的专家系序实现</td><td>学　时</td><td></td></tr>
<tr><td>计划方式</td><td colspan="3">任务实施</td></tr>
<tr><td>序号</td><td colspan="3">实施情况</td></tr>
<tr><td>1</td><td colspan="3"></td></tr>
<tr><td>2</td><td colspan="3"></td></tr>
<tr><td>3</td><td colspan="3"></td></tr>
<tr><td>4</td><td colspan="3"></td></tr>
<tr><td>5</td><td colspan="3"></td></tr>
<tr><td>6</td><td colspan="3"></td></tr>
</table>

【任务检查与评价】

学生在完成任务实施后，可采用小组互评等方式进行任务检查。任务评价单如下。

任务评价单

<table>
<tr><td colspan="2">项　目</td><td colspan="4">基于专家系统的故障诊断</td></tr>
<tr><td colspan="2">任　务</td><td colspan="4">基于 Python 的专家系统实现</td></tr>
<tr><td colspan="2">考核方式</td><td colspan="4">过程评价+结果考核</td></tr>
<tr><td colspan="2">说　明</td><td colspan="4">主要评价学生在任务学习过程中的操作方式、理论知识的掌握程度、学习态度、课堂表现、学习能力、动手能力等</td></tr>
<tr><td colspan="6">评价内容与评价标准</td></tr>
<tr><td rowspan="2">序　号</td><td rowspan="2">评级内容</td><td colspan="3">评价标准</td><td rowspan="2">成绩比例</td></tr>
<tr><td>优</td><td>良</td><td>合　格</td></tr>
<tr><td>1</td><td>基本理论掌握</td><td>熟练掌握知识库的构建原理、故障诊断推理树的绘制原理</td><td>熟悉知识库的构建原理、故障诊断推理树的绘制原理</td><td>了解知识库的构建原理、故障诊断推理树的绘制原理</td><td>30%</td></tr>
<tr><td>2</td><td>实践操作技能</td><td>熟练使用 PyCharm 开发环境，快速完成基于 PyCharm 的工程创建和相关设置。熟练使用 Python 构建知识库和实现正向推理</td><td>较熟练使用 PyCharm 开发环境，完成基于 PyCharm 的工程创建和相关设置。较熟练使用 Python 构建知识库和实现正向推理</td><td>能完成基于 PyCharm 的工程创建。能在帮助下完成使用 Python 构建知识库和实现正向推理</td><td>30%</td></tr>
<tr><td>3</td><td>职业核心能力</td><td>具有良好的自主学习能力和分析、解决问题的能力，能解答任务思考</td><td>具有较好的自主学习能力和分析、解决问题的能力，能解答部分任务思考</td><td>具有分析和解决部分问题的能力</td><td>10%</td></tr>
</table>

续表

序　号	评价内容	评价标准			成绩比例
		优	良	合　格	
4	工作作风与职业道德	具有严谨的科学态度和工匠精神，能够严格遵守“6S”管理制度	具有良好的科学态度和工匠精神，能够自觉遵守“6S”管理制度	具有较好的科学态度和工匠精神，能够遵守“6S”管理制度	10%
5	小组评价	具有良好的团队合作精神和与人交流的能力，热心帮助小组其他成员	具有较好的团队合作精神和与人交流的能力，能帮助小组其他成员	具有一定的团队合作精神，能配合小组其他成员完成项目任务	10%
6	教师评价	包括以上所有内容	包括以上所有内容	包括以上所有内容	10%
合　计					100%

【任务练习】

1．参照本任务中的正向推理实现过程，试用 Python 实现反向推理。

2．试在本任务的专家系统中加入 1～2 个冲突消解策略，并用 Python 实现。

【思维导图】

请学生完成本项目思维导图，示例如下。

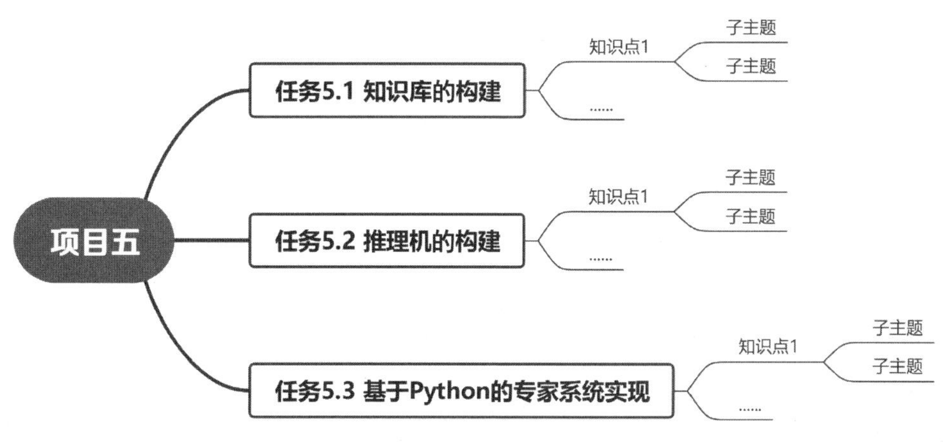

【创新思考】

上文已经完成了基于 Python 的专家系统实现，其中知识的前提是根据知识库输入的，请学生思考如何实现知识前提的模糊输入，并通过交互让使用者选择输入的语句，请学生在任务 5.3.3 的基础上进行实验验证。

项目6

工业互联网云平台

职业能力

- 能阐述树至云工业互联网云平台的特点。
- 熟悉树至云工业互联网云平台的功能。
- 能配置树至云工业互联网云平台。
- 能完成数据采集与上云。
- 能完成设备健康状态监测。
- 能作为团队成员参与创新创意项目。
- 培养严谨的科学态度和精益求精的工匠精神。
- 提高信息处理、与人交流、解决问题的能力。

引导案例

以制造业与互联网+、云计算、大数据、人工智能等新一代信息技术的深度融合发展为基础，实现制造企业内部资源优化配置与跨企业社会化协同制造的工业互联网平台建设和应用，已成为促进工业转型升级的关键抓手。各大公司和初创企业都对预测性维护进行了重点布局，似乎都坚信预测性维护必将成为工业互联网中少数的“杀手级”应用之一。例如，华为抓住市场痛点，选择从“梯联网”切入电梯运维领域；空客选择自建边缘计算和云平台能力，定制自用的预测性维护系统。

通过前面项目/任务的学习，相信学生已经对工业互联网预测性维护有了较深的认识。学生要想进一步了解工业互联网云平台，需要掌握云平台的功能、配置和作用，这样才有可能将预测性维护变为现实。

任务6.1 工业互联网云平台的配置

【任务描述】

在本任务中，学生需要认识树至云工业互联网云平台，理解云平台的功能和作用，并能配置云平台。

【任务单】

学生应能根据相关知识完成对树至云工业互联网云平台的配置。具体任务要求可参照任务单。

任务单

项 目	工业互联网云平台
任 务	工业互联网云平台的配置
任务要求	**任务准备**
1. 明确任务要求，组建分组，每组3～5人 2. 收集工业互联网云平台与预测性维护相关的功能 3. 理解树至云工业互联网云平台的功能 4. 完成对树至云工业互联网云平台的配置	1. 自主学习 （1）工业互联网云平台与预测性维护相关的功能 （2）树至云工业互联网云平台的功能与作用 2. 设备工具 （1）硬件：计算机、PDM100实训装置 （2）软件：办公软件、树至云工业互联网云平台
自我总结	**拓展提高**
	通过工作过程和总结，认识树至云工业互联网云平台，提高对云平台的配置能力

【任务资讯】

扫一扫，看微课

6.1.1 树至云工业互联网平台的简介

树至云工业互联网云平台是一款专注于中小企业预测性维护产教融合服务的综合性互联网数字云平台。该平台通过实时监测设备运行状态，可预测设备运行状态的发展趋势和可能的故障，也可诊断设备的早期故障、精准确定未来设备故障发生的时间和位置、对设备进行全生命周期的健康管理、最大化零件工作效率、减少不必要的停产，从而为企业带来显著的收益，使企业真正从制造变为智造，推进制造业转型升级。

树至云工业互联网云平台的特点如下。

（1）具有海量数据接入能力，支持时序性数据、数据库、第三方 API、文件、音视频等数据源（ETL），具有千万级数据规模综合管理能力，全面支持研华边缘侧数据采集方案。

（2）模块化服务动态扩展，系统全面微服务化/容器化，支持策略动态扩容，达到弹性高可用，并支持公有云及私有化部署。

（3）快速构建数字孪生模型，对物理资产创建数字孪生模型管理、映射管理、互操作管理等，支持多种分析处理模型管理，并支持机理模型、数据驱动人工智能模型挂载。

（4）快速构建物联网应用，提供 2D/3D 可视化工具，并提供丰富的相关领域的组件库，提供灵活的报表管理分析工具，通过简单的组态式操作快速构建可视化页面。

（5）全过程能力开放，管理框架与组件、模型全面解耦设计，可自定义各种构件并以组件形式挂载，平台开放 300+RESTful API，可方便进行系统集成。

（6）多维度安全防护、数据传输安全、TSL/SSL-VPN 加密、数据存储安全、敏感数据加密、分布式数据存储，并采用多租户数据隔离模式保障数据资源访问安全。

树至云工业互联网云平台的登录界面如图 6.1.1 所示。

图 6.1.1　树至云工业互联网云平台的登录界面

6.1.2　树至云工业互联网云平台的配置

1. 组织管理

用户在组织管理菜单栏中可以对已分配的组织进行查看、配置。配置的内容有根节点的单位资讯、设备位置图配置，一级子节点的用户资讯配置，二级子节点的设备信息、报警设定、视频配置、保养计划的配置。

1）配置组织信息

选择“组织信息”选项，用户可以查看已经分配的组织，如图 6.1.2 所示。

工业互联网云平台

组织信息

序号	单位	用户	地址	电话	邮箱	设备数量	配置状态	配置
1	重庆电子工程职业学院	001				2	✓	
2	重庆电子工程职业学院	002				2	!	
3	重庆电子工程职业学院	003				2	✓	
4	重庆电子工程职业学院	004				2	!	
5	重庆电子工程职业学院	005				2	!	
6	重庆电子工程职业学院	006				2	!	
7	重庆电子工程职业学院	007				2	!	
8	重庆电子工程职业学院	008				2	!	
9	重庆电子工程职业学院	009				2	!	
10	重庆电子工程职业学院	010				2	!	

图 6.1.2　查看已经分配的组织

选择“组织信息”选项，在打开的菜单中选择“配置”选项，或者选择“组织设置”选项，进入组织配置界面，如图 6.1.3 所示。用户可以查看和配置根节点、一级子节点和二级子节点的相关信息。

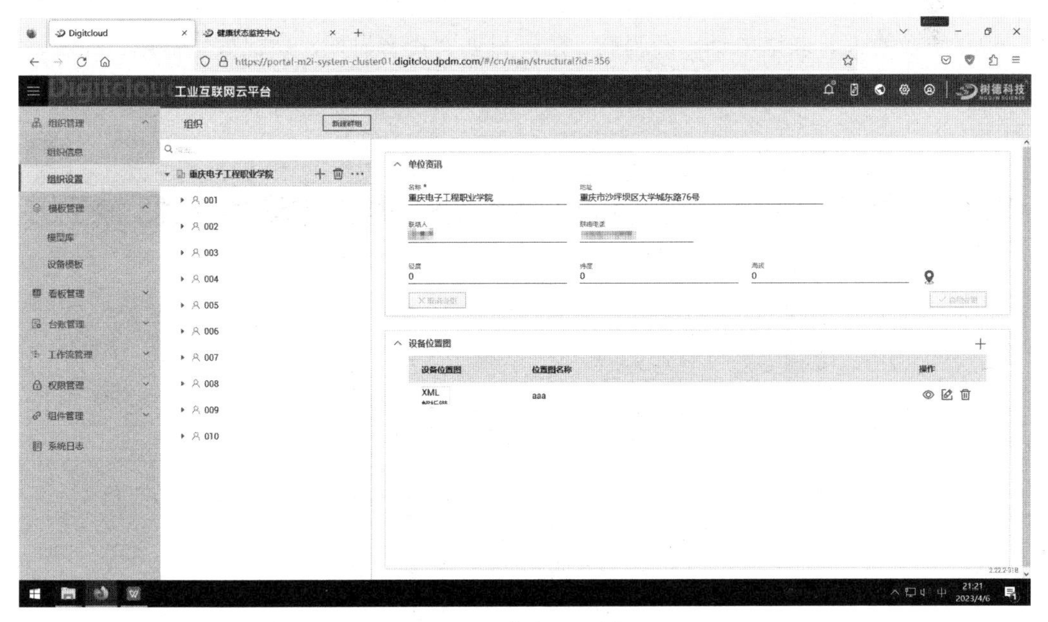

图 6.1.3　组织配置界面

单击“新建群组”按钮，可以新建单位，并录入名称、地址、联络人、联络电话、经度、纬度、海拔及设备位置图。

单击单位名称右侧的“新建”按钮，增加一级子节点，新建用户，并录入用户名称、国家/地区、省、地址、联络电话、邮箱、经度、纬度、海拔。

单击用户右侧的“新建”按钮，增加二级子节点，新建设备，如工业互联网预测性维护_桌面级自动化产线、工业互联网预测性维护_实训平台，如图 6.1.4 所示。

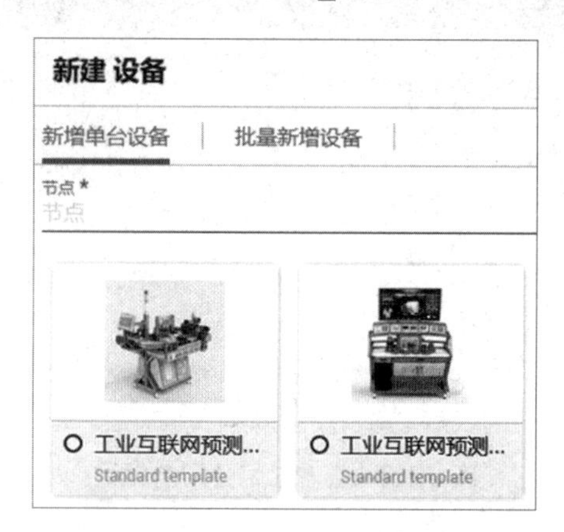

图 6.1.4　新建设备

2）配置设备信息

单击新建的设备，并选择“设备信息”选项卡，此处可录入设备名称、设备编号、型号、地址、负责人、联络电话、经销商、出厂日期、投产日期、质保截止日期、经度、纬度、海拔、3D 图形 Url 备注、设备图片和设备二维码，如图 6.1.5 所示。

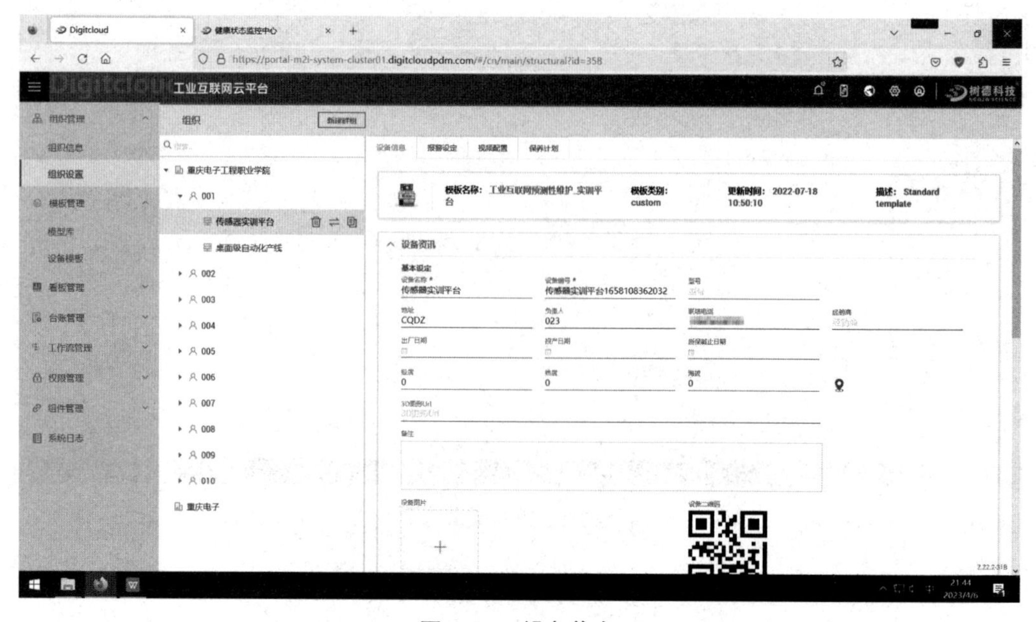

图 6.1.5　设备信息

3）配置视频

单击新建的设备，并选择“视频配置”选项卡，可选择的视频类型有 VideoService、萤石云、嵌入式视频，如图 6.1.6 所示。

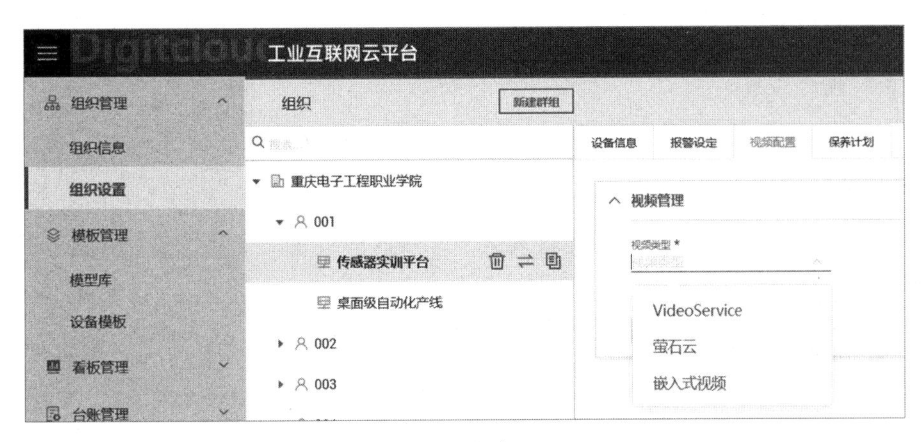

图 6.1.6　视频配置

4）配置保养计划

单击新建的设备，并选择“保养计划”选项卡，此处会显示已有的保养计划。

选择“新建保养计划”选项，在打开的界面中可录入保养流程、保养计划名称、保养内容、开始时间、重复（年、月、周）、提前通知时间，如图 6.1.7 所示。

新建保养计划

保养流程 *

保养计划名称 *

保养内容

开始时间 *　　请选择时间

重复 *　　每 1 月

提前通知时间 *　　1 分

取消　　保存

图 6.1.7　新建保养计划

2. 模板管理

用户在模板管理处可以查看管理员分配的模板，不过其对属于管理员分配的模板没有操作权限，但可以先复制管理员分配的模板再对其进行修改。用户在为一级子节点添加二级子节点时可以选择适当的模板。

1）数据输入组件

（1）边缘端输入组件。该组件用于采集来自资产边缘端传感器的数据，并将数据传输至数据处理组件进行分析。

（2）天气预报组件。该组件用于查询全国范围内的实时天气及历史天气的数据统计。数据源来自彩云天气开放平台。

（3）静态属性组件。该组件通常与资产进行绑定，用于设定资产的固定属性描述信息。

（4）定位组件。该组件通常与资产进行绑定，并通过三维坐标设置资产的位置信息。

（5）时区组件。该组件通常与资产进行绑定，用于设定资产所处的时区。

（6）视频组件。该组件通过配置视频连接信息，连接底层视频采集流，并且作为视频流传输的管道，在上层与可视化仪表板进行对接，实现视频图像的实时展现。

（7）MySQL 组件。该组件用于接入来自 MySQL 数据库的数据。

（8）PostgreSQL 组件。该组件用于接入来自 PostgreSQL 数据库的数据。

2）数据处理组件

（1）告警码组件。该组件用于根据资产自身告警码来设定不同的规则，基于规则的匹配进行告警。

（2）告警（高低）组件。该组件用于绑定资产特定标签，基于标准操作条件的控制范围设定上、下限值告警，实现异常事件的告警管理。

（3）通用告警组件。该组件用于绑定资产特定标签，通过自编辑规则实现告警。例如，通用告警组件可以通过自定义参数的阈值来实现告警，可自行编辑阈值判断条件，用于触发事件规则的响应，实现异常事件的告警管理。

（4）事件处理组件。该组件用于配置、统计事件产生后的处理流程及事件等级分类。

（5）OEE 组件。该组件用于系统预置 OEE 模板，通过绑定设备状态监测点，从而可以高效地呈现可用性、停机时间等信息。

（6）设备状态组件。该组件通过自定义的方式，实现对资产运行状态的统计、分析。

（7）自定义指标组件。该组件通过自编辑算法创建资产分析指标，以零代码开发的方式满足不同用户、不同场景资产管理性能指标的配置。

（8）脚本组件。该组件通过自编辑 JavaScript 脚本算法创建资产分析指标。

（9）用量分析组件。该组件用于统计、分析资产全时段及尖峰平谷时段 15 分钟、时、天、周、月、年某资源的用量和费用。

（10）标准差组件。该组件用于统计、分析资产给定参数的标准差。

（11）均值分析组件。该组件用于统计、分析资产某资源的均值。

（12）生产、库存、质量、运维 KPI（Key Performance Index，关键绩效指标）组件。该组件基于 ISO 22400-2:2014 规范实现制造运行管理中的生产、库存、质量、运维 KPI 指标。

（13）同比分析组件。同比即同期相比，表示某个特定统计段今年与去年之间的比较，会针对周期性（小时、天、周、月、季、年）统计值，进行同比分析。

（14）环比分析组件。环比表示本次统计段与相连的上次统计段之间的比较，会针对周期性（小时、天、周、月、季、年）统计值，进行环比分析。

（15）反向控制组件。该组件用于对设备中某个点位进行反写命令的下发。

（16）排程计划组件。该组件用于处理定时触发的任务。

3）数据可视化组件

（1）仪表板组件。该组件用于实现资产数据的 2D 可视化展示。

（2）SaaS Composer 组件。该组件用于实现资产数据的 3D 可视化展示。

（3）报表组件。该组件用图表等形式汇总、显示资产数据的统计、分析结果。

（4）告警报表组件。该组件用表格形式来汇总、显示资产数据事件告警的统计、分析结果，并可对指定邮箱发送该结果。

4）运维管理组件

VPN（虚拟专用网）客户端组件。该组件用于组建资产运维专有虚拟网络。

3. 看板管理

1）看板页面

发挥看板页面的作用首先需要配置设备模板中的模板。不过普通用户对该模板没有操作权限，只有管理员对该模板有操作权限。看板管理如图 6.1.8 所示。

看板管理 > Dashboard页面导入
页面标题
设备模板
可视化模板
存放目录
详细描述
操作
存放地址
预览
目录 (0)

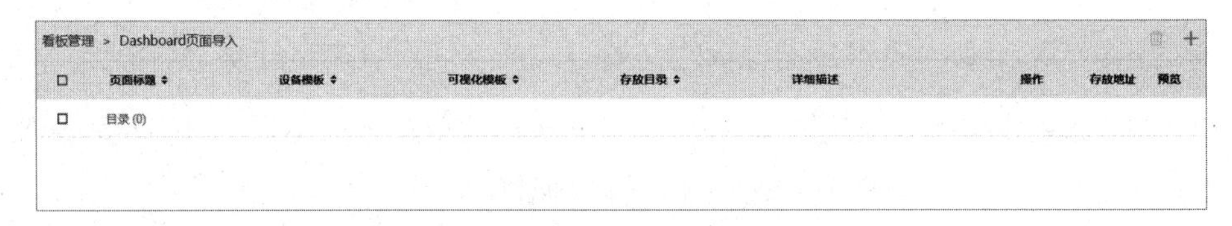

图 6.1.8　看板管理

单击看板管理页面右上角的“新建”按钮，弹出对话框。需要注意的是，Dashboard 页面目前被定义了三种类型，分别是 Report、Device、General。

（1）Report。该类型页面为使用 Report Server 功能查询的页面，在页面导入时需要做数据绑定，绑定到某个用户上。

（2）Device。该类型页面只有一级设备切换，因此页面导入时需要做数据绑定，绑定到某个用户上。

（3）General。该类型页面的筛选框为公司-用户-设备级筛选框，能够查看到整个组织，页面导入时不需要做数据绑定。

2）菜单框架

菜单框架是由 Digitcloud 打造的一款免开发的全功能监控系统。用户完成设备接入、设备绑定、报警配置等基本配置后，打开菜单框架页面，就能从各种角度对系统进行管理。同时每个菜单框架支持了深、浅主题色，供用户选择，如图 6.1.9 所示。

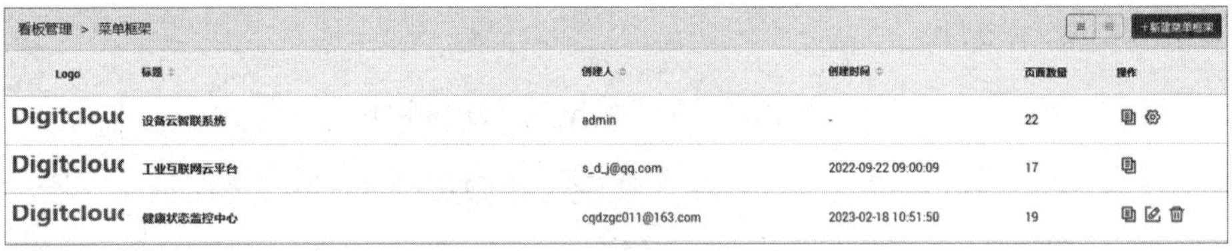

看板管理 > 菜单框架
+新建菜单框架
Logo
标题
创建人
创建时间
页面数量
操作
Digitclouc
设备云智联系统
admin
-
22
Digitclouc
工业互联网云平台
s_d_j@qq.com
2022-09-22 09:00:09
17
Digitclouc
健康状态监控中心
cqdzgc011@163.com
2023-02-18 10:51:50
19

图 6.1.9　菜单框架

4. 台账管理

用户在配置完善云服务后可以上传文件至平台，实现文件信息共享。台账管理如图 6.1.10 所示。

台账管理 > 手册文档
文档名称
下载
删除
暂无数据

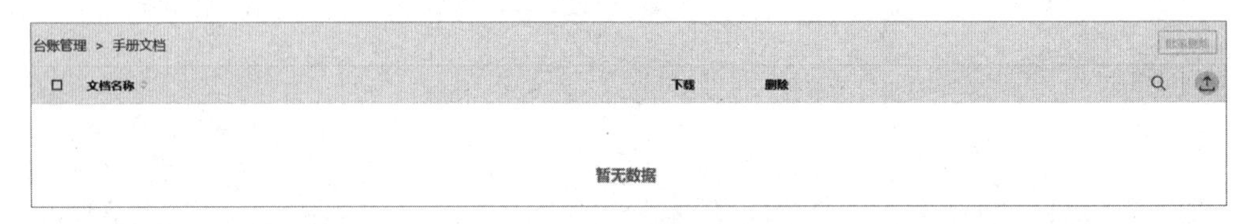

图 6.1.10　台账管理

s3 文件服务配置将配置访问 Key（密钥）、私钥、服务节点、存储桶、区域、非域名访问信息，如图 6.1.11 所示。注意，该功能需要用户购买 s3 云端服务器，并开通 OSS 对象存储服务功能才能实现。

图 6.1.11　s3 文件服务配置

5．权限管理

权限管理分为账户管理和角色管理。账户管理可以查看现有账户，如图 6.1.12 所示。

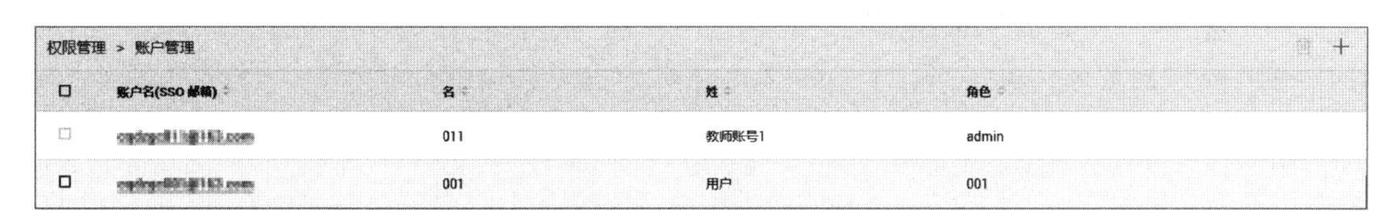

权限管理 > 账户管理

账户名(SSO 邮箱)	名	姓	角色
[illegible]	011	教师账号1	admin
[illegible]	001	用户	001

图 6.1.12　账户管理

单击图 6.1.12 中右上角的“新建”按钮，可创建账户，如图 6.1.13 所示。

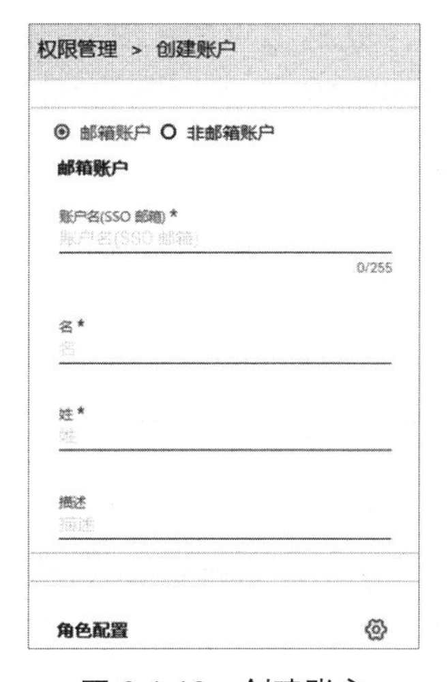

图 6.1.13　创建账户

账户的基本信息包括账户的账户名、所分配角色名称及权限范围。

角色管理可以查看现有角色，如图 6.1.14 所示。

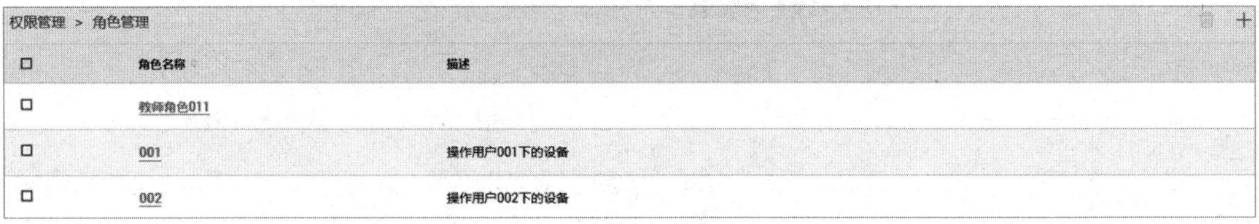

权限管理 > 角色管理

□	角色名称	描述
□	教师角色011	
□	001	操作用户001下的设备
□	002	操作用户002下的设备

图 6.1.14　角色管理

单击图 6.1.14 中右上角的“新建”按钮，可创建角色，如图 6.1.15 所示。

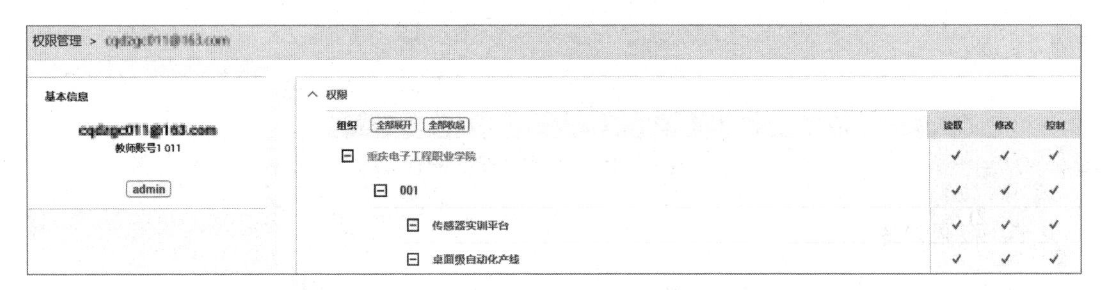

图 6.1.15　创建角色

权限管理如图 6.1.16 所示。

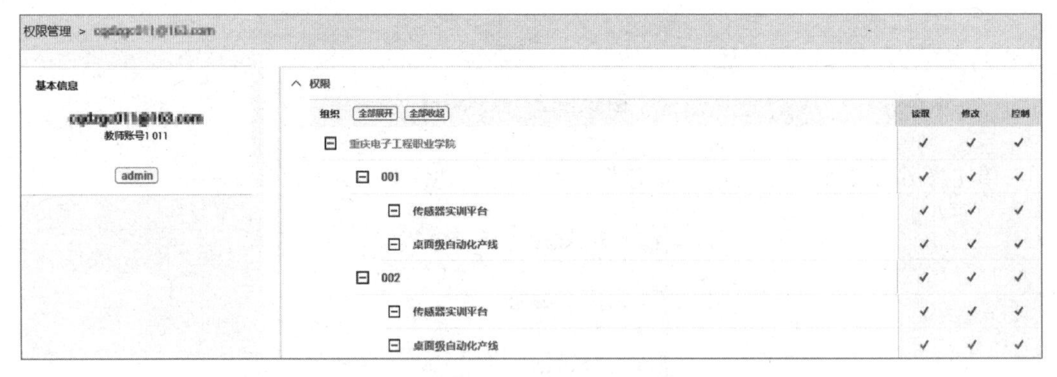

图 6.1.16　权限管理

6. 组件管理

组件管理中可以查看 DIS（网关信息）、普通仪表盘、2D&3D 组态。

1）DIS

当前账户的用户对于其他账户的用户创建的虚拟网关无操作权限，不过其可以查看、操作自己创建的虚拟网关。DIS 设备网关凭证信息是用户需要使用的虚拟网关信息，使用虚拟网关信息可以将传感器采集的数据上传至云端，如图 6.1.17 所示。

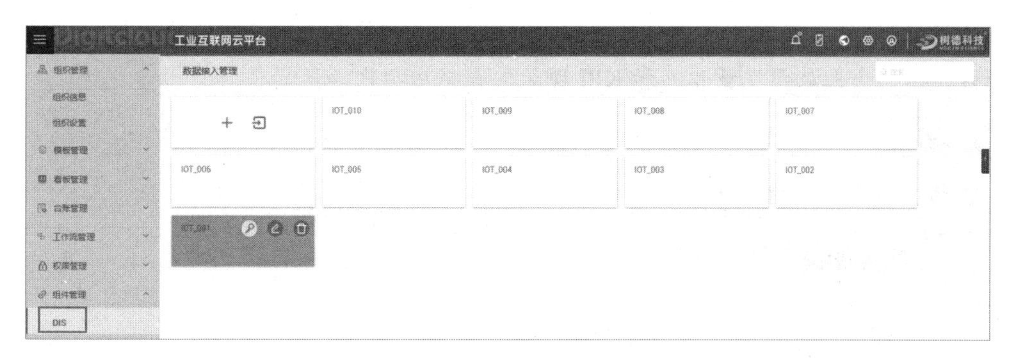

图 6.1.17　DIS

2）普通仪表盘

Dashboard 是一个数据可视化服务平台。进入 Dashboard 界面，用户可以配置自定义的仪表盘，如图 6.1.18 所示。

3）2D&3D 组态

用户在进行 2D 或者 3D 组态搭建时，在组织列表中可查看当前账户所属的组织，在用户管理中可查看所有账户，并能通过组织列表中的画图板进入 2D/3D 编辑界面，实现数据可视化。2D&3D 组态如图 6.1.19 所示。组织列表中包含的内容有组织 ID、组织名字、画图板、数据源、用户、创建者、角色。

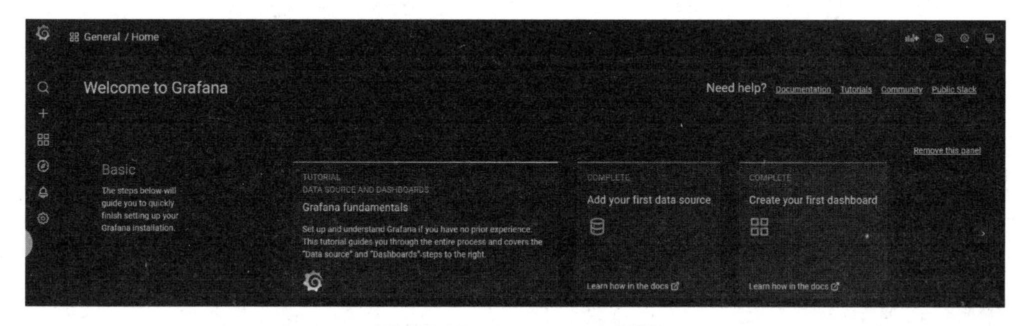

图 6.1.18　Dashboard 界面

图 6.1.19　2D&3D 组态

【提示】

Dashboard 是商业智能仪表盘的简称，它是一般商业智能都拥有的实现数据可视化的服务平台，是向企业展示度量信息和 KPI 现状的数据虚拟化工具。

【思考】

密钥、私钥和公钥有什么区别？

拓展阅读

12 万家渝企“上云上平台” 看工业互联网如何赋能“重庆智造”

2023 年 3 月 15 日，工业和信息化部发布了 2022 年度国家级工业互联网试点示范项目名单，重庆万凯新材料科技有限公司申报的万凯 5G 全连接工厂建设、赛力斯汽车有限公司申报的数据驱动的新能源汽车供应链协同等 7 家渝企的 7 个项目入选。作为信息通信技术与工业经济相融合的新型基础设施，工业互联网通过开放的通信网络平台，将设备、工厂、仓库、供应商等连接起来，共享生产全流程、全要素资源，实现产业数字化、网络化、自动化、智能化，从而提高效率、降低成本。

1．促转型 智能制造提高近 60%生产效率

多条生产线同时作业，多块大屏显示实时生产数据，各条生产线通过精益数字化系统实现自动排产、生产报工、绩效管理。重庆金桥机器制造有限责任公司实施了工业互联网智能制造解决方案：对 10 多条生产线和 7 个机加工区进行智能改造，使生产效率提高了 42%，生产周期缩短了近 90%。截至 2022 年年底，重庆累计实施了 5578 个智能改造项目，累计建成了 127 个智能工厂、734 个数字化车间，这些项目的生产效率平均提高近 60%。

2．建平台 工业互联网平台扎堆在渝布局

近年来，随着重庆制造业转型升级步伐加快，出现了各类新基建项目。2023 年 2 月 18 日，在两江新区明月湖上，自动驾驶游船驶过湖面时留下道道波纹。这正是两江新区车联网先导区建设中的“人、车、路、云、网、图”协同探索。在引入工业互联网领域外来巨头的同时，重庆本土工业互联网力量也在迅速崛起，涌现出公鱼、忽米网等一批工业互联网平台，推动制造业企业向网络化、智能化、自动化深度拓展。

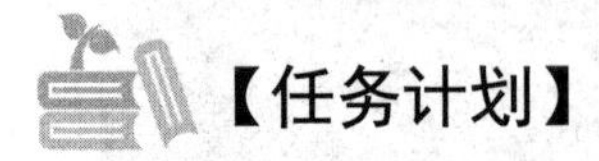

【任务计划】

学生可根据任务资讯及收集整理的资料填写任务计划单。

任务计划单

项　目	工业互联网云平台		
任　务	工业互联网云平台的配置	学　时	4
计划方式	分组讨论、资料收集、技能学习等		
序　号	任　务	时　间	负责人
1			
2			
3			
4			
5	完成树至云工业互联网云平台的配置		
6	任务成果展示、汇报		
小组分工			
计划评价			

【任务实施】

学生可根据任务计划编制任务实施方案、完成任务实施，并填写任务实施工单。

任务实施工单

项　目	工业互联网云平台		
任　务	工业互联网云平台的配置	学　时	
计划方式	分组讨论、合作实操		
序　号	实施情况		
1			
2			
3			
4			
5			
6			

【任务检查与评价】

学生在完成任务实施后，可采用小组互评等方式进行任务检查。任务评价单如下。

任务评价单

<table>
<tr><td>项　目</td><td colspan="5">工业互联网云平台</td></tr>
<tr><td>任　务</td><td colspan="5">工业互联网云平台的配置</td></tr>
<tr><td>考核方式</td><td colspan="5">过程评价+结果考核</td></tr>
<tr><td>说　明</td><td colspan="5">主要评价学生在任务学习过程中的操作方式、理论知识的掌握程度、学习态度、课堂表现、学习能力、动手能力等</td></tr>
<tr><td colspan="6">评价内容与评价标准</td></tr>
<tr><td rowspan="2">序　号</td><td rowspan="2">评价内容</td><td colspan="3">评价标准</td><td rowspan="2">成绩比例</td></tr>
<tr><td>优</td><td>良</td><td>合　格</td></tr>
<tr><td>1</td><td>基本理论掌握</td><td>掌握树至云工业互联网云平台的主要功能</td><td>熟悉树至云工业互联网云平台的主要功能</td><td>了解树至云工业互联网云平台的主要功能</td><td>30%</td></tr>
<tr><td>2</td><td>实践操作技能</td><td>熟练配置树至云工业互联网云平台</td><td>较熟练配置树至云工业互联网云平台</td><td>经协助配置树至云工业互联网云平台</td><td>30%</td></tr>
<tr><td>3</td><td>职业核心能力</td><td>具有良好的自主学习能力和分析、解决问题的能力，能解答任务思考</td><td>具有较好的学习能力和分析、解决问题的能力，能解答部分任务思考</td><td>具有分析和解决部分问题的能力</td><td>10%</td></tr>
<tr><td>4</td><td>工作作风与职业道德</td><td>具有严谨的科学态度和工匠精神，能够严格遵守“6S”管理制度</td><td>具有良好的自主科学态度和工匠精神，能够自觉遵守“6S”管理制度</td><td>具有较好的科学态度和工匠精神，能够遵守“6S”管理制度</td><td>10%</td></tr>
<tr><td>5</td><td>小组评价</td><td>具有良好的团队合作精神和与人交流的能力，热心帮助小组其他成员</td><td>具有较好的团队合作精神和与人交流的能力，能帮助小组其他成员</td><td>具有一定的团队合作精神，能配合小组其他成员完成项目任务</td><td>10%</td></tr>
<tr><td>6</td><td>教师评价</td><td>包括以上所有内容</td><td>包括以上所有内容</td><td>包括以上所有内容</td><td>10%</td></tr>
<tr><td colspan="5">合　计</td><td>100%</td></tr>
</table>

【任务练习】

1. VPN 客户端组件有什么作用？
2. Dashboard 页面有几种类型？分别有什么作用？

任务 6.2 网关数据的采集与上云

【任务描述】

数据采集是工业互联网预测性维护的基础。预测性维护的价值在很大程度上取决于采集数据的数量和质量。当单一设备接入 I/O 模块和网关后，下一步就是实现网关数据的采集和读取，并将其上传至工业互联网云平台，为预测性维护提供数据支撑。

【任务单】

学生应能根据相关知识完成网关数据的采集与上云。具体任务要求可参照任务单。

任务单

<table>
<tr><td>项　目</td><td colspan="2">工业互联网云平台</td></tr>
<tr><td>任　务</td><td colspan="2">网关数据的采集与上云</td></tr>
<tr><td colspan="2">任务要求</td><td>任务准备</td></tr>
<tr><td colspan="2">1. 明确任务要求，组建分组，每组 3～5 人
2. 熟悉研华网关软件
3. 完成网关数据的采集配置
4. 完成网关数据的上云配置</td><td>1. 自主学习
（1）研华网关软件
（2）树至云工业互联网云平台
2. 设备工具
（1）硬件：计算机、PDM100 实训装置
（2）软件：办公软件、研华网关软件、树至云工业互联网云平台</td></tr>
<tr><td colspan="2">自我总结</td><td>拓展提高</td></tr>
<tr><td colspan="2"></td><td>通过实操，掌握研华网关软件和树至云工业互联网云平台的使用</td></tr>
</table>

【任务资讯】

扫一扫，看微课

6.2.1 网关数据的采集配置

本任务以工业互联网预测性维护 PDM100 实训装置的 ECU-1051 为例说明网关数据的采集配置。

1. 新建工程

双击研华网关软件图标（Version 2.6.2.1214），单击“新建工程”按钮，在弹出的对话框中填写工程名称、存储路径，如图 6.2.1 所示。

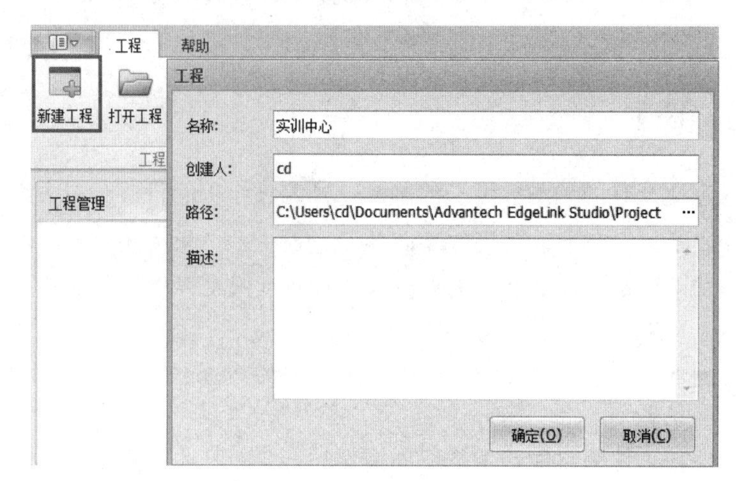

图 6.2.1　新建工程

2．添加设备

选中“实训中心”并右击，在弹出的快捷菜单中选择“添加设备”命令，在弹出页面的“类型”中选择设备类型（本任务选择“ECU-1051 TL-R10A”选项），在“节点识别方式”下拉列表中选择“IP 地址”选项，填写名称和 IP 地址（网关 IP 地址），密码默认是“00000000”，单击“应用”按钮，如图 6.2.2 所示。

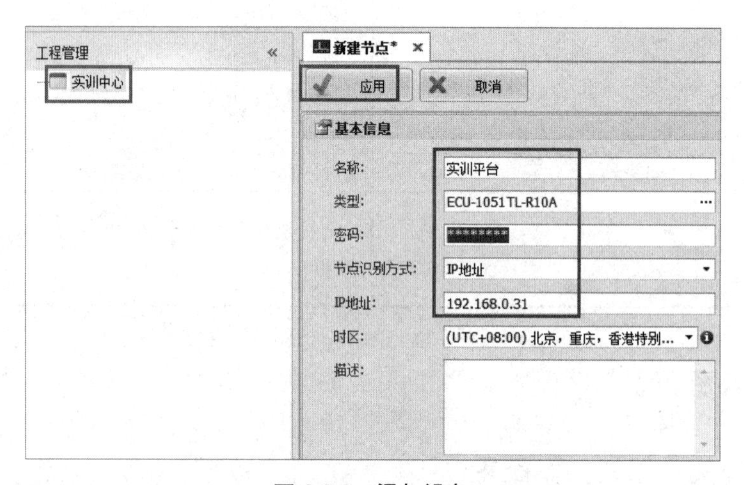

图 6.2.2　添加设备

3．添加网关

在添加设备后，由于设备类型是 ECU-1051 TL-R10A，系统自动生成与之对应的 I/O 点，即 2 个 COM 端口和 1 个 TCP 端口，并自动启用 TCP 端口，如图 6.2.3 所示。

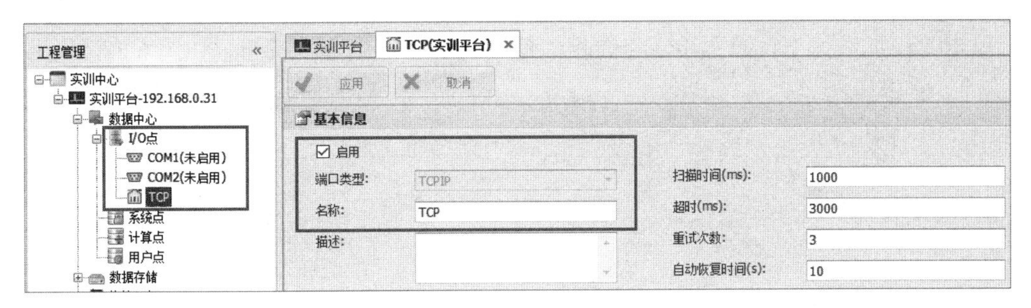

图 6.2.3　启用 TCP 端口

选中“TCP”并右击，在弹出的快捷菜单中选择“添加设备”命令，在弹出页面的“名称”文本框中输入“IO 网关”，在“单元号”文本框中输入“1”，TCP 端口下挂的设备单元号不能重复，在“设备类型”下拉列表中选择“Modicon Modbus Series”选项，在“IO 点写入方”下拉列表中选择“单点写入”选项，在“IP/域名”文本框中输入“192.168.0.40”（I/O 模块 IP 地址），在“端口号”文本框中输入“502”，勾选“启用设备”复选框，单击“应用”按钮，如图 6.2.4 所示。

4. 添加 I/O 点

选择“数据中心”→“TCP”→“IO 网关”→“I/O 点”选项，弹出需要新建或已有的 I/O 点页面，如图 6.2.5 所示。

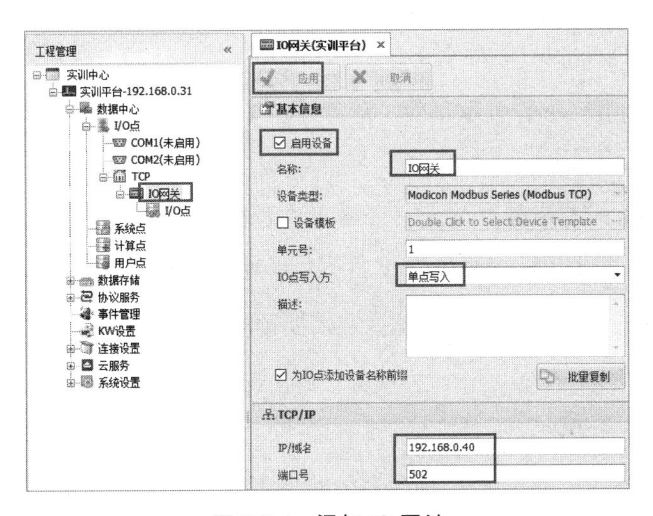

图 6.2.4　添加 IO 网关

I/O点(实训平台-IO网关)

添加... 删除 修改...

	点名称	数据类型	I/O点来源	缺省值	扫描倍率	地址	转换类型	缩放类型	读写属性	描述
1	IO网关:AI1	Analog	自定义添加	0.0	1	40001	Unsigned Integer	Scale Defined Input H/L to Span	只读	温度
2	IO网关:AI2	Analog	自定义添加	0.0	1	40002	Unsigned Integer	Scale Defined Input H/L to Span	只读	振动温度
3	IO网关:AI3	Analog	自定义添加	0.0	1	40003	Unsigned Integer	Scale Defined Input H/L to Span	只读	振动
4	IO网关:AI6	Analog	自定义添加	0.0	1	40006	Unsigned Integer	Scale Defined Input H/L to Span	只读	转速

图 6.2.5　I/O 点页面

单击“添加”按钮，录入I/O点的相关信息，单击“确定”按钮，如图6.2.6所示。

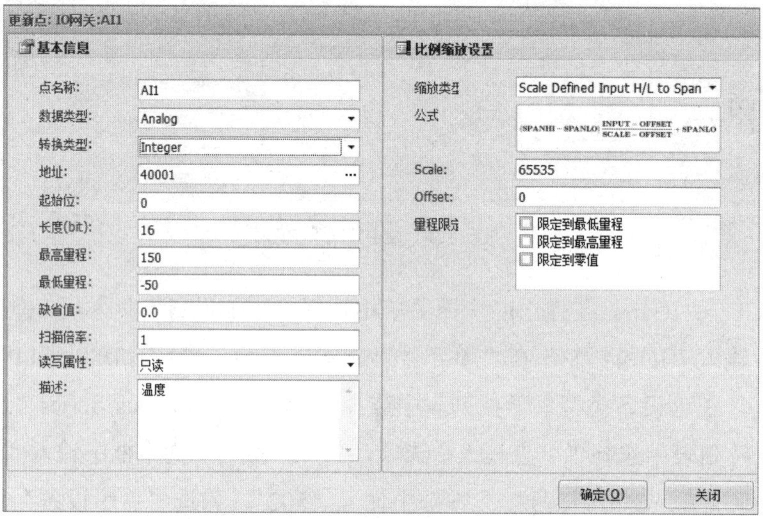

图6.2.6　录入I/O点的相关信息

下面以温度为例对I/O点的相关信息（见图6.2.6）进行说明。

（1）点名称为AI1，表示I/O模块上的第一个模拟量。

（2）数据类型为 Analog，表示模拟量。数据类型决定了建立点的参数，可选类型有Analog（模拟量）、Discrete（数字量）。

（3）转换类型为Integer，表示整数（有符号）。转换类型定义了如何转换从设备传来的原始数据，必须有设备支持。

（4）起始位为0，表示数据传送时，数据在指定地址中开始的起始位。模拟量数据的长度通常为16或32比特，也有少数设备提供8比特作为一个完整的模拟量数据长度。

（5）长度为16，表示以起始位为基准，需要读取数据的长度，如8、16或32比特的模拟量数据。

（6）最高量程为150，表示温度传感器的测量上限，单位为℃。

（7）最低量程为-50，表示温度传感器的测量下限，单位为℃。

（8）缺省值为0.0，表示没有数据时，显示的为默认值。

（9）扫描倍率为1，表示输入信号幅度的增幅比例。

（10）读写属性为只读，表示只读取温度传感器输入的数据。

（11）描述为温度，表示读取的是温度。

（12）缩放类型为Scale Defined Input H/L to Span，表示最低输入（INLO）和最高输入

（INHI）到最低量程（SPANLO）和最高量程（SPANHI）的转换，OUTPUT = (SPANHI-SPANLO)(INPUT-OFFSET) / (SCALE-OFFSET) +SPANLO。

（13）Scale 为 65535，表示模拟量数据 I/O 模块的最大范围值，因为模块精度是 16 位，所以 Scale 等于 2 的 16 次方减 1。

（14）Offset 为 0，表示模拟量数据 I/O 模块的最小范围值。

5. 网络设置

选择“数据中心”→“系统设置”→“网络和 Internet”→“网络设置”选项，弹出网络设置页面。由该页面可知研华网关有 2 个网口，用户应根据实际情况设置对应网口参数。设置完成后单击“应用”按钮，如图 6.2.7 所示。

图 6.2.7　网口参数设置

【思考】

什么是 DHCP（Dynamic Host Configuration Protocol，动态主机配置协议）？

6. 下载工程

先单击“实训平台-192.168.0.31”，再单击工具栏上的“下载工程”按钮，弹出工程下载页面。当“实训平台-192.168.0.31”显示状态为“编译成功”后，单击“下载”按钮，下载完成后，单击“关闭”按钮，如图 6.2.8 所示。

若下载不成功，则应核对网关 IP 地址与工程的节点 IP 地址是否一致。修改网关 IP 地址可选择“在线”→“搜索设备”命令，选中搜索到的设备并右击，选择“设置 IP”命令，在弹出的“设置 IP”对话框中选择需要修改的网口，并输入新 IP 地址和新子网掩码，如图 6.2.9 所示。

7. 数据监测

选中搜索到的设备并双击，在弹出的页面中输入密码“Password”，并单击“登录”按钮，如图 6.2.10 所示。

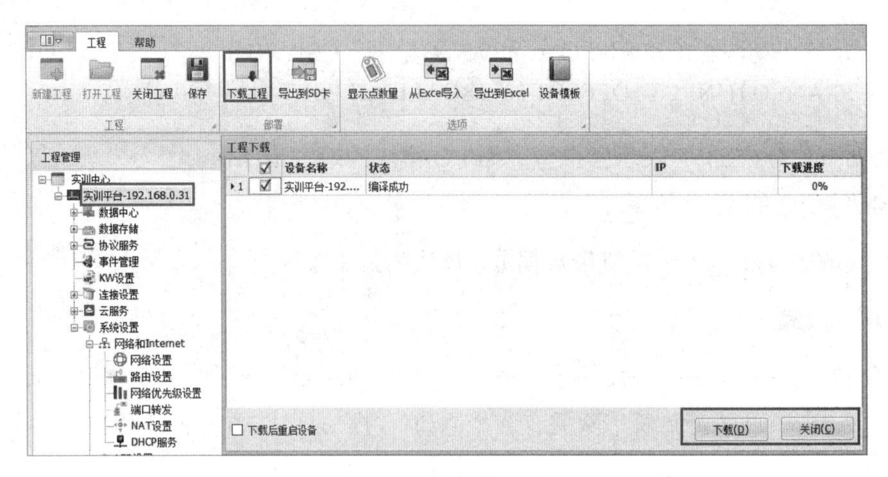

图 6.2.8　下载工程

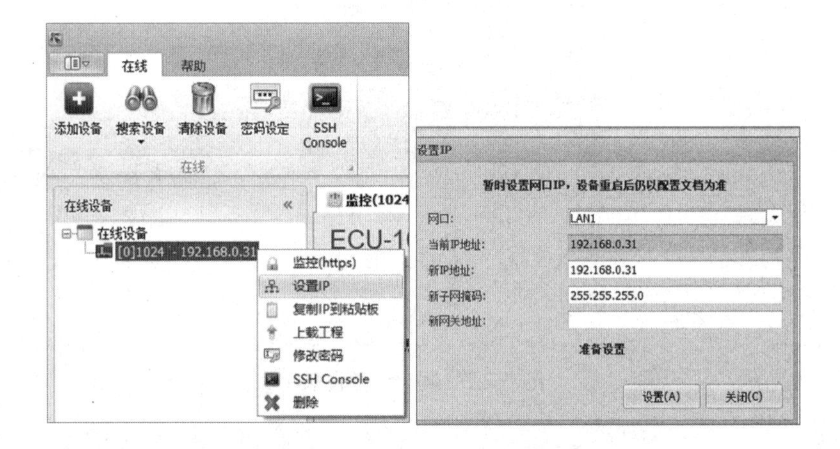

图 6.2.9　网关 IP 地址修改方法

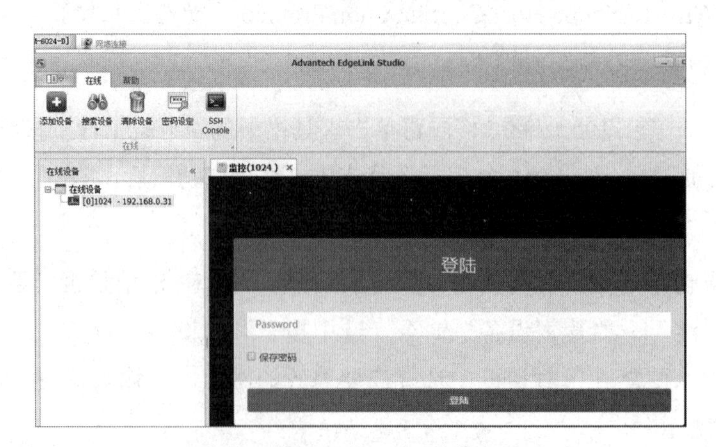

图 6.2.10　登录网关[①]

① 软件图中“登陆”的正确写法应为“登录”。

选择“点”→“IO 点”选项，验证数据是否传送到网关。有数值且质量显示 Good 的 IO 点表示网关采集 I/O 模块数据成功，如图 6.2.11 所示。质量显示 Device Error 的 IO 点表示设备没有与网关连接成功。

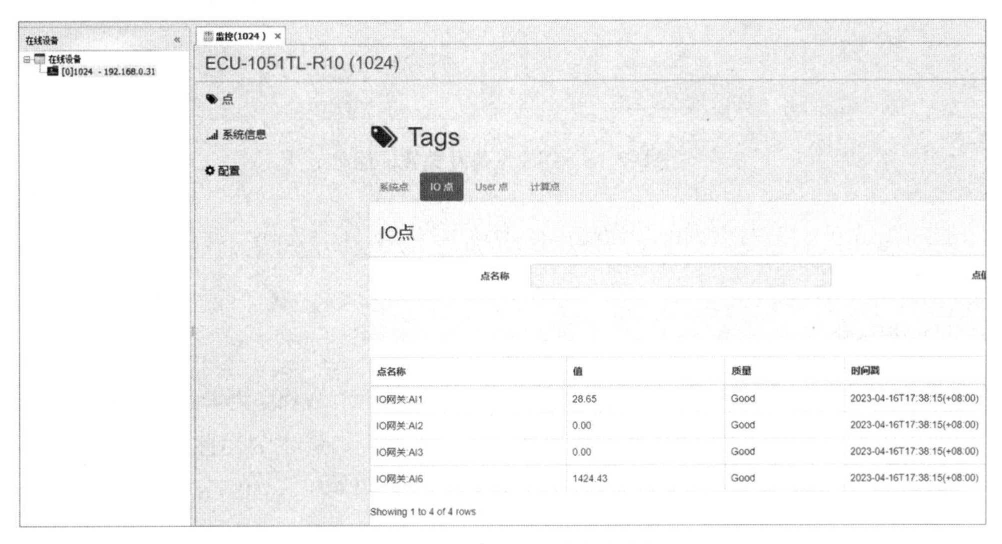

图 6.2.11　网关 IO 数据监测

6.2.2　网关数据的上云配置

本节以工业互联网预测性维护实训装置的 ECU-1051 为例来说明网关数据的上云配置。

1. 获取设备网关凭证信息

选择云平台上“组件管理”→“DIS”选项，在弹出的数据接入管理页面，如图 6.2.12 所示，选中所需的设备，并单击钥匙图案，即可打开 DIS 设备网关凭证信息，如图 6.2.13 所示。

图 6.2.12　数据接入管理页面

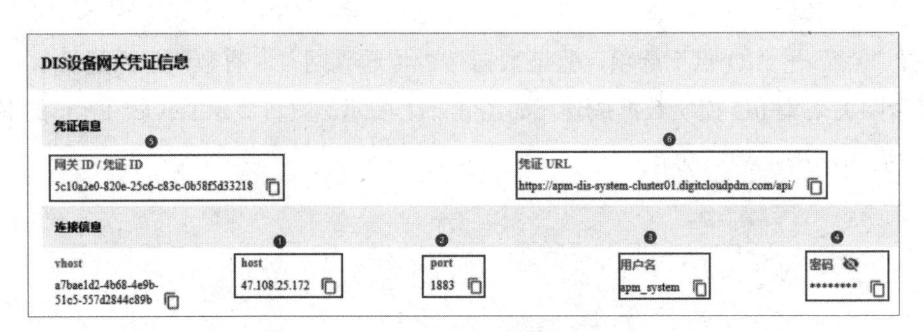

图 6.2.13　DIS 设备网关凭证信息

在图 6.2.13 中，①为主机；②为端口；③为用户名；④为密码；⑤为网关 ID/凭证 ID；⑥为凭证 URL。

2. 上云配置

选择“云服务”→“WISE-PaaS/DataHub”选项，弹出 WISE-PaaS/DataHub 页面。在该页面的“连接类型”下拉列表中选择“MQTT”选项，勾选“启用此连接”复选框，并根据 DIS 设备网关凭证信息填写主机、端口号、用户名和密码，如图 6.2.14 所示。

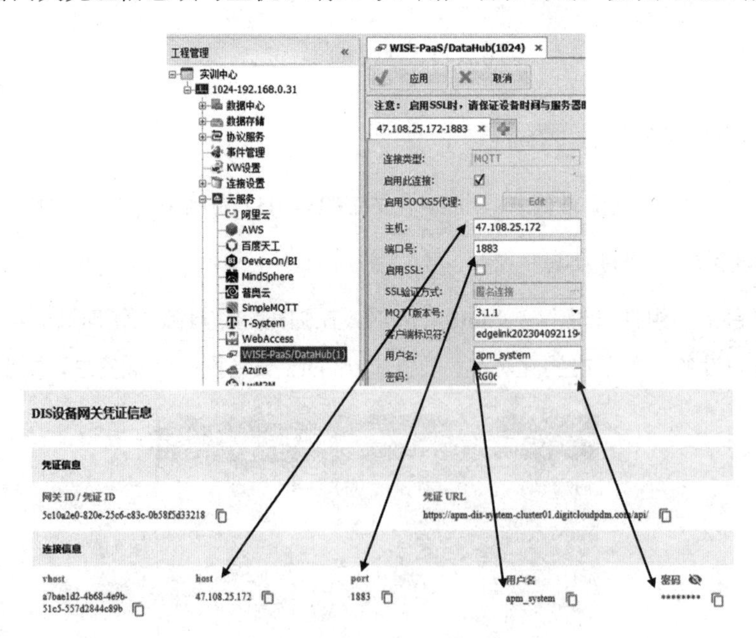

图 6.2.14　网关上云设置 1

【提示】

MQTT（Message Queuing Telemetry Transport，消息队列遥测传输）是 ISO 标准下的一种基于发布-订阅模式的消息协议，它是基于 TCP/IP 协议簇的，它是为了改善网络设备硬件的性能和网络的性能设计的。MQTT 一般用于物联网，广泛应用于工业级别的应用场景，如汽车、制造、石油、天然气等。

在“上传周期”文本框中输入“1”，在“变化上传”下拉列表中选择“启用”选项，在“检测周期”文本框中输入“1”，在“检测变化”选区勾选“值改变”复选框，如图 6.2.15 所示。

图 6.2.15 网关上云设置 2

在“Node ID”文本框和“Credential Key”文本框中输入云平台中对应 DIS 设备网关的网关 ID/凭证 ID。在“DCCS API Url”文本框中输入云平台中添加对应的 DIS 设备网关的凭证 URL，如图 6.2.16 所示。

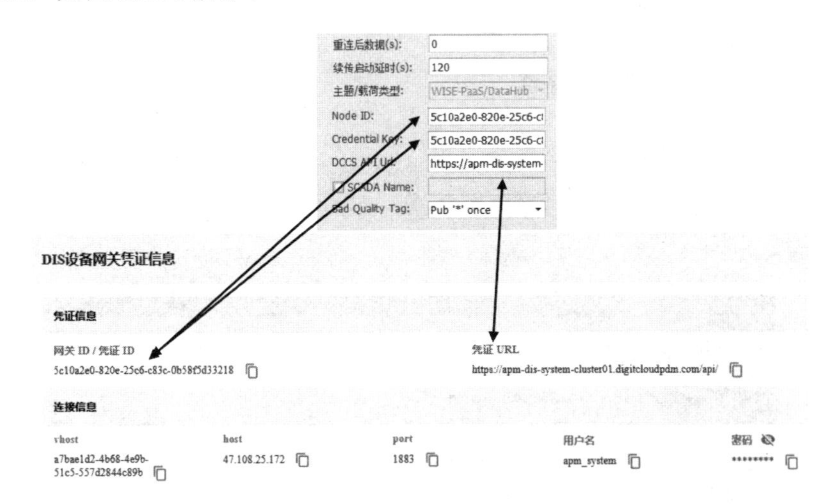

图 6.2.16 网关上云设置 3

在选择控制点右侧空白区域双击，弹出选择点页面，勾选需要上云的数据点，单击“确定”按钮，如图 6.2.17 所示。

保存工程并下载，选择“系统信息”→“系统日志”选项，联机成功，如图 6.2.18 所示。

图 6.2.17　添加上云数据点

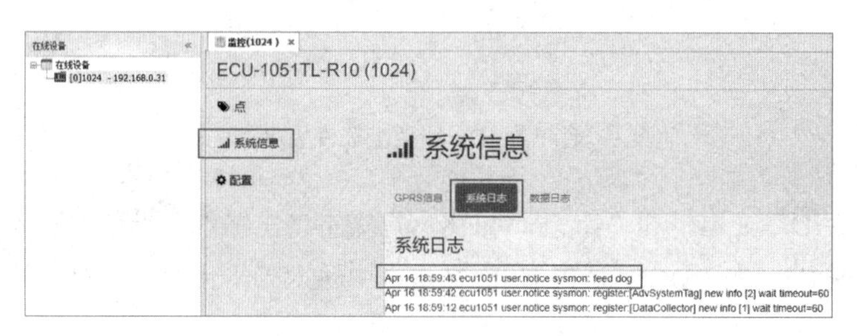

图 6.2.18　查看系统日志

6.2.3　云平台网关数据查看

选择云平台的“数据接入管理”→“设备管理”选项，可选择对应设备，查看其实时数据，其中的“值”为传感器实时采集的数据，如图 6.2.19 所示。

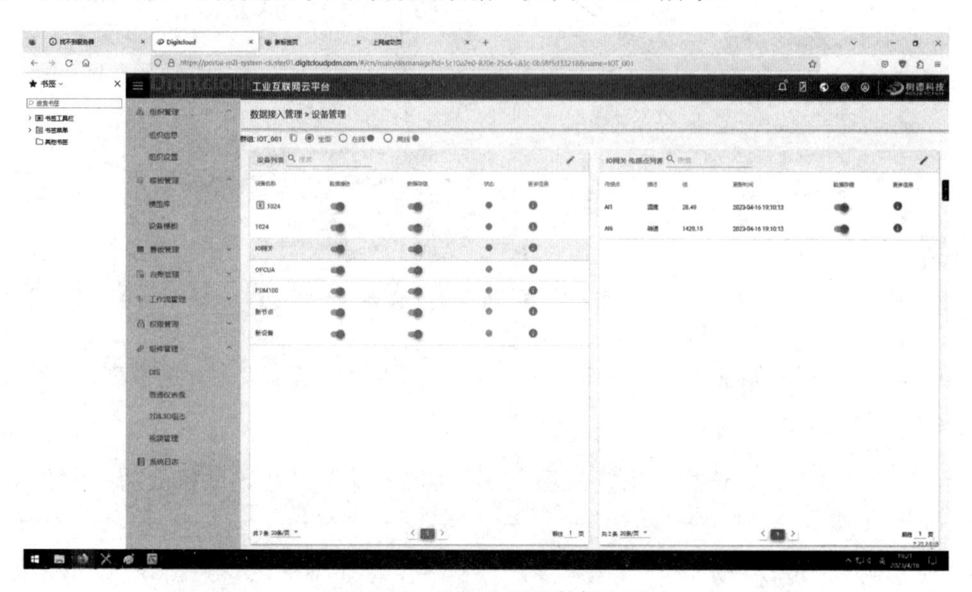

图 6.2.19　云平台网关数据查看

拓展阅读

2022 年我国工业互联网新进展

2023 年 1 月 18 日，中华人民共和国国务院新闻办公室举行新闻发布会，工业和信息化部新闻发言人、信息通信管理局局长赵志国回应 2022 年我国工业互联网新发展。

（1）工业互联网标识解析体系全面建成。东西南北中 5 大国家顶级节点和 2 个灾备节点全部上线，二级节点实现了 31 个省（区、市）全覆盖，服务企业近 24 万家，培育具有影响力的工业互联网平台达到了 240 余个，其中跨行业跨领域平台达到 28 个，有力促进了产品全流程、生产各环节、供应链上下游的数据互通、资源协同，加速企业数字化转型。

（2）“5G+工业互联网”512 工程圆满收官。打造了 5 个产业公共服务平台，为工业企业应用 5G 技术提供服务支撑。在汽车、采矿等 10 余个重点行业建设了 4000 多个项目，协同研发设计、远程设备操控等 20 个典型应用场景加速普及，有力促进了企业提质、降本、增效。工业 5G 融合产品日益丰富，模组价格较商用初期下降了 80%。各地掀起了 5G 全连接工厂建设热潮，加速 5G 向生产核心控制环节进一步深化拓展。

（3）赋能行业转型呈现千姿百态。针对产业共性需求，打造了一批应用推广服务载体，培育了“低成本、轻量化”的解决方案，降低了广大企业特别是中小企业数字化转型门槛。聚焦各行业特性，制定推广钢铁、电子等 10 余个重点行业的工业互联网融合应用指南，引导行业企业因业制宜、因企制宜开展工业互联网应用。破解短板弱项，实施工业互联网创新发展工程，加快关键技术产品攻关和产业化，发布了一批国家标准、行业标准和团体标准，进一步完善标准体系。

【任务计划】

学生可根据任务资讯及收集整理的资料填写任务计划单。

任务计划单

项　目	工业互联网云平台		
任　务	网关数据的采集与上云	学　时	4
计划方式	分组讨论、市场调查、资料收集		
序　号	任　务	时　间	负责人
1			
2			
3			

续表

序号	任务	时间	负责人
4			
5			
6	任务成果展示、汇报		
小组分工			
计划评价			

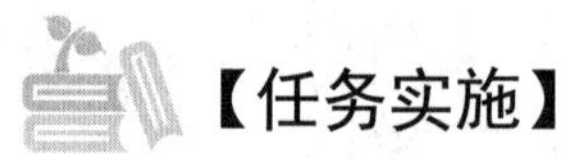

【任务实施】

学生可根据任务计划编制任务实施方案、完成任务实施，并填写任务实施工单。

任务实施工单

项目	工业互联网云平台		
任务	网关数据的采集与上云	学时	
计划方式	分组讨论、资料收集、计划书编制等		
序号	实施情况		
1			
2			
3			
4			
5			
6			

【任务检查与评价】

学生在完成任务实施后，可采用小组互评等方式进行任务检查。任务评价单如下。

任务评价单

项目	工业互联网云平台
任务	网关数据的采集与上云
考核方式	过程评价+结果考核
说明	主要评价学生在任务学习过程中的操作方式、理论知识的掌握程度、学习态度、课堂表现、学习能力等
评价内容与评价标准	

续表

序　号	评价内容	评价标准			成绩比例
		优	良	合　格	
1	基本理论掌握	掌握网络设置的基本参数	熟悉网络设置的基本参数	了解网络设置的基本参数	30%
2	实践操作技能	熟练完成网关数据的采集配置和网关数据的上云配置	较熟练完成网关数据的采集配置和网关数据的上云配置	经协助完成网关数据的采集配置和网关数据的上云配置	30%
3	职业核心能力	具有良好的自主学习能力和分析、解决问题的能力，能解答任务思考	具有较好的自主学习能力和分析、解决问题的能力，能解答部分任务思考	具有分析和解决部分问题的能力	10%
4	工作作风与职业道德	具有严谨的科学态度和工匠精神，能够严格遵守“6S”管理制度	具有良好的科学态度和工匠精神，能够自觉遵守“6S”管理制度	具有较好的科学态度和工匠精神，能够遵守“6S”管理制度	10%
5	小组评价	具有良好的团队合作精神和与人交流的能力，热心帮助小组其他成员	具有较好的团队合作精神和与人交流的能力，能帮助小组其他成员	具有一定的团队合作精神，能配合小组其他成员完成项目任务	10%
6	教师评价	包括以上所有内容	包括以上所有内容	包括以上所有内容	10%
合计					100%

【任务练习】

1．缩放类型 Scale Defined Input H/L to Span 的作用有哪些？

2．研华网关数据上云的检测变化有哪几种形式？

任务 6.3　工业互联网云平台的监控

【任务描述】

本任务的要求是学生通过组建团队，尝试完成一个基于 PLC 控制与工业组态技术的创新创业项目。

【任务单】

学生可组建自己的团队来完成基于 PLC 控制与工业组态技术的创新创业项目。具体任务要求可参照任务单。

任务单

项　目	工业互联网云平台
任　务	工业互联网云平台的监控
任务要求	**任务准备**
1. 明确任务要求，组建分组，每组 3～5 人 2. 完成设备模板配置和数据绑定 3. 完成工作流和报警设置 4. 进行设备健康状态监测	1. 自主学习 （1）工作流 （2）设备状态报警 2. 设备工具 （1）硬件：计算机、PDM100 实训装置 （2）软件：办公软件、网关软件、树至云工业互联网云平台
自我总结	**拓展提高**
	通过工作过程和总结，提高团队协作、云平台配置能力

【任务资讯】

6.3.1　设备模板配置

先选择“设备模板”选项，再选择“工业互联网预测性维护_实训平台”，如图 6.3.1 所示。

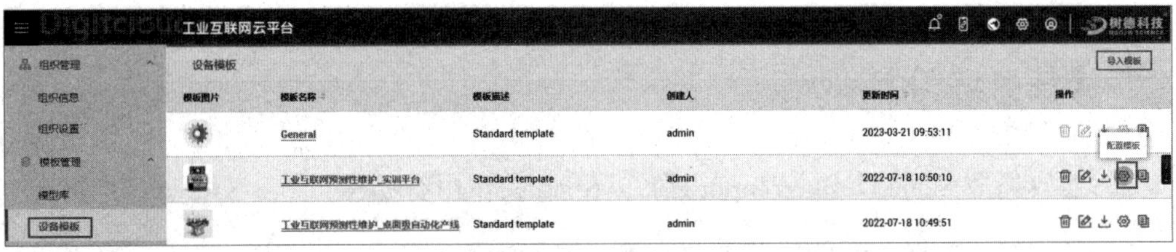

图 6.3.1　设备模板

单击“配置模板”按钮，弹出设备模板配置页面，如果该页面右侧没有“EdgeInput”，把左侧的“边缘端输入”拖曳到右侧，就可以看到“EdgeInput”了，如图 6.3.2 所示。

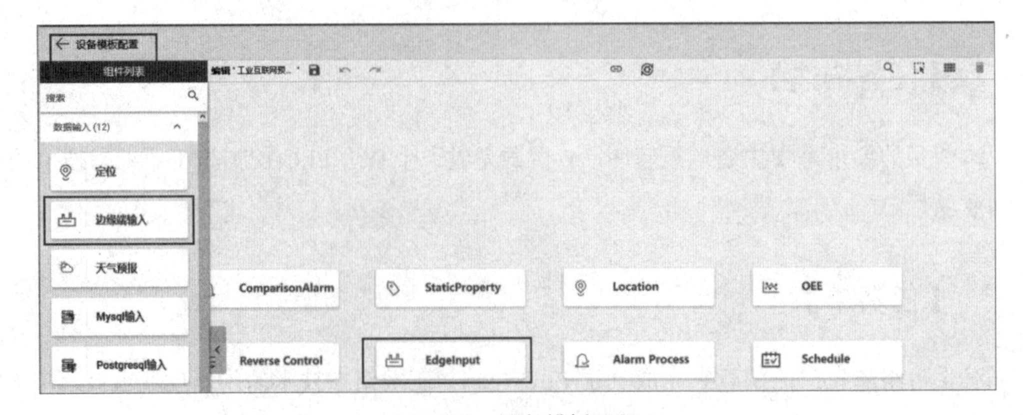

图 6.3.2　设备模板配置

双击“EdgeInput”按钮，弹出组件操作台页面，单击“组件实例属性”中的“添加边缘端输入实例属性”按钮，可以新增边缘网关上传的数据实例属性，如图 6.3.3 所示。

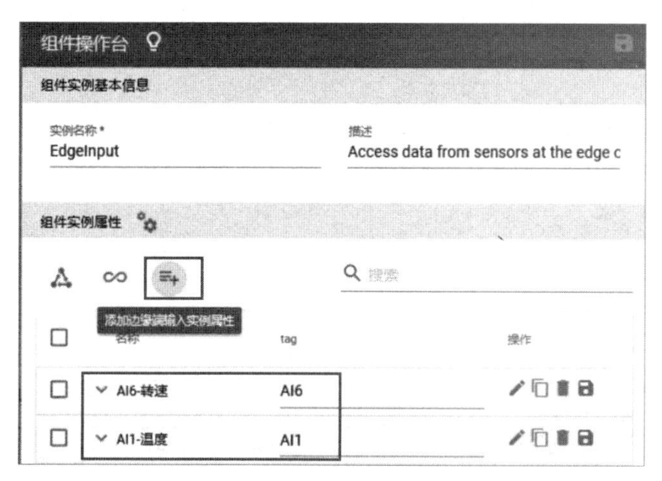

图 6.3.3　组件操作台页面

编辑实例属性如图 6.3.4 所示。

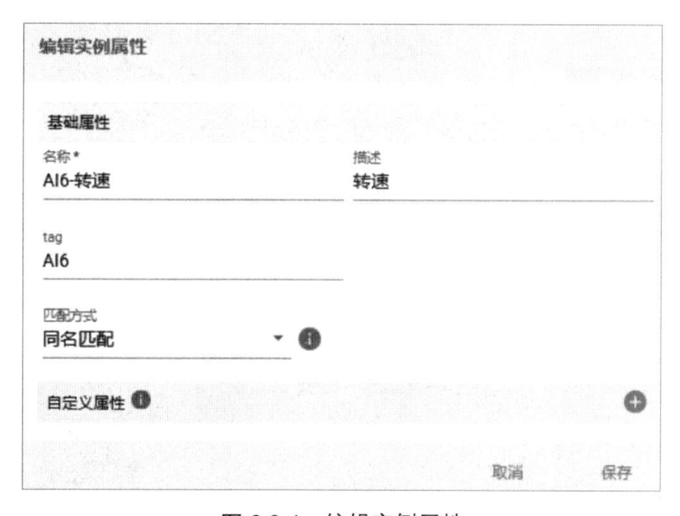

图 6.3.4　编辑实例属性

6.3.2　设备绑定和数据绑定

1．设备绑定

在“组织管理”菜单下的“组织设置”选项中选择二级子节点进行设备绑定，如图 6.3.5 所示。

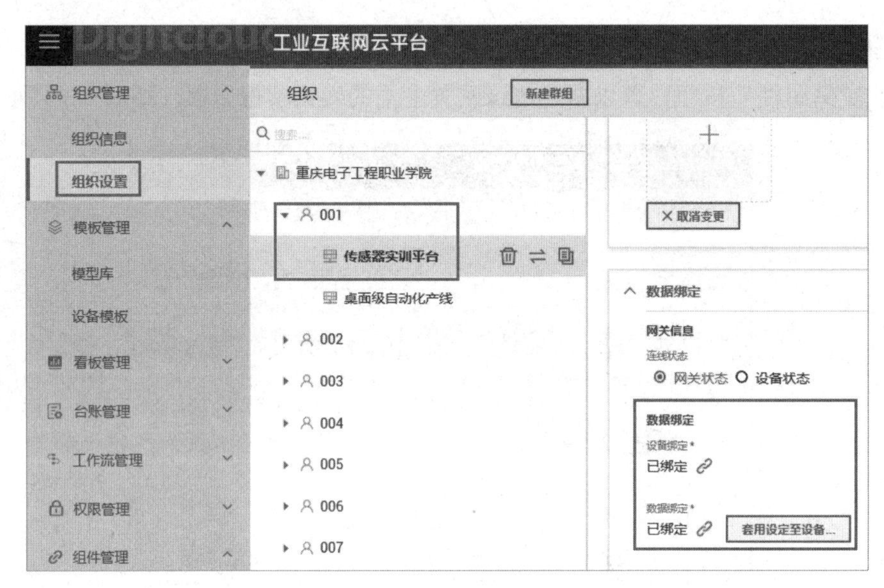

图 6.3.5　设备绑定 1

先绑定设备，“采集类型”选择“APMDIS”，“群组”选择之前配置好的网关“IOT_001”，把网关上关联的“IO 网关”拖曳到右侧的“采集组件”中，如图 6.3.6 所示。

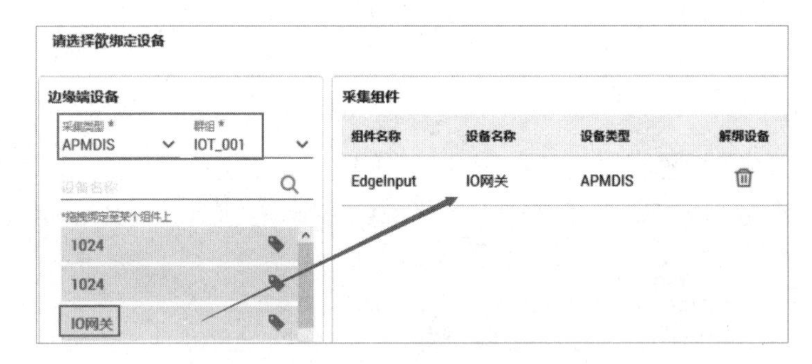

图 6.3.6　设备绑定 2

2．数据绑定

在“数据绑定”中选择“手动绑定”，如图 6.3.7 所示。

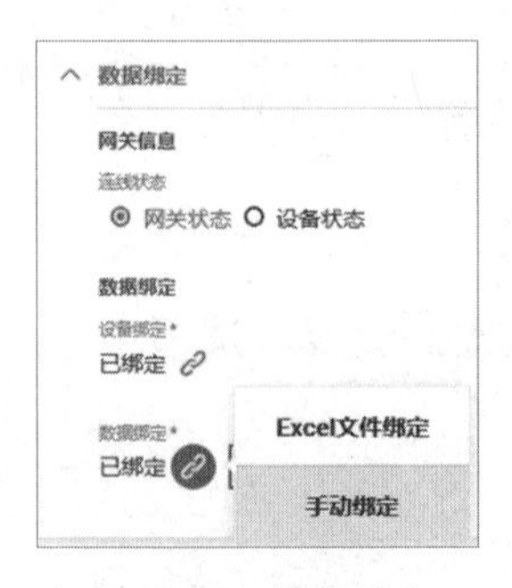

图 6.3.7　数据绑定

采集点绑定如图 6.3.8 所示。

图 6.3.8　采集点绑定

6.3.3　工作流管理

为了便于处理报警管理和保养管理，需先配置工作流，如图 6.3.9 所示。

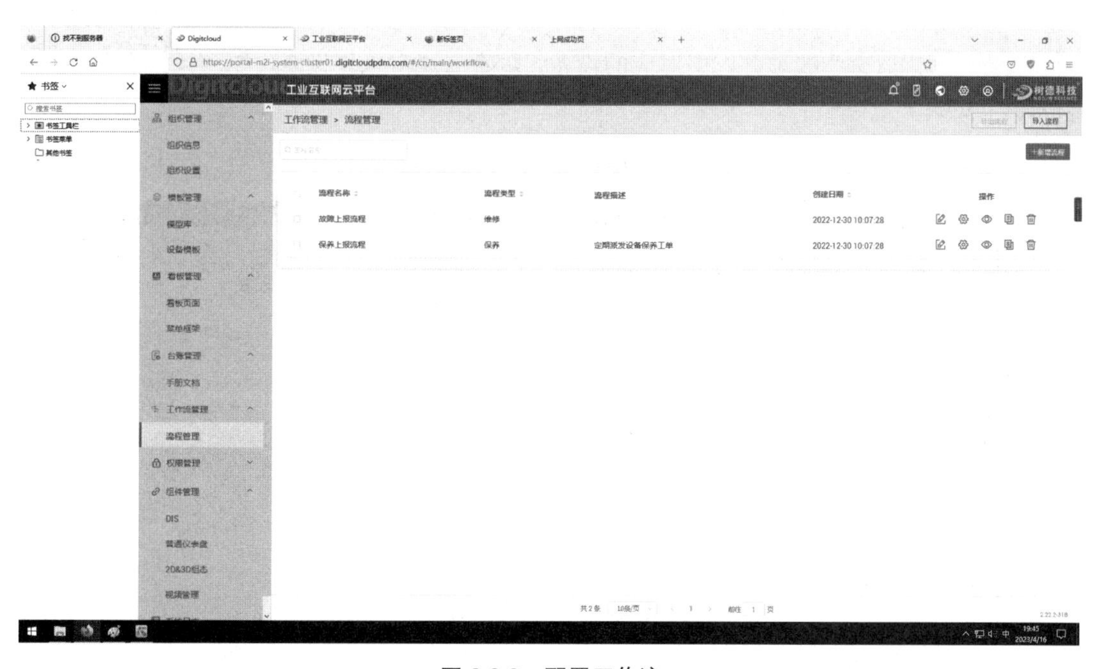

图 6.3.9　配置工作流

单击“新增流程”按钮可配置故障上报流程，如图 6.3.10 所示。

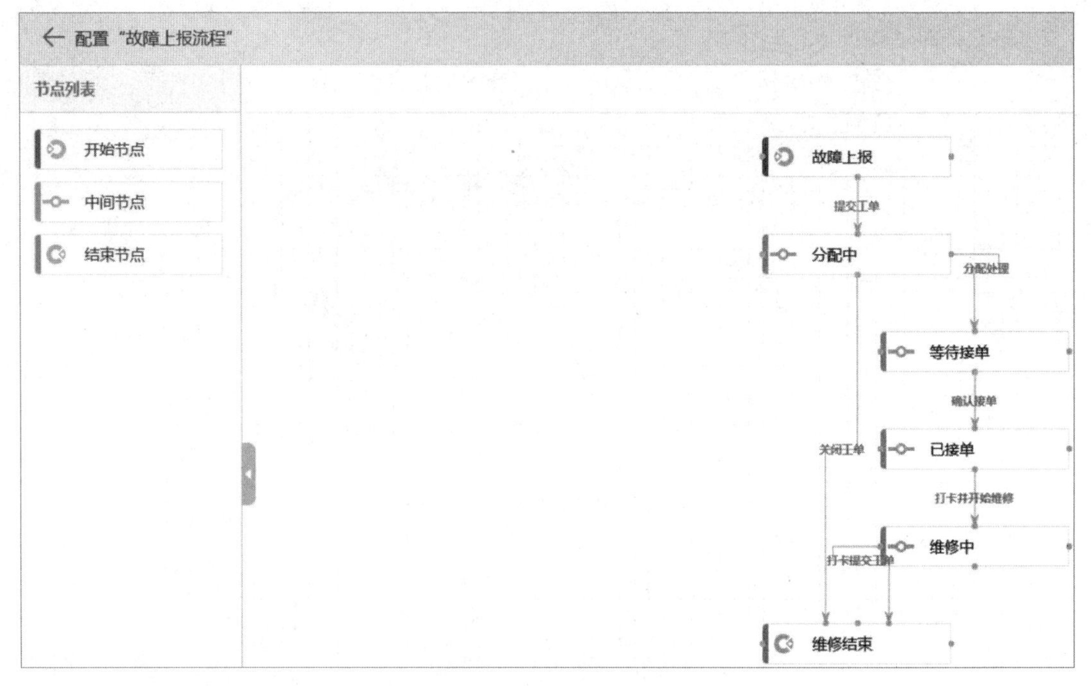

图 6.3.10　配置故障上报流程

6.3.4　报警设置

扫一扫，看微课

1. 查看现有报警设定

选择“组织管理”选项并选中对应的设备，可查看现有报警设定，如图 6.3.11 所示。

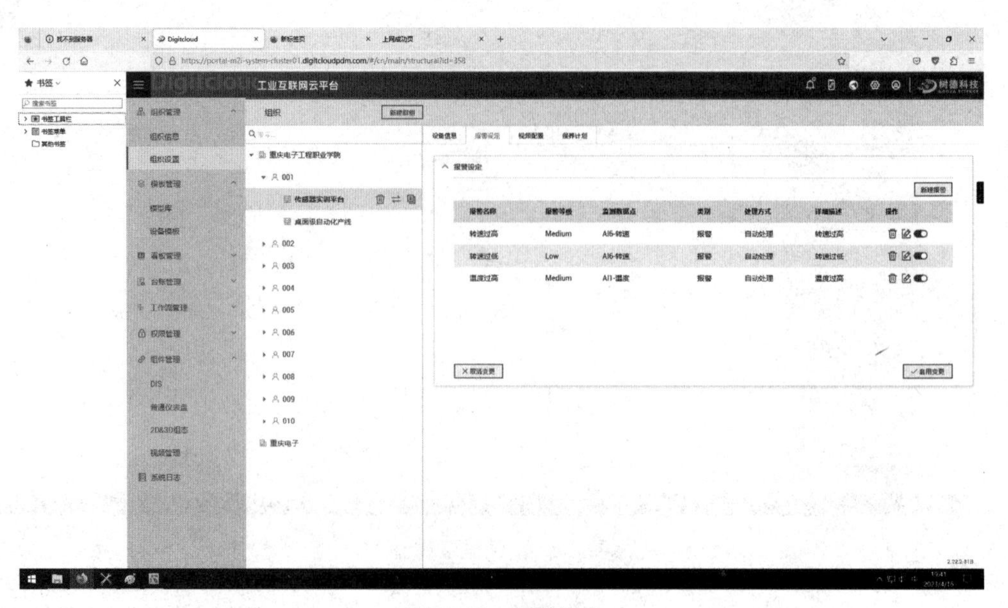

图 6.3.11　报警设定

2. 新建报警

单击“新建报警”按钮可新建报警，设置报警名称、报警等级、报警规则关联、描述信息、类别名称（报警、故障）、类型名称、处理方式、事件触发类型和报警规则设定，如图 6.3.12 所示。

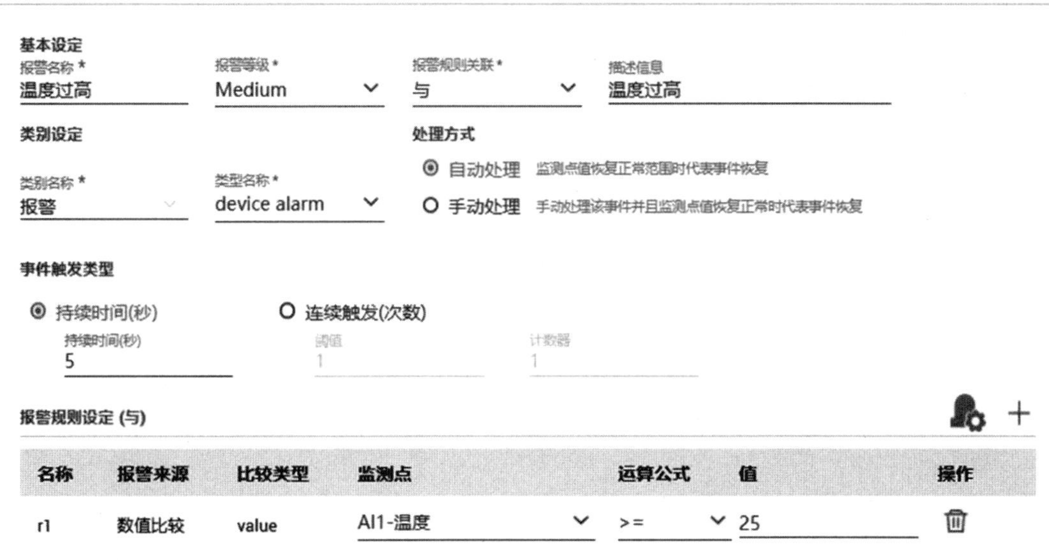

图 6.3.12　新建报警

（1）报警等级分为 High（高级）、Medium（中级）、Low（低级），由工作人员根据报警的紧迫程度和危害程度进行设置。

（2）报警规则关联分为与、或，是指一个报警可由多条规则与/或组合而成。

（3）类型名称分为 status alarm（状态报警）、device alarm（设备报警）。

（4）处理方式分为自动处理和手动处理。自动处理是指当监测点值恢复正常范围时，表示事件恢复，即报警消除。手动处理是指当监测点值恢复正常范围时，需要工作人员手动处理该事件，报警才会消失。

（5）事件触发类型分为持续时间、连续触发。前者是指监测点值超出正常范围且持续时间超出设置时间后，产生报警。后者是指监测点值超出正常范围的次数大于或等于设置的阈值，报警次数计数。

3．新建维修工单

单击“下一步”按钮可新建维修工单，包括工作流、工单名称和初始流转状态，如图 6.3.13 所示。

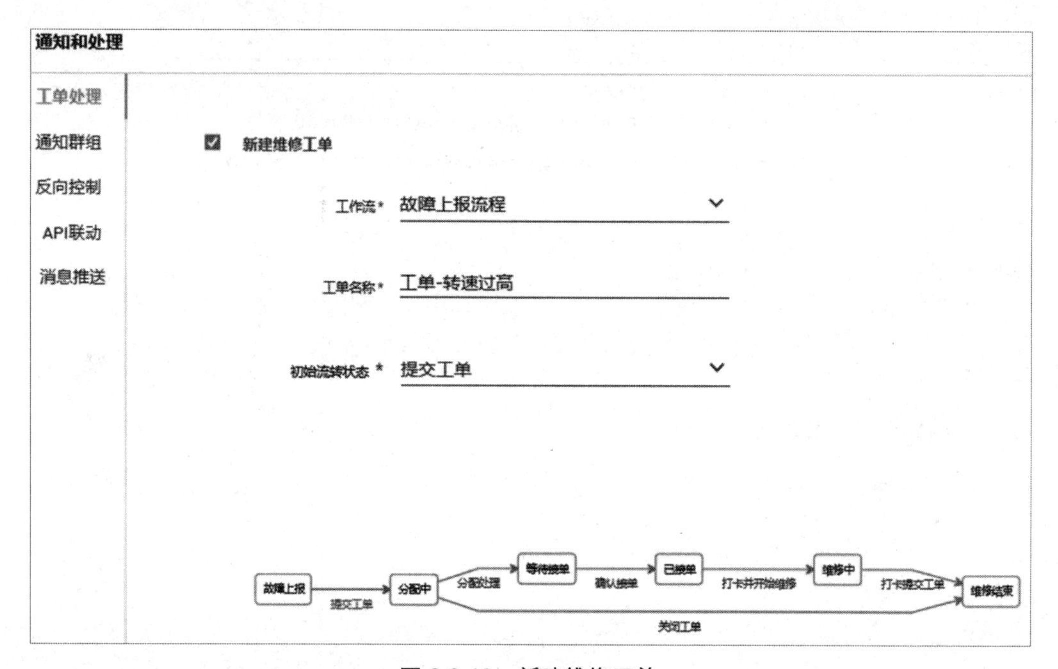

图 6.3.13　新建维修工单

6.3.5　健康状态监测中心

先选择“菜单框架”选项，再选择“工业互联网云平台”选项，如图 6.3.14 所示。

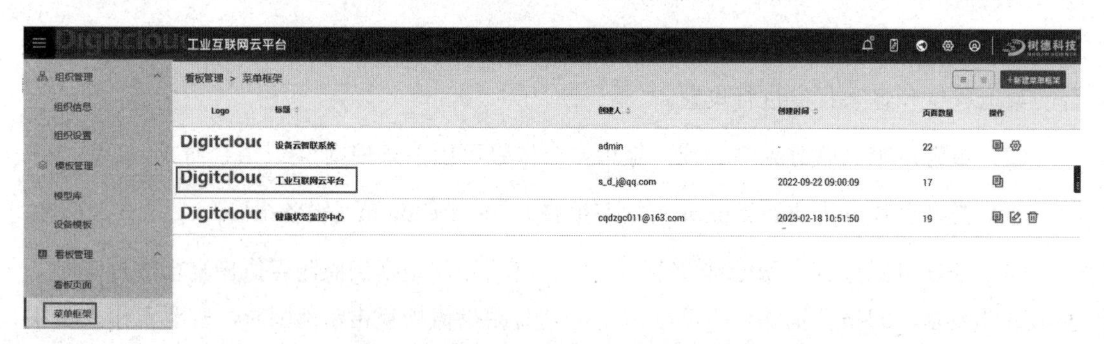

图 6.3.14　选择“工业互联网云平台”选项

进入“健康状态监测中心”，默认弹出运营驾驶舱页面，该页面会显示接入设备的整体状态，如图 6.3.15 所示。

图 6.3.15　健康状态监测中心

1. 设备监控

选择“设备总览”选项，可以查看本单位管理的所有设备，并能实现设备在线、告警、离线等状态设置，如图 6.3.16 所示。

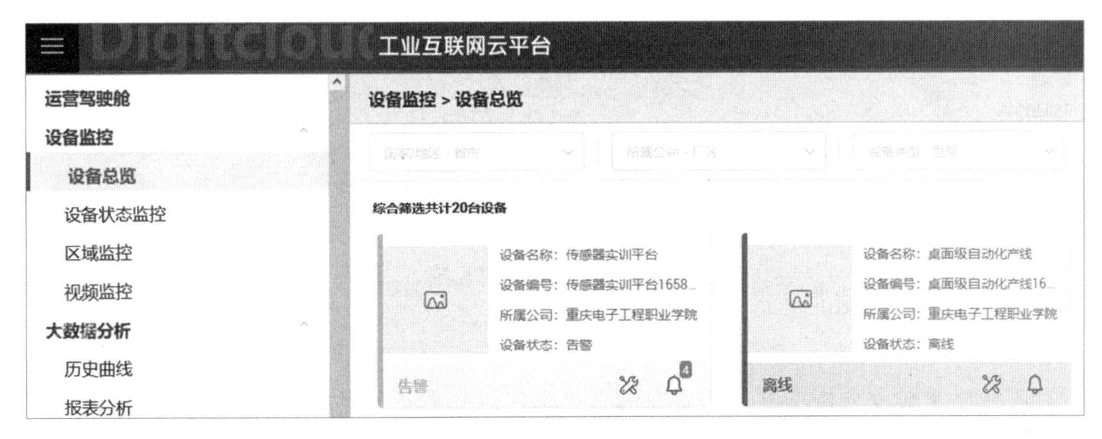

图 6.3.16　设备总览

单击告警设备的“警铃”按钮，可以查看设备实时报警，具体内容包括报警名称、报警信息、报警等级和报警发生时间，如图 6.3.17 所示。

选择对应的设备，可以查看设备状态监控，并能看到设备运行参数。注意，该操作需要选择对应的设备，否则显示的数据有误，如图 6.3.18 所示。

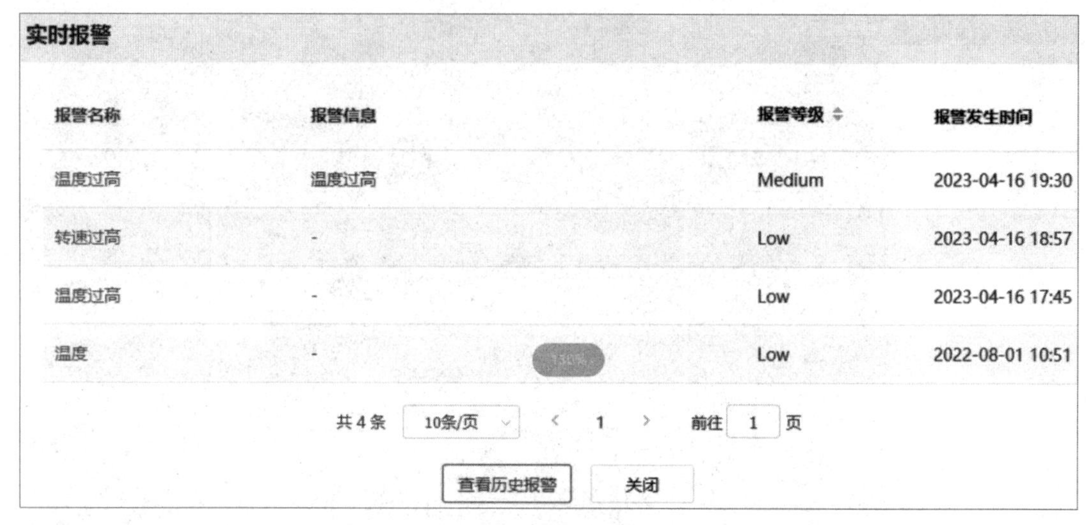

图 6.3.17　实时报警

图 6.3.18　设备状态监控

2．大数据分析

选择“大数据分析”→“历史曲线”选项可以查看该设备的历史曲线，如图 6.3.19 所示。

选择“大数据分析”→“报表分析”选项可在弹出页面以日报、周报、月报和自定义的形式对设备进行报表分析，如图 6.3.20 所示。

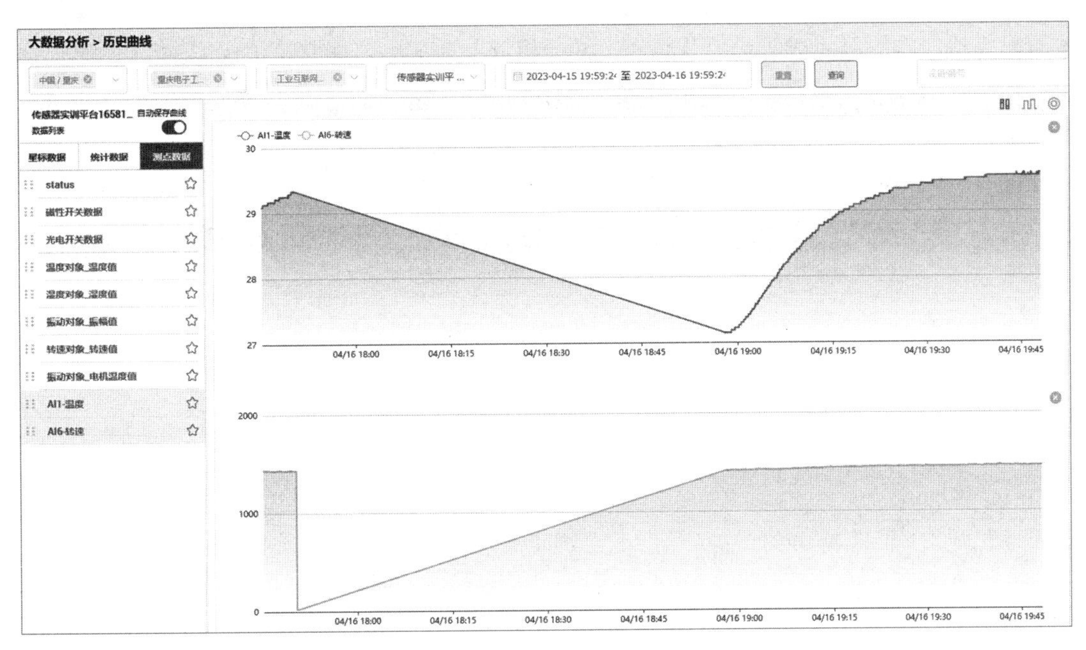

图 6.3.19　历史曲线

	日期	AI1-温度	AI6-转速
1	2023-04-16 17:00:00	29.21	1420.5
2	2023-04-16 18:00:00	27.17	1412.69
3	2023-04-16 19:00:00	29.01	1440.99

图 6.3.20　报表分析

3．运维管理

1）工单管理

扫一扫，看微课

选择“运维管理”→“工单管理”选项可以查看工单汇总信息。该信息包括工单总数、处理中（处理中的工单）、本周新增（本周新增工单）、本周已完成（本周已完成工单）及相较上周（相较上周工单的涨跌幅情况）。工单的具体信息包括工单编号、工单类型、工单标题、提报时间、提报人、工单状态（分配中、等待接单、维修结束等）、优先级、待办人、最后更新时间等，如图 6.3.21 所示。

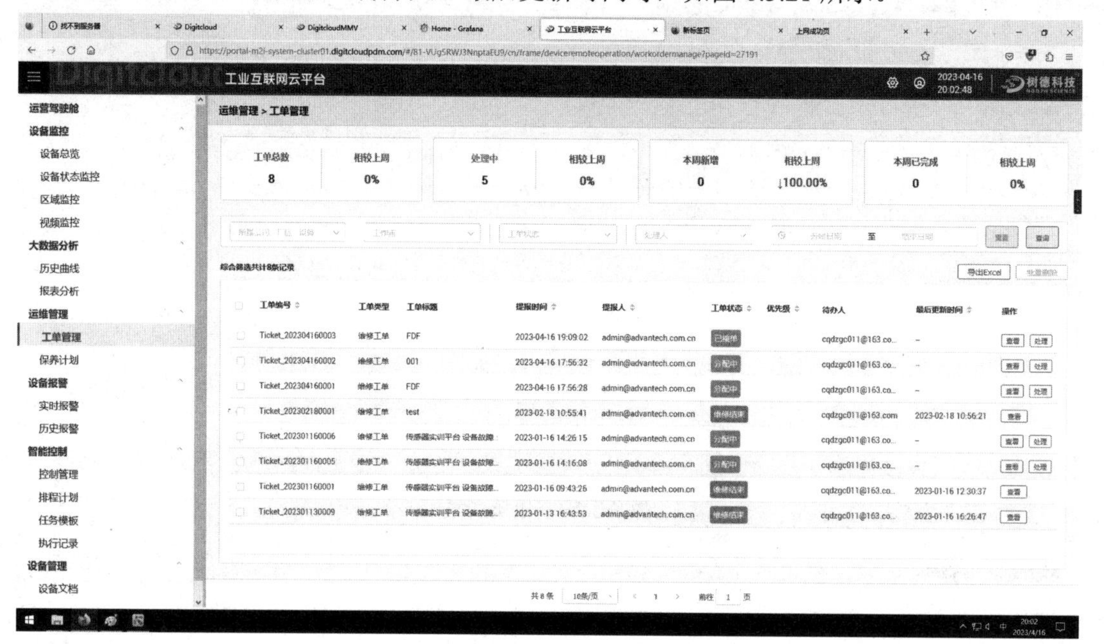

图 6.3.21　工单管理

单击“处理”按钮，弹出工单处理页面。工单处理人登录云平台后，单击待处理工单的“处理”按钮，填报处理意见，单击“确认接单”按钮，如图 6.3.22 所示。

工单处理

工单编号	工单标题	设备名称	设备编号
Ticket_202304160003	FDF	传感器实训平台	传感器实训平台1658108362...
报警名称	**报警时间**	**城市名称**	
转速过高	2023-04-16 18:57:52.000	重庆电子工程职业学院/001	

附件

报警内容

转速过高

故障类别

alarm-device alarm

处理意见

确认接单　关闭

图 6.3.22　工单处理-接单

工单状态变为“已接单”，如图 6.3.23 所示。

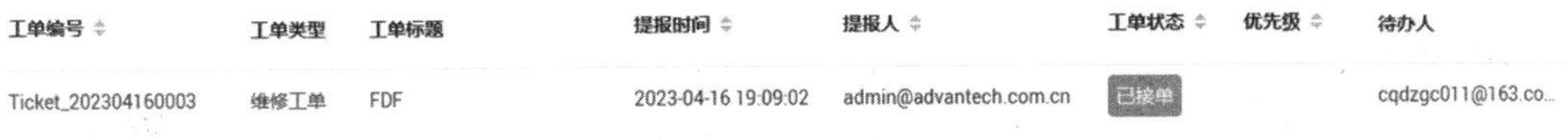
工单编号
工单类型
工单标题
提报时间
提报人
工单状态
优先级
待办人
Ticket_202304160003
维修工单
FDF
2023-04-16 19:09:02
admin@advantech.com.cn
已接单
cqdzgc011@163.co...

图 6.3.23　工单状态-已接单

单击“处理”按钮，弹出工单处理页面。例如，工单处理人在该页面的“操作”文本框输入“调低转速”，则转速过高报警消除，单击“打卡提交工单”按钮，即完成工单处理，如图 6.3.24 所示。

工单处理
工单编号
Ticket_202304160003
工单标题
FDF
设备名称
传感器实训平台
设备编号
传感器实训平台1658108362..
报警名称
转速过高
报警时间
2023-04-16 18:57:52.000
城市名称
重庆电子工程职业学院/001
报警内容
转速过高
故障类别
alarm-device alarm
附件
操作
调低转速
处理意见
已完成
打卡提交工单
关闭

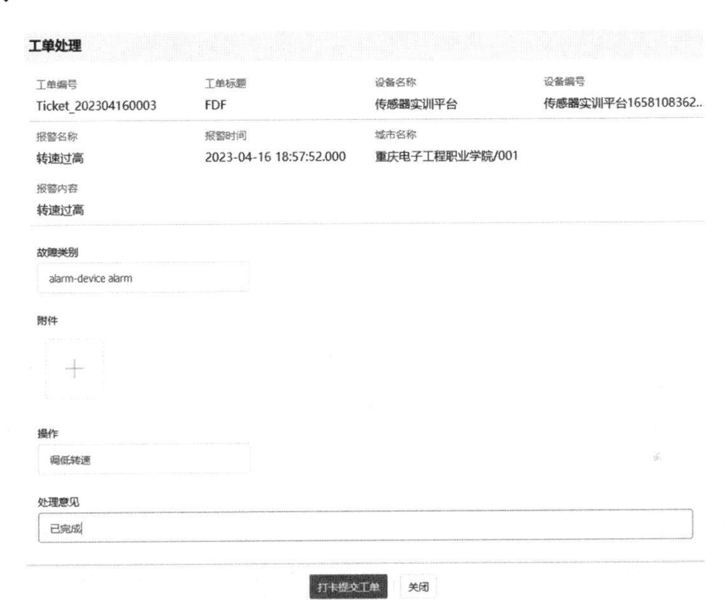

图 6.3.24　工单处理-打卡

查看工单处理情况如图 6.3.25 所示。

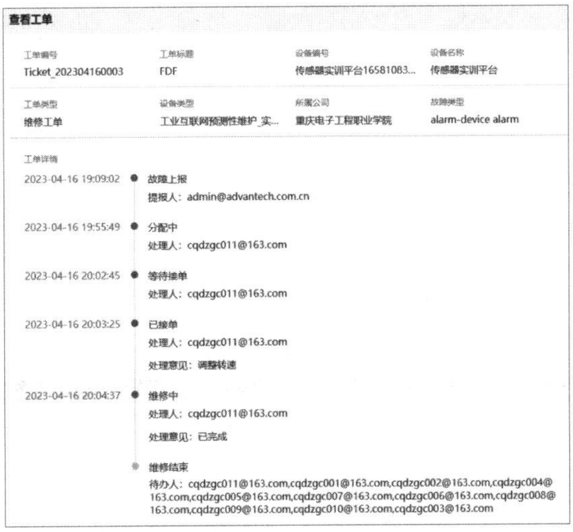
查看工单
工单编号
Ticket_202304160003
工单标题
FDF
设备编号
传感器实训平台16581083...
设备名称
传感器实训平台
工单类型
维修工单
设备类型
工业互联网预测性维护_实...
所属公司
重庆电子工程职业学院
故障类型
alarm-device alarm
工单详情
2023-04-16 19:09:02
故障上报
提报人：admin@advantech.com.cn
2023-04-16 19:55:49
分配中
处理人：cqdzgc011@163.com
2023-04-16 20:02:45
等待接单
处理人：cqdzgc011@163.com
2023-04-16 20:03:25
已接单
处理人：cqdzgc011@163.com
处理意见：调整转速
2023-04-16 20:04:37
维修中
处理人：cqdzgc011@163.com
处理意见：已完成
维修结束
待办人：cqdzgc011@163.com,cqdzgc001@163.com,cqdzgc002@163.com,cqdzgc004@163.com,cqdzgc005@163.com,cqdzgc007@163.com,cqdzgc006@163.com,cqdzgc008@163.com,cqdzgc009@163.com,cqdzgc010@163.com,cqdzgc003@163.com

图 6.3.25　查看工单处理情况

2）保养计划

选择“运维管理”→“保养计划”选项可以查看保养计划信息。该信息包括保养计划名称、设备名称、保养内容、下次保养时间、创建时间、创建人、优先级和操作。新建保养计划可以通过单击右上角“新建保养计划”按钮实现，如图 6.3.26 所示。

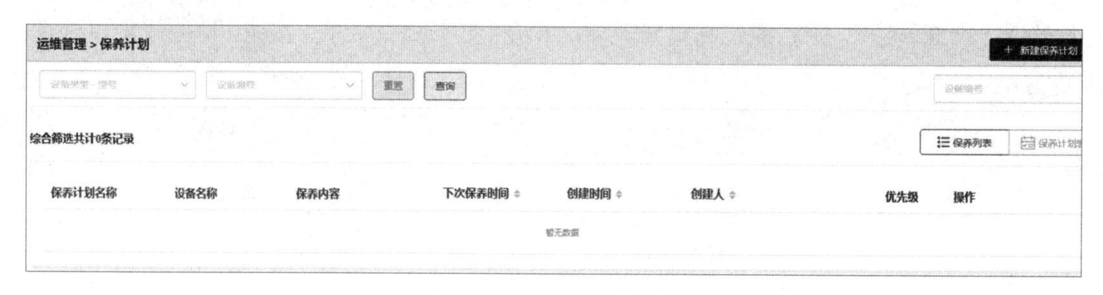

图 6.3.26　新建保养计划

4．设备报警

选择“设备报警”→“实时报警”选项可以查看实时报警信息。该信息包括报警统计（本月报警总次数、本月未处理、本月已处理和本月已恢复）、报警列表（设备名称、所属公司、报警名称、报警类别、报警类型、报警等级、报警发生时间、恢复状态和操作），如图 6.3.27 所示。

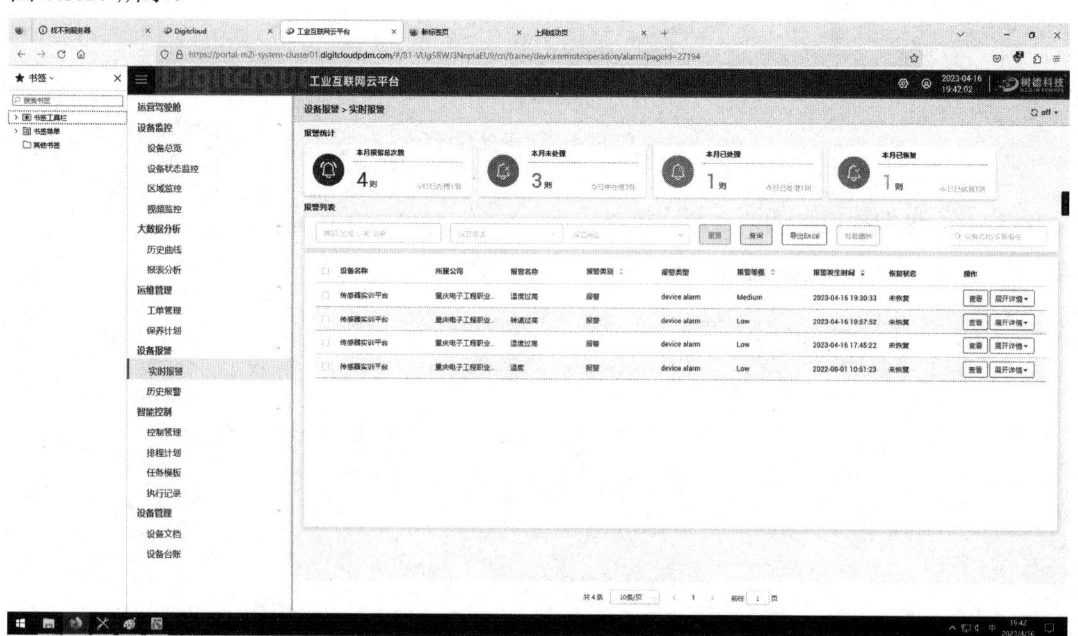

图 6.3.27　实时报警信息

单击“展开详情”按钮可以查看报警信息，如阈值、告警值和报警信息，如图 6.3.28 所示。

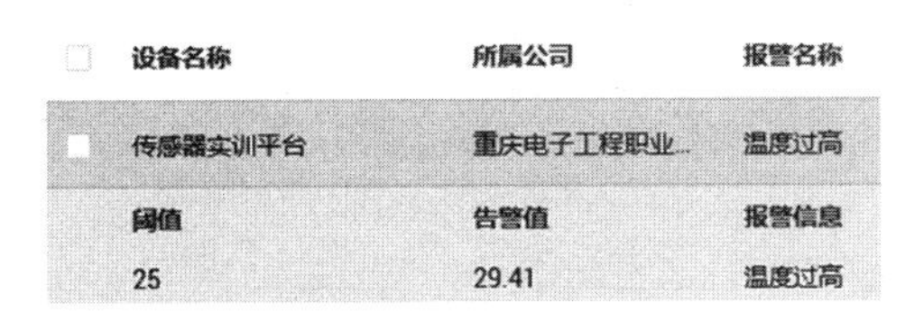

图 6.3.28　查看报警信息

单击“查看”按钮可以查看更详细的报警信息，如图 6.3.29 所示。

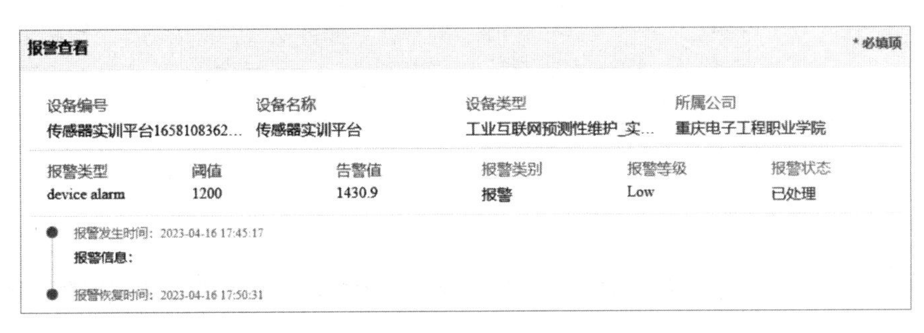

图 6.3.29　报警详细信息

选择“设备报警”→“历史报警”选项可以查看历史报警信息。该信息包括报警统计（本月报警处理统计、本月报警概况、本月报警等级占比）和报警列表，如图 6.3.30 所示。

图 6.3.30　历史报警信息

5. 智能控制

选择“智能控制”→“控制管理”选项可以查看相关设备信息。该信息包括设备名称、控制模式、设备编号、设备类型、所属公司、设备状态、当前排程、控制操作和控制记录，如图 6.3.31 所示。

选择“快速控制”选项可以修改相关设备的值，包括设备基础信息和设备快速控制，如图 6.3.32 所示。

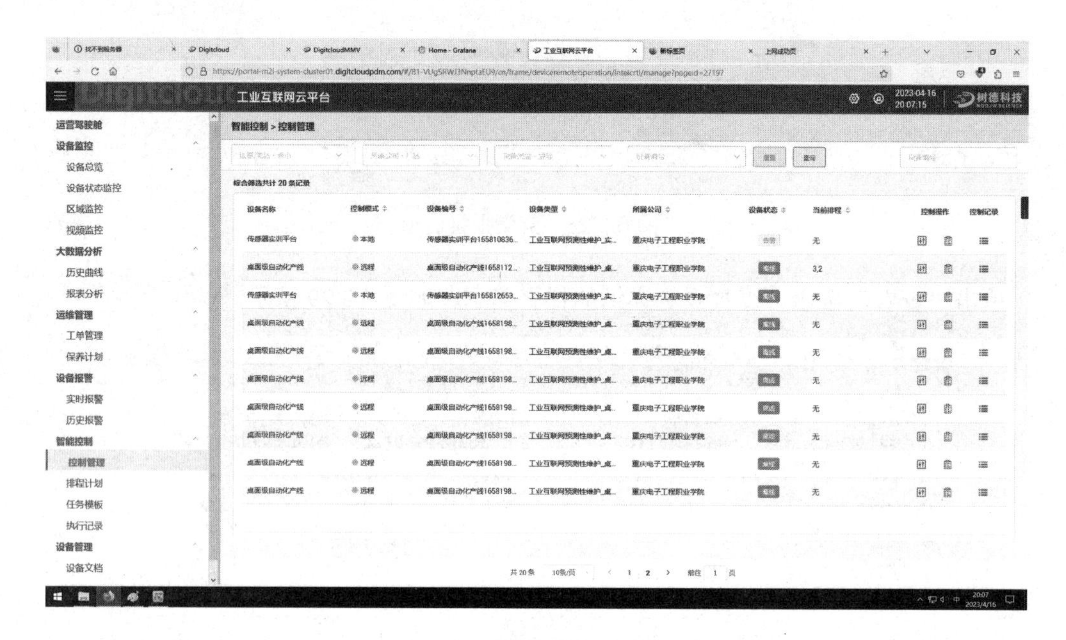

图 6.3.31　相关设备信息

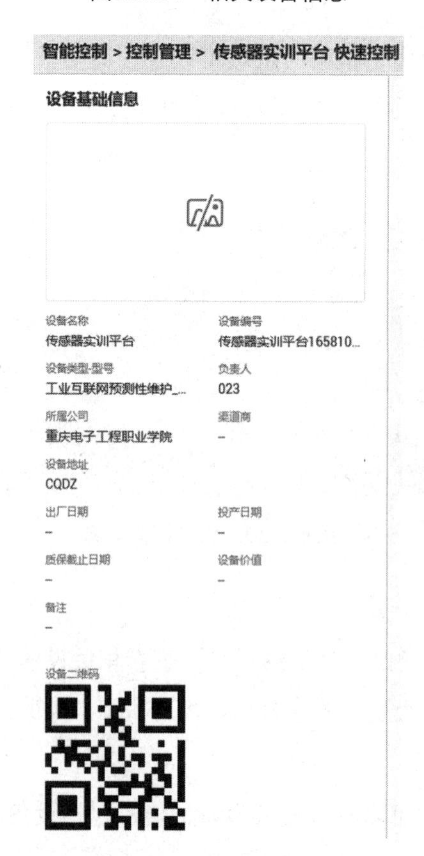

（a）设备基础信息

图 6.3.32　控制管理

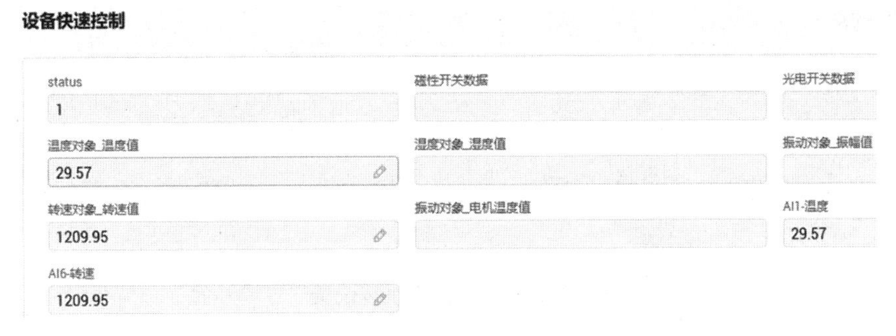

（b）设备快速控制

图 6.3.32　控制管理（续）

选择“智能控制”→“排程计划”选项可以查看排程计划，如图 6.3.33 所示。

图 6.3.33　查看排程计划

选择“智能控制”→“任务模板”选项可以查看任务模板，如图 6.3.34 所示。

智能控制 > 任务模板

＋ 新增任务模板

综合筛选共计 2 项

模板名称	创建人	设备类型	创建时间	操作
任务1	cqdzgc011@163.com	工业互联网预测性维护_桌面级自动化产线	2022-08-01 13:32:40	
任务	cqdzgc011@163.com	工业互联网预测性维护_桌面级自动化产线	2022-08-01 13:28:25	

图 6.3.34　查看任务模板

选择“智能控制”→“执行记录”选项可以查看执行记录，如图 6.3.35 所示。

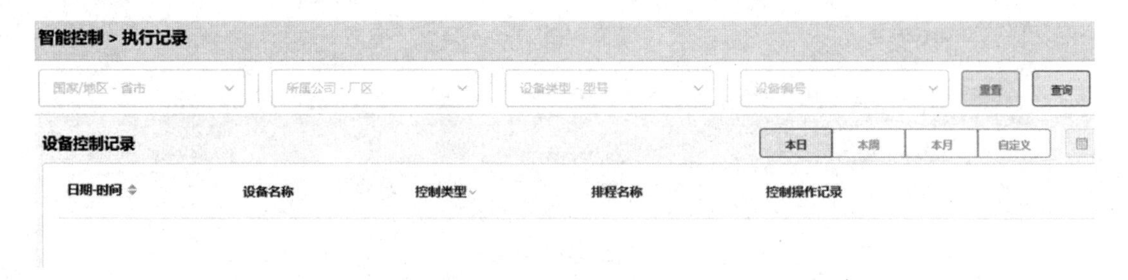

图 6.3.35　查看执行记录

6. 设备管理

选择“设备管理”→“设备文档”选项可以查看设备文档，如图 6.3.36 所示。

图 6.3.36　查看设备文档

选择“设备管理”→“设备台账”选项可以查看设备台账，如图 6.3.37 所示。

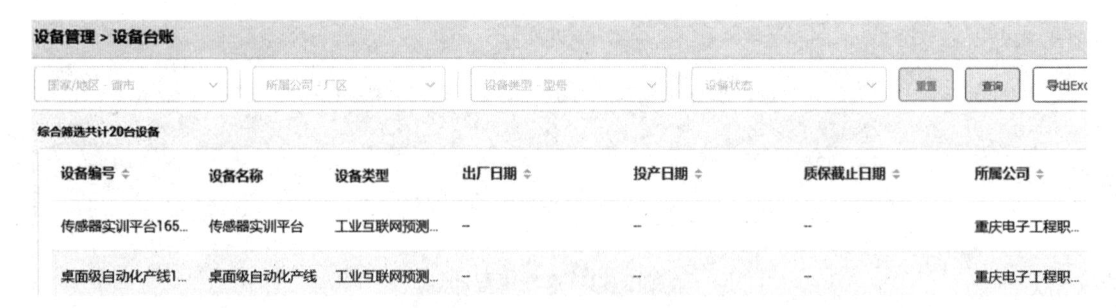

图 6.3.37　查看设备台账

单击“操作”按钮可以查看设备详情信息。该信息包括设备基础信息、维修记录和保养记录，如图 6.3.38 所示。

【提示】

设备智能运维提高企业生产经营效率的措施如下。

（1）完善企业信息化建设，消除数据孤岛。

① 设备联网化，实时查看设备运行动态数据，数据可留存和追溯。

② 打通工业企业各系统间的数据通道，将多类型设备信息和参数统一保存和管理。

③ 将传统的人工记录、纸质表单、签字审批等流程转换为线上系统流程化管理，形成可追溯记录。

（2）有效提高设备运维工作人效价值。

① 实时查看巡检人员出勤情况、具体巡查时间、巡查进度，记录巡检数据。

② 监控巡检人员是否按照巡检和保养标准计划开展工作。

（3）设备预警降低设备停机成本。

通过智能运维系统自动化故障检测和预警功能，自动判断设备在运行过程中存在哪些故障，及时通知设备管理员，辅助其找到故障原因，降低误判问题的概率，快速消除故障，实现高效的运维环境。

设备详情

设备基础信息

设备编号 传感器实训平...　设备名称 传感器实训平...
设备类型 工业互联网预...　型号 --
负责人 023
所属公司 重庆电子工程...　渠道商 --
设备地址 CQDZ

维修记录　保养记录

工单编号	工单标题	提报人	状态	处理人	处理时间
Ticket_202304160003	FDF	admin@advantech.com.cn	维修结束	cqdzgc011@163.com,cq...	2023-04-16 20:04:37
Ticket_202304160002	001	admin@advantech.com.cn	分配中	cqdzgc011@163.com,cq...	2023-04-16 17:56:32
Ticket_202304160001	FDF	admin@advantech.com.cn	分配中	cqdzgc011@163.com,cq...	2023-04-16 17:56:28
Ticket_202301130009	传感器实训平...	admin@advantech.com.cn	维修结束	cqdzgc011@163.com,cq...	2023-01-16 16:26:47
Ticket_202301160006	传感器实训平...	admin@advantech.com.cn	分配中	cqdzgc011@163.com,cq...	2023-01-16 14:26:15
Ticket_202301160005	传感器实训平...	admin@advantech.com.cn	分配中	cqdzgc011@163.com,cq...	2023-01-16 14:16:08
Ticket_202301160001	传感器实训平...	admin@advantech.com.cn	维修结束	cqdzgc011@163.com,cq...	2023-01-16 12:30:37

图 6.3.38　设备详情信息

【思考】

工单的定义是什么？

拓展阅读

《“工业互联网+危化安全生产” 工艺生产报警优化管理系统建设应用指南（试行）》

2023 年，中华人民共和国应急管理部危险化学品安全监督管理一司组织制定了《“工业互联网+危化安全生产” 工艺生产报警优化管理系统建设应用指南（试行）》等 5 项建设应用指南，其中附件 3 为《“工业互联网+危化安全生产” 设备完整性管理与预测性维修系统建设应用指南（试行）》。该附件细化了设备完整性管理与预测性维修系统建设内容和技术要求，对企业建设设备完整性管理与预测性维修系统提出了具体建设指南。

企业应根据设备管理的需要，汇聚日常使用、保养、润滑、紧固、调整、巡检、状态监测、检验检测、功能测试、周期性维修、周期性换件等信息，以及特殊行业的标准要求，做好预防性维修。

系统应通过先进的预测性维修与故障诊断技术、可靠性评估与预测技术等判断设备的状态，识别故障的早期征兆，对故障部位及其严重程度生成故障预判，并根据诊断预知结果，生成检维修建议措施。预测性维修流程及功能包括数据收集和处理、健康度预测、维护的执行和管理。

【任务计划】

学生可根据任务资讯及收集整理的资料填写任务计划单。

任务计划单

项　目	工业互联网云平台		
任　务	工业互联网云平台的监控	学　时	4
计划方式	分组讨论、市场调查、资料收集		
序　号	任　务	时　间	负责人
1			
2			
3			
4			
5			
6	任务成果展示、汇报		
小组分工			
计划评价			

【任务实施】

学生可根据任务计划编制任务实施方案、完成任务实施，并填写任务实施工单。

任务实施工单

项目	工业互联网云平台		
任务	工业互联网云平台的监控	学 时	
计划方式	分组讨论、资料收集、计划书编制等		
序号	实施情况		
1			
2			
3			
4			
5			
6			

【任务检查与评价】

学生在完成任务实施后，可采用小组互评等方式进行任务检查。任务评价单如下。

任务评价单

项 目		工业互联网云平台			
任 务		工业互联网云平台的监控			
考核方式		过程评价+结果考核			
说 明		主要评价学生在任务学习过程中的操作方式、理论知识的掌握程度、学习态度、课堂表现、学习能力等			
评价内容与评价标准					
序 号	评价内容	评价标准			成绩比例
		优	良	合 格	
1	基本理论掌握	掌握工单管理、报警管理的方法	熟悉工单管理、报警管理的方法	了解工单管理、报警管理的方法	30%
2	实践操作技能	独立完成设备模板配置、数据绑定、工作流管理、报警设置、健康状态监测	合作完成设备模板配置、数据绑定、工作流管理、报警设置、健康状态监测	经协助能完成设备模板配置、数据绑定、工作流管理、报警设置、健康状态监测	30%
3	职业核心能力	具有良好的自主学习能力和分析、解决问题的能力，能解答任务思考	具有较好的自主学习能力和分析、解决问题的能力，能解答部分任务思考	具有分析和解决部分问题的能力	10%
4	工作作风与职业道德	具有严谨的科学态度和工匠精神，能够严格遵守“6S”管理制度	具有良好的科学态度和工匠精神，能够自觉遵守“6S”管理制度	具有较好的科学态度和工匠精神，能够遵守“6S”管理制度	10%

续表

序　号	评价内容	评价标准			成绩比例
		优	良	合　格	
5	小组评价	具有良好的团队合作精神和与人交流的能力，热心帮助小组其他成员	具有较好的团队合作精神和与人交流的能力，能帮助小组其他成员	具有一定的团队合作精神，能配合小组其他成员完成项目任务	10%
6	教师评价	包括以上所有内容	包括以上所有内容	包括以上所有内容	10%
合计					100%

【任务练习】

1．简述故障上报流程。

2．简述报警事件触发的类型。

任务 6.4　基于工业互联网预测性维护的创新创业

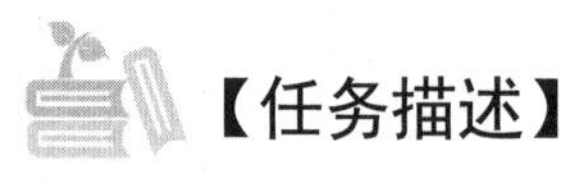

【任务描述】

本任务的要求是学生通过组建团队，尝试完成一个基于工业互联网预测性维护的创新创业项目。

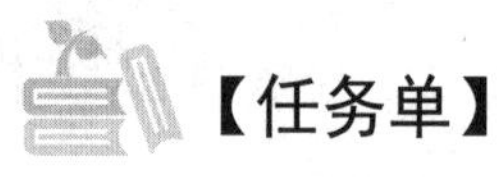

【任务单】

学生应能根据相关知识完成基于工业互联网预测性维护的创新创业项目。具体任务要求可参照任务单。

任务单

项　目	工业互联网云平台
任　务	基于工业互联网预测性维护的创新创业
任务要求	任务准备
1．明确任务要求，组建分组，每组 3～5 人 2．完成创新创业资料收集与整理 3．完成一个基于工业互联网预测性维护的项目创意 4．实现该项目路演	1．自主学习 （1）项目计划书编制要点 （2）项目路演技巧 2．设备工具 （1）硬件：计算机 （2）软件：办公软件

续表

项　目	工业互联网云平台
任　务	基于工业互联网预测性维护的创新创业

自我总结	拓展提高
	通过工作过程和总结，提高团队协作、方案协作和与人交流的能力

【任务资讯】

6.4.1　创新创业项目计划书

创新创业项目计划书是一份全方位的商业计划，其主要目的是吸引投资者，以便其对公司和项目做出判断，使公司获取融资。人们要认识到，创业始于创意，但未止于创意，创意本身再好也不能创造价值，它要经历生产、销售、服务、收款等一系列的过程才能创造价值。创新创业项目计划书的编制和创业类似，是一个复杂的系统工程，不仅需要编制者对行业和市场有充分的研究，还需要其有较强的文字编写能力。对于公司和创业者，创新创业项目计划书不仅用于融资需求，还能帮助公司梳理产品逻辑、摸清业务走向、规划发展路径、明确资金计划，对公司发展具有重要意义。

1．创新创业项目计划书的作用

1）沟通工具

创新创业项目计划书必须着力体现公司（项目）的价值，有效吸引银行、员工、战略合作伙伴及政府在内的其他利益相关者。

2）计划工具

创新创业项目计划书要包括公司（项目）发展的不同阶段，规划要具有战略性、全局性和长期性。

3）行动指导工具

创新创业项目计划书内容涉及公司（项目）运作的方方面面，能够指导工作开展。

2．创新创业项目计划书的要点

创新创业项目计划书有相对固定的格式，应包括投资者感兴趣的主要内容。它应能涉及公司成长经历、产品服务、市场、营销、团队、股权结构、组织架构、财务、运营融资方案。表 6.4.1 所示为创新创业项目计划书的格式示例。

表 6.4.1　创新创业项目计划书的格式示例

构　成	内　容	说　明
封面	封面	醒目、精致
目录	计划书提纲	章节题目
正文	摘要	计划书精髓，非常简练的计划及商业模式，投资者首先关注的内容
	公司概述	公司名称、结构、宗旨、经营理念、策略、相对价值增值（产品为消费者提供的新价值）、设施设备等
	产品与服务	产品的技术、功能、应用领域、市场前景等
	市场分析	行业、市场、目标群体
	竞争分析	根据产品、价格、市场份额、地区、营销方式、管理手段、特征及财务等划分的重要竞争者和竞争策略
	营销策略	营销计划、销售战略、渠道和伙伴、定价战略、市场沟通
	财务分析	收入预估表、资产负载表、现金流和盈亏平衡分析
	创业团队	团队分工、背景、经验
	风险控制	财务风险、技术风险、市场风险和管理风险
	引领教育	育人本质、多学科交叉、学校学院支持等，学生创业需要
附录	知识产权	
	公司业绩	
	公司宣传品	
	市场调研数据	

【提示】

鱼骨图分析法是一种发现问题根本原因的方法，是一种透过现象看本质的分析方法，因其形状很像鱼骨，也称其为鱼骨图或者鱼刺图。鱼骨图分析法的步骤：①明确主题，即绘出鱼头；②画出主骨；③画出大骨和要因，可以采用 6M（5M1E）的方法从人、机、料、法、环、测角度来分析要因；④绘制中骨（事实）、小骨（围绕为什么会那样）、孙骨（进一步来追查为什么会那样）；⑤找出中骨、小骨、孙骨的要点，找出要因，反复寻找为什么；⑥深究要因。

6.4.2　创新创业项目路演的技巧

路演就是项目代表在讲台上向台下众多的投资者讲解自己公司的产品、发展规划、融资计划。路演分为线上路演和线下路演。线上路演主要通过 QQ 群、微信群、在线视频等互联网方式对项目进行讲解；线下路演主要通过活动专场对投资者进行面对面的演讲及交流。作为一个创业者来说，路演是必修课。

1．路演准备

路演准备步骤如下。

（1）准备一份清晰简洁的路演材料，尽量用简单的图表代替文字。

（2）如果创始人是技术出身不擅长社交，可以让合伙人做项目的展示，自己则作为旁听者，必要时做补充。

（3）对公司的各项指标要比任何人都了解，无论是运营指标还是财务状况。

（4）列出项目大纲，分清重点和次重点。

（5）明确产品定位，介绍盈利模式，投资者总是对这个部分最感兴趣。

（6）融资计划尽量详细说明资金整体需求、用途。同时，要说明未来 3 年的市场规划及公司估值逻辑。

（7）提前演练，严格控制路演时间。

（8）要有备选计划，提前想好投资者可能会问的问题和答案，做最坏的打算，路演中一旦出现变化，随机应变。

2．路演 PPT

路演 PPT 可由市场分析、项目简介、商业模式、融资计划组成，具体内容如下。

（1）市场分析包括市场前景、市场痛点、竞品分析，建议制作 3 页 PPT，讲解 1min。

（2）项目简介包括项目概述（项目定位、目标市场、项目能解决的问题）、核心竞争力（资源优势、技术优势、其他优势），建议制作 3 页 PPT，讲解 2min。

（3）商业模式包括产品体系、运营模式、核心团队及分工、成功案例、发展目标、尚待增加的部分等，建议制作 7～8 页 PPT，讲解 4min。

（4）融资计划包括往年营收状况、融资总金额与出让股份比例、资金使用计划、预期收入表等，建议制作 3 页 PPT，讲解 1min。

3．路演注意事项

路演注意事项如下。

（1）切忌好高骛远，只有情怀和想法，应该实事求是，有激情的想法+实施的方案。

（2）不要过分强调技术和产品，应该突出项目核心优势，了解真实市场和细节，讲清楚如何盈利。

（3）无须堆砌大量枯燥的专业术语和数据。化繁为简，突出重点，讲话生动。

（4）不要什么都想做，认为可以占据所有市场。要有清晰的商业逻辑，明确的市场定位。

（5）不要面面俱到。尽管路演 PPT 基本包含了项目计划书的内容，但路演时间有限，要分清主次，非主要的内容简述即可。

（6）如果现场演示不方便或耗费时间，可以考虑用视频等方式替代。

6.4.3 创新创业项目的评审要点

大众创业、万众创新，互联网+全国大学生创新创业大赛、“挑战杯”全国大学生课外学术科技作品竞赛、“创青春”中国青年创新创业大赛等双创比赛模拟了一个产品的全生命周期，包括产品的创意提出、可行性分析，产品的市场需求分析、研发设计，产品功能验证、应用推广和售后等一系列流程。“创青春”中国青年创新创业大赛聚焦国家重大战略、重点产业、重要工程等，为青年创业者提供创业辅导、展示交流、资本对接、骨干培训等支持。此处以第九届“创青春”中国青年创新创业大赛竞赛规则为例说明专家和投资者会从哪些方面评价创新创业项目，如表 6.4.2 所示。

表 6.4.2 第九届“创青春”中国青年创新创业大赛竞赛规则

评审项目	主要考察指标
产品服务	项目定位、产品功能、目标客户、商业模式等的准确性、可行性、创新性
市场前景	产业背景、市场需求、竞争策略、发展前景等的前瞻性、成长性、发展性
财务运营	融资情况、盈利模式、财务管理、风险规避等的稳定性、合理性、持续性
团队素质	人员构成、资历背景、能力素质、团队合作等的完整性、互补性、协同性
社会效益	创业带动就业、带动群众劳动致富、支持社会公益等的针对性、公益性、导向性

【思考】

什么是 JV 公司？

匠心筑梦 技能成才

2023 年初春时节，林荫道蓊蓊郁郁，重庆电子工程职业学院学生李小松正在实训室里指导学弟学妹。实训室是李小松人生道路的转折点，从这里出发，他走向世界技能大赛冠军奖台。

2020 年，李小松在全国第一届职业技能大赛光电技术项目中获得银牌，并拿到 2022 年世界技能大赛特别赛“入场券”。为了备赛，李小松把床搬到了实训室。他将自己练习的过程录制下来，每天回放自己练习的视频，“复盘”训练过程，不断改进操作。训练、复盘、改进，周而复始。功夫不负有心人，最终，在 LED 造型项目上，李小松达到了误差不超过 0.1mm 的惊人水准。

2022 年 10 月，世界技能大赛特别赛在日本举行。李小松参加的光电技术项目是本届比赛的新增项目，包括智能照明控制系统安装与调试等内容。李小松成为全场唯一一个完成所有设备安装任务的选手，为中国捧回世界技能大赛特别赛光电技术项目金牌。李小松说：“这个时代充满了成长机遇，只要努力，每个人都能实现人生价值。”

【任务计划】

学生可根据任务资讯及收集整理的资料填写任务计划单。

任务计划单

项　目	工业互联网云平台		
任　务	基于工业互联网预测性维护的创新创业	学　时	6
计划方式	分组讨论、市场调查、资料收集		
序　号	任务	时　间	负责人
1			
2			
3			
4			
5			
6	任务成果展示、汇报		
小组分工			
计划评价			

【任务实施】

学生可根据任务计划编制任务实施方案、完成任务实施，并填写任务实施工单。

任务实施工单

项　目	工业互联网云平台		
任　务	基于工业互联网预测性维护的创新创业	学　时	
计划方式	分组讨论、资料收集、计划书编制等		
序　号	实施情况		
1			
2			
3			
4			
5			
6			

【任务检查与评价】

学生在完成任务实施后，可采用小组互评等方式进行任务检查。任务评价单如下。

任务评价单

项　目		工业互联网云平台			
任　务		基于工业互联网预测性维护的创新创业			
考核方式		过程评价+结果考核			
说　明		主要评价学生在任务学习过程中的操作方式、理论知识的掌握程度、学习态度、课堂表现、学习能力等			
评价内容与评价标准					
序　号	评价内容	评价标准			成绩比例
		优	良	合　格	
1	基本理论掌握	掌握创新创业项目计划书的编制方法，熟悉路演的相关技巧	熟悉创新创业项目计划书的编制方法，了解路演的相关技巧	了解创新创业项目计划书的编制方法，了解路演的相关技巧	30%
2	实践操作技能	创新创业项目计划书的编制规范、内容齐全、合理，路演准备材料齐全	创新创业项目计划书的编制较规范、内容较齐全、较合理，路演准备材料基本齐全	经协助能完成创新创业项目计划书的编制，基本规范、内容较齐全、较合理	30%
3	职业核心能力	具有良好的自主学习能力和分析、解决问题的能力，能解答任务思考	具有较好的自主学习能力和分析、解决问题的能力，能解答部分任务思考	具有分析和解决部分问题的能力	10%

续表

序　号	评价内容	评价标准			成绩比例
		优	良	合　格	
4	工作作风与职业道德	具有严谨的科学态度和工匠精神，能够严格遵守“6S”管理制度	具有良好的科学态度和工匠精神，能够自觉遵守“6S”管理制度	具有较好的科学态度和工匠精神，能够遵守“6S”管理制度	10%
5	小组评价	具有良好的团队合作精神和与人交流的能力，热心帮助小组其他成员	具有较好的团队合作精神和与人交流能力，能帮助小组其他成员	具有一定的团队合作精神，能配合小组其他成员完成项目任务	10%
6	教师评价	包括以上所有内容	包括以上所有内容	包括以上所有内容	10%
合　计					100%

【任务练习】

1．简述创新创业项目计划书的作用。

2．简述“创青春”中国青年创新创业大赛的竞赛规则。

【思维导图】

请学生完成本项目思维导图，示例如下。

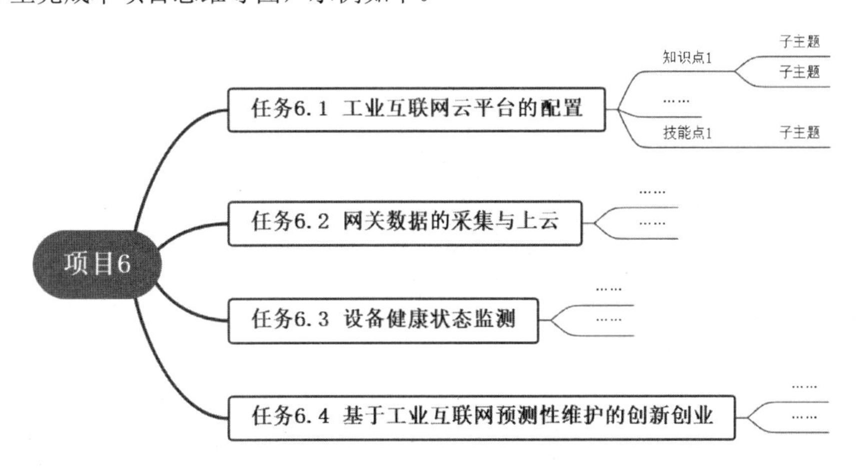

【创新思考】

假设本任务的创新创业项目计划书已经编制完成，请学生进行路演，以展现创新创业项目的核心技术、未来发展规划、研发团队、商业模式等。

参考文献

[1] 周邵萍. 设备健康监测与故障诊断[M]. 北京：化学工业出版社，2019.

[2] 尹朝庆. 人工智能与专家系统[M]. 2 版. 北京：中国水利水电出版社，2009.

[3] 刘向阳.生产设备故障周期的预测方法研究[J]. 机电工程技术，2009，38(4)：121-123.

[4] 代希文，周犊，赵桂生等. 基于阈值的电动调节阀故障检测方法研究[J]. 化工设备与管道，2022，59(3)：73-79+100.

[5] 赵丽琴，刘昶，易发胜. 基于动态权重的设备健康状态评估方法[J]. 计算机系统应用，2020，29(9)：198-204.

[6] 黄勤陆，王梅. 电气控制与 PLC 技术[M]. 武汉：华中科技大学出版社，2017.

[7] 王彦忠，周巧俏，汤云岩. 电气运行技术问答[M]. 北京：中国电力出版社，2012.